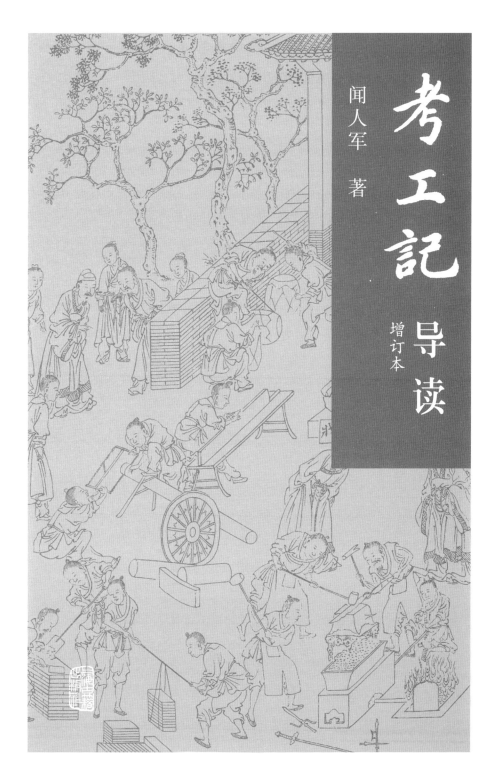

考工记 导读

闻人军 著

增订本

图书在版编目（CIP）数据

考工记导读 / 闻人军著 . —增订本 . —上海：上
海古籍出版社，2023.11
ISBN 978-7-5732-0956-6

Ⅰ.①考… Ⅱ.①闻… Ⅲ.①手工业史—中国—古代
Ⅳ.①N092

中国国家版本馆CIP数据核字（2023）第215794号

考工记导读（增订本）

闻人军 著

上海古籍出版社出版发行

（上海市闵行区号景路 159 弄 1-5 号 A 座 5F 邮政编码 201101）

（1）网址：www. guji. com. cn

（2）E-mail: guji1@guji. com. cn

（3）易文网网址：www. ewen. co

苏州市越洋印刷有限公司印刷

开本 700×1000 1/16 印张 22.25 插页 7 字数 319,000

2023 年 11 月第 1 版 2023 年 11 月第 1 次印刷

印数：1—2,100

ISBN 978-7-5732-0956-6

N·27 定价：118.00 元

如有质量问题，请与承印公司联系

闻人军，又名闻人俊，1945 年生，浙江省平湖市人。1968 年本科毕业于上海交通大学无线电系水声工程专业。1981 年研究生毕业于杭州大学（今浙江大学）物理系，获理学硕士学位，留校历史系文物博物馆学专业任教。1986 年破格聘为历史系副教授。1989 年作为高级访问学者赴美，先在加州州立大学菲斯诺分校合作著书，后入硅谷几家电子公司，长期任职资深工程师。现为浙江大学兼职研究员。

主要研究方向为中国古代科技史、中国物理学史。代表作品主要有：《考工记导读》（1988）、《考工记译注》（1993、2008、2021）、《中国科学技术史纲》（1999、2012，合著）、《周髀算经译注》（2012，合著）、Ancient Chinese Encyclopedia of Technology —— Translation and Annotation of the Kaogong ji (the Artificers' Record)（2013）、《考工司南：中国古代科技名物论集》（2017）等专著。近年在《自然科学史研究》《自然辩证法通讯》等刊物发表一系列论文，主要有：《原始水浮指南针的发明——"瓢针司南酌"之发现》（2015）、《伟烈之谜三部曲—— 一行观测磁偏角》（2019）、《〈考工记·弓人〉"往体""来体"句错简校读》（2020）、《司南酌、盘针及指南鱼新议》（2021）、《论古文献磁性"司南"之证及"北斗说"之误》（2023）等。

《〈考工记〉成书年代新考》获 1983–1984 年度浙江省社会科学优秀成果二等奖。《考工记导读》获首届全国科技史优秀图书一等奖。Ancient Chinese Encyclopedia of Technology 为西方正式出版的第一部《考工记》英文译著。

考工记乃我先秦

之百科全书

钱临照

读考工记导读

王锦光

先秦时期是我国古代科学技术迅速发展的契机，《墨经》和《考工记》乃是点缀当年科苑星空的两颗明珠。三四十年前，钱宝琮师曾对我讲，研究吾国技术史，应该上抓《考工记》，下抓《天工开物》。我始终赞成这个看法。几十年来，《考工记》日益受人青睐不是没有道理的。正因为如此，《考工记》研究亦势在必行。

1978年恢复招收研究生，闻人军同志开始跟我学习物理学史。他勤奋治学、刻苦钻研，迅即起步进入了这一学科领域。我建议他将《考工记》专题研究作为毕业论文的题目，并负责指导。1981年，他完成了硕士论文《考工记研究》，以优等成绩通过了毕业答辩。同年9月，英国科学史家李约瑟（Joseph Needham）博士及其高级助手鲁桂珍博士，在参加第16届国际科学史会议（布加勒斯特）后，又一次访华。我们在上海会见了李约瑟一行，宾主间进行了包括《考工记研究》在内的学术交流。

先前，郭宝钧同志曾发心要搞《考工记》的综合研究；蒋大沂同志受命为联合国教科文组织作《考工记》今译，曾打算编著《考工记校证》。惜两君来不及实现计划而相继谢世，然而，后继者大有人在，足以告慰前贤。

闻人军同志自杭州大学物理系研究生毕业后，到杭大历史系教授中国科技史。他再接再厉，由局部到整体，对《考工记》作了进一步的研究，陆续发表了一系列论文，为全面深入研究《考工记》打下了良好的基础。1985年，《中华文化要籍导读丛书》编委会不拘一格，推荐这位科技史界的后起之秀为《考工记》导读撰稿，可谓知人善任。

中国科技史是中国文化史的重要组成部分，也是开辟未久的园地，在一代又一代科技史工作者的共同努力下，形势喜人。《考工记导读》是第一部用现代科技知识全面介绍《考工记》的作品。作者广采历年来的出土文物考古资料，重视和注意吸收他人的研究成果，又有独到的见解。此书图文并茂，相得益彰，是继戴震《考工记图》之后又一难得的佳作。可以预期，它将很好地起到指导读者阅读和研究《考工记》，鼓励读者继承和发扬祖国文化优秀传统的作用。正如作者所期望的，它确亦是中国文化史和科技史领域内具有相当学术价值的一部新著。

科学是全人类的共同财富，各个民族历史上的科学技术是属于全人类的宝贵遗产。如今，不论在国内，还是在海外，中国科技史和物理学史研究正方兴未艾。来日方长，祝闻人军同志继续努力，为科学史、物理学史大厦添砖加瓦，我愿与之共勉。

一九八六年四月十五日
于杭州大学

自　序

1978年春，迎和风，沐时雨，交大毕业耽搁十载之后，我有幸报考先师王锦光（1920—2008）先生招收的物理学史研究生，由此踏进了科技史研究的新天地。在恩师的精心指导下，从新手渐入佳境。转眼之间，进入毕业论文阶段。王师根据我的知识结构和爱好，赐我毕业论文题目。从此，我与《考工记》研究结下了不解之缘。

1985年，巴蜀书社为《中华文化要籍导读丛书》组稿，胡道静（1913—2003）先生推荐我撰写《考工记导读》。《考工记导读》初版于1988年，在1989年获得全国首届科技史优秀图书一等奖。1996年，巴蜀书社将其作为《名著名家导读丛书》之一再次出版。因初版时漏刊了钱临照（1906—1999）先生扉页题字，钱老特为此版新题"考工记乃我先秦之百科全书"。此外，1990年，台湾明文书局将书名改为《考工记导读图译》，出了繁体字版。2008和2011年，中国国际广播出版社曾将《考工记导读》列入《国学大讲堂》和《国学经典导读》系列先后出版。

承蒙读者厚爱，《考工记导读》初版至今已逾三十载，仍有需求。三十多年来，文物考古的新发现、现代科技的新手段、人文科学的新观念使《考工记》研究条件日益改善，在学术界的共同努力下，各种新成果层出不穷。本书作为"导读"，宜跟上形势，尽量反映《考工记》研究的新成果，故《考工记导读（增订本）》提上了议事日程。

20世纪80年代末，上海古籍出版社准备出版一套《中国古代科技名著译注丛书》。受主编胡道静先生之邀，我写了《考工记译注》，于1993年出版。由于种种原因，此套丛书在20世纪仅出版了五种。进入新世纪后，上海古籍出版社重启《中国古代科技名著译注丛书》工程，并重新修订了编撰体例。《考工记译注》经过增订，于2008年出了新版，书名未变。2017

年，上海古籍出版社出版了笔者的论文集《考工司南——中国古代科技名物论集》，2021年又推出《考工记译注（修订本）》。《考工记导读》《考工记译注》和《考工司南》已成相辅而行之势，故《考工记导读（增订本）》的内容需作相应调整。

初版时，除《引论》和《附录》外，正文包括八章。第一章《初探篇》，对《考工记》的主要内容作了走马观花式的介绍。接下来是《价值篇》，因内容较多，篇幅较长，分作第二、第三两章叙述。笔者参考诸家，结合自己的研究心得，分别讨论了《考工记》各项内容的价值及其对后世的影响。第四章《源流篇》，探讨了《考工记》的成书年代，梳理古今中外对它的研究。第五章《方法篇》，介绍了种种研读《考工记》的传统方法和新方法。第六章《校注篇》，以《四部备要》本为底本，点校《考工记》全文，并适当附以校注。第七章《今译篇》，提供一种新的《考工记》现代汉语译文。第八章《新考工记图》，根据文物和文献资料，集中图示《考工记》中的名物制度，使其形象化，兼以补充和纠正戴震《考工记图》的不足。《附录》是19世纪初至书稿完成时关于《考工记》研究的论著索引。

是次增订，对《初探篇》《价值篇》《源流篇》及《方法篇》的内容作了必要的增订。原《源流篇》最后一小节"《考工记》在国外"扩充为《国外篇》。将原《校注篇》精简，以《四部丛刊》本为底本，点校《考工记》全文，并作校记，现与《今译篇》合并成《注译篇》，以方便读者阅读。对《考工记》的详细注释已经删去，感兴趣的读者，请参阅上海古籍出版社《考工记译注》（2021年修订本，《中国古代科技名著译注丛书》）或《考工记译注》（2021年，《中国古代名著全本译注丛书》）。原《新考工记图》及插图合而为一，作了更新补充，图随文走，其目录列于附录一。将原"《考工记》研究论著索引"的下限延伸至2021年；各种论著收不胜收，漏略自所不免，故改称"《考工记》研究论著简目（1900—2021）"，列为附录二。[①]

---

① 凡收入《附录二》的论著，在本书注释和"参考文献"中出现时，出版者、出版时间、刊名、刊期原则上从略。凡收入各节"参考文献"者，在本节注释中出现时，上述几项亦从略。

　　1988年《导读》初版指出："笔者不揣浅陋，期望通过这样的安排和努力，既能让对《考工记》有兴趣的一般读者满意，又使本书具备有志于《考工记》研究者所欢迎的学术价值。笔者尤其希望听到来自各方面的宝贵意见，以便匡我不逮，使本书不断修订完善，逐步接近上述目标。"这一增订本正是上述计划的首次实施。

　　《考工记》的知名度今非昔比，2018年还出现了以《考工记》为名的小说，[①]《考工记》的影响力正与日俱增。放眼《考工记》研究的学术园地，研究队伍日益壮大，研究维度不断拓展，大小成果目不暇接。然在《考工记》热中，也不免良莠不齐，2016年甚至冒出一书，[②]其注释和译文公然剽窃拙著《考工记译注》（2008年版），如此挑战学界底线，为广大读者所不齿。

　　《考工记》研究任重道远，本书虽经增订，错漏在所难免，诚望识者指正。今愿老骥伏枥，继续努力，更喜新秀青俊人才辈出，长江后浪赶超前浪；在赏析、研究《考工记》的同时，不断发扬光大中华文化的优秀传统。

闻人军

2022年3月15日于美国加州阳光谷

---

① 王安忆《考工记》，广州：花城出版社，2018年。

② 俞婷编译《考工记：古法今观——中国古代科技名著新编》，南京：江苏凤凰科学技术出版社，2016年。

引　论

　　正如遗传和变异构成了一部生物进化史，无论东方和西方，丰富多彩的科学技术发展史无一不是继承和创新的历史。人们为了锐意创新，往往自觉或不自觉地借鉴历史的经验教训。现代科学技术发展的趋势之一，是要"把强调定量描述的西方传统和着眼于自发的组织世界描述的中国传统结合起来"。[①] 于是，一个引人自豪和振奋人心的现象出现了。自20世纪中叶起，"人们对欧洲以外的伟大文明古国，尤其是中国和印度的科学和技术史，产生了极大的兴趣"。[②]

　　每当人们认真考察中国古代科学技术的源流，势必回溯到一种古老的传统，这就是以《考工记》为代表的古代工艺和科技传统。无怪古人说，后世"于器用、舟、车、水、火、木、金之属资于庙算世务者，率皆精究形象以为决胜之图。……然逆流寻源皆以《考工记》为星宿海。江淮河汉，分道而驰，即云梦不足吞，而沧海难为委，朝宗之应，不亦宜乎"。[③] 今人回顾春秋战国时期的科学技术，每每涉及《考工记》。日本中国科学史家薮内清（1906—2000）在介绍"多彩的战国时代文明"时也说："在此势非顺便一提'周礼'考工记不可。"[④] 20世纪80年代初，联合国教科文组织拟从文明古国各选一部古籍，用联合国通用的六国文字（即中、英、法、俄、

---

① 湛垦华、沈小峰等编《普利高津与耗散结构理论》，西安：陕西科学技术出版社，1982年，第Ⅵ页。

② 李约瑟《东西方的科学与社会》，见［英］M. 戈德史密斯、A. L. 马凯主编，赵红州、蒋国华译《科学的科学：技术时代的社会》，北京：科学出版社，1985年，第164页。

③《徐光启著译集·考工记解·茅兆海跋》，上海：上海古籍出版社，1983年。"星宿海"在青海省西部，旧时以为即黄河之源。

④［日］薮内清《中国古代的科学》，见世界文明史世界风物志联合编译小组《世界文明史》1《古代中国》，台北：地球出版社，1978年，第179页。

西班牙和阿拉伯文）行世。中国被选定者就是《考工记》。[①]

《考工记》问世的春秋战国时期，是我国上下五千年文明史中一段光辉灿烂的时期。伴随着诸子蜂起、百家争鸣的第一次思想解放运动，知识分子出入宫廷，欲求闻达于诸侯，往往有思涉鬼神之举；各种工匠努力将实用与美学效果相结合，极力表现民众的技艺才能，创造出工侔造化之物，文物人才盛极一时。《考工记》作为实际生产技术和有关科学知识的结晶，为后人留下了珍贵的记录。它与几乎同时的《墨经》一起，犹如两颗璀璨的明珠，交相辉映，两千余载之后，犹令人敬仰不已。

在我们看来，《考工记》与《墨经》虽非洋洋万言的巨制，信息量却大得异乎寻常。信息的生命在于流通。《墨经》中的纯科学理论，当时的中国社会一时接受消化不了，以致很少有人问津，一搁千百年。《考工记》则携带着社会欢迎的科技信息，广为流传，其影响远在《墨经》之上。换句话说，《考工记》和《墨经》实际上代表了先秦科技结构的两种可能的发展方向，中国古代社会选择了与之匹配的《考工记》系统，而冷落了与古希腊演绎科学相似的《墨经》，从此走上了东方式的发展道路。

《考工记》上承我国古代春秋时期青铜文化之遗绪，下开战国时期手工业技术之先河，在历史上的确起过重要的作用。更因其不同一般的际遇，《考工记》得以跻身经部，不但胼手胝足的工匠奉若经典，而且皓首穷经的经学家亦为之倾倒。现在我们要想打开先秦科技文明的门户，了解东方巨龙首次腾飞的科技背景，进而把握中国古代科技成就的来龙去脉，《考工记》就是一本相当合适的"指南"。

本书是这一"指南"的"导读"，又是《考工记》研究阶段性成果的检阅。

---

① 韩玉芬、闻人军《锦光师范长存　闻人考工司南：闻人军先生访谈录》，《自然科学史研究》2019年第2期。

目　　录

第一章 初 探 篇

引 言

《考工记》是最早的手工艺专著，它不仅与《墨经》相表里，而且和另一部先秦古籍《周礼》共过"患难"，后来结成了"生死之交"。在阅读《考工记》之前，了解一下它与《周礼》的关系殊属必要。

《周礼》原称《周官》，是战国中晚期的一部托古著作，可能是儒家编集的政典，其中既含有周代的史料，也掺杂了理想化的成分。王莽（公元前9—23在位）时刘歆（？—23）置古文经学博士，《周官》属于礼，故又称《周官经》或《周礼》。

秦始皇焚书坑儒之时，《考工记》与《周礼》同遭厄运。迄至西汉重视文化遗产，大力整理藏书，广开献书之路，它们始应运而出。《周官》原有六篇，即天官、地官、春官、夏官、秋官、冬官。是时"冬官"已阙，"取《考工记》以补之"，[①]两书遂合二而一。《汉书·艺文志》著录的《周官经六篇》，就是《周礼》和《考工记》的混合物。自此，《考工记》身价倍增，一直流传至今。

开卷伊始，我们就可发现，《考工记》是原始系统思想指导下的杰作。

它开宗明义曰："国有六职，百工与居一焉。"接着分述："坐而论道，谓之王公。作而行之，谓之士大夫。审曲面埶（势），以饬五材，以辨民器，谓之百工。通四方之珍异以资之，谓之商旅。饬力以长地财，谓之农夫。治丝麻以成之，谓之妇功。"寥寥数语，即已勾勒出一个相互联系和制约的社会系统，"百工"是其中一个不可缺少的子系统。

---

① 陆德明《经典释文·序录》说："河间献王开献书之路，时有李氏上《周官》五篇，失《事官》一篇，乃购千金，不得，取《考工记》以补之。"关于《周官》源流及《考工记》补阙问题，各种古籍上的说法有所不同，详见朱彝尊《经义考》卷120、卷129。

图1-1　战国嵌错燕射水陆攻战铜壶花纹摹本
（1965年四川成都百花潭出土）

"百工"这种官营手工业制度，从殷商到战国，已历一千余年（或许夏代已经发轫）。在相当长的时期内，它几乎是可以集中人力和物力来经营较大规模的手工业生产的唯一方式。《考工记》所记述的虽然只有当时官营手工业中的三十个工种，即"攻木之工七，攻金之工六，攻皮之工五，设色之工五，刮摩之工五，抟埴之工二"。但一旦构成系统，此书的价值远高于这三十工的机械总和。作者贵和尚中，用述而不作的儒家伦理，遵循天时、地气、材美、工巧四原则，以及严格的质量管理制度，将三十工有机地组成一个整体，构成了一系列先秦科技文明之窗，部分地展现了先秦时代科技发展的生动具体的画面（图1-1）。

现按原文顺序依次介绍如下。

第一节　《考工记》上卷简介

"国有六职"节，此节位于《考工记》上卷（即《周礼》卷十一）

的开头。它可以分成三个
部分：自"国有六职"起，
到"此天时也"止，约四百
字，为第一部分，相当于开
场白。这部分在叙述国家的
六种分工（王公、士大夫、
百工、商旅、农夫、妇功）
后（图1-2、1-3），转而述及
各地的工艺特产：粤铸、燕
函、秦庐、胡的弓车（图1-4、
1-5）；郑刀、宋斤、鲁削、吴
粤之剑（图1-6、1-7）；燕
角、荆干、妢胡之笴、吴粤
的铜锡。文中论述了百工与
圣人的关系，强调了制作
优质产品必须遵循的四个
原则（天时、地气、材美、
工巧）。第二部分自"凡
攻木之工七"至"抟埴之

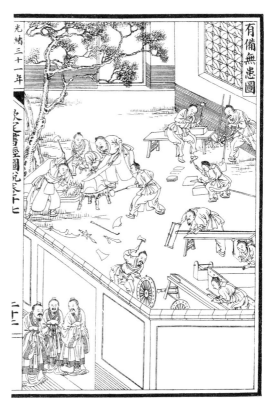

图1-2　有备无患图
（采自清代《钦定书经图说》）

工：陶、旊"止，这部分胪列了拟加论述的三十个工种，即"凡攻木
之工七，攻金之工六，攻皮之工五，设色之工五，刮摩之工五，抟埴之
工二。攻木之工：轮、舆、弓、庐、匠、车、梓；攻金之工：筑、冶、
凫、㮚、段、桃；攻皮之工：函、鲍、韗、韦、裘；设色之工：画、
缋、锺、筐、幌；刮摩之工：玉、楖、雕、矢、磬；抟埴之工：陶、
旊"。其中叙述"段氏""韦氏""裘氏""筐人""楖人"和"雕人"六
个工种的部分已经遗佚，故正文条文已阙，仅存名目。自"有虞氏上
陶"起，到"登下以为节"止，为第三部分。这部分首先追述了远古以
来的技术发展史："有虞氏上陶，夏后氏上匠，殷人上梓，周人上舆。"

图1-3　纺织画像图
（1956年江苏铜山洪楼汉墓出土）

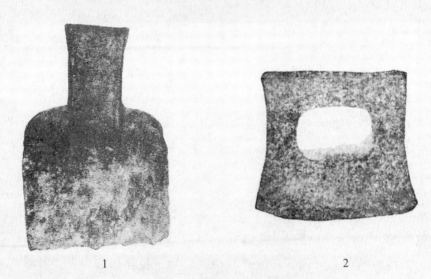

1　　　　　　　　　　　　　　　　　　2

图1-4　吴国铜铲和越国铜锄
1.铲（长10.4、宽7、銎长2.7、銎宽1.8厘米，1972年江苏六合程桥出土）
2.锄（浙江绍兴市文管会提供）

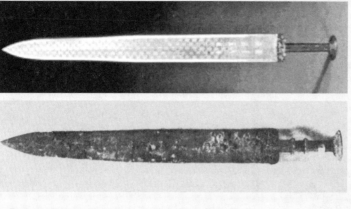

图1-7 吴王光剑和越王勾践剑
1. 吴王光剑（长50.7厘米，1964年山西原平峙峪出土）
2. 越王勾践剑（长55.7厘米，1965年湖北江陵望山一号墓出土）

图1-6 晚商铜刀
（长22.2厘米，1973年河南灵宝出土）

图1-5 胡人弓车图
1. 磴口县托林沟中段东山（青铜时代至铁器时代早期）
2. 乌拉特中后联合旗瓦天沟北山（青铜时代）
3. 乌拉特中后联合旗瓦天沟北山（青铜时代至铁器时代早期）
4. 磴口县托林沟北山（青铜时代）
（内蒙古阴山岩画摹本）

图1-8　大禹
（山东嘉祥武氏祠汉代画像石）

（图1-8、1-9）从而引出关于当时盛行的木车的一段论述：先指出兵车、车上战士和兵器的高度有六等差数（这种规制可能与《周易》的影响有关）；接着强调正确设计、制造车轮的重要性，并提供了车轮总体设计的尺寸。

此后，则是各个工种的逐个论述。在上卷中记叙的工种有"轮人""舆人""辀人""筑氏""冶氏""桃氏""凫氏""栗氏""段氏（阙）""函人""鲍人""韗人""韦氏（阙）""裘氏（阙）""画缋""锺氏""筐人（阙）""幌氏"。其中"辀人"（未列入三十工之内）以后、"筑氏"之前，插入了关于"攻金之工"的一段综述，冶金史上蜚声中外的"金有六齐"就记载在这里。

"轮人""舆人"和"辀人"上承总叙关于车轮的论述，全面介绍了木制马车的设计制造规范，这是世界上最早的车制大全。

"轮人为轮"节，反复论述轮毂、轮辐、轮牙等的形制、结构和工艺技术要求，总结了检验车轮部件质量的"规""萬""水""县（悬）""量""权"六种方法。

"轮人为盖"节，记述了车盖的形制、结构及工艺技术要求。

"舆人为车"节，记述了车箱的形制、结构和工艺技术要求，并指出"凡居材，大与小无并，大倚小则挫，引之则绝"。

"辀人为辀"节，有两个部分。前一部分记述了辀（曲辕）的形制和工艺技术要求，通过（牛车）直辕的缺点和（马车）曲辕的优点之对比，进一步强调了采用弯曲适度的曲辕的必要性。文中指出：合适的曲辕，"劝登马力，马力既竭，辀犹能一取焉"，这是我国古籍中关于物理学的惯性现象的最早记载。后一部分从天文学知识出发，以原始系统思想概括车箱、车盖、车轮等的设计。它以"盖弓二十有八"，象征二十八宿，提到"大火""鹑火""伐""营室"以及"弧"等古星宿名，对前四星还有每宿星数的暗示，对于研究二十八宿的起源与演变有一定的参考价值。

"攻金之工"节，除概述六种冶金工匠的工作之外，记载了著名的"金有六齐"，即各种青铜器物原料的六种配比："金有六齐（剂）：六分其金而锡居一，谓之钟鼎之齐；五分其金而锡居一，谓之斧斤之齐；四分其金而锡居一，谓之戈戟之齐；三分其金而锡居一，谓之大刃之齐；五分其金而锡居二，谓之削杀矢之齐；金、锡半，谓之鉴燧之齐。"这是世界上最早的关于青铜合金成分比例的一种系统表述。

"筑氏为削"节，记述削的形状、大小和质量要求。

"冶氏为杀矢"节，记述杀矢、戈、戟的形制、大小和重量，并从最优化的观点出发，提出了工艺技术要求。

"桃氏为剑"节，记述青铜剑的形制、大小和重量，规定了上制、中制和下制三种规格。

"凫氏为钟"节，凡二百五十四字，实为世界上最早论述制钟技术的论文。此文层次分明地说明了钟体各部位的名称及其在钟体上所处的位置，以及编钟钟体各部分间的比例关系；定性地阐述了钟的形状、大小对音响效果的不同影响和主要弊病。其文曰："薄厚之所震动，清浊之所由出，侈弇之所由兴，有说。钟已厚则石，已薄则播，侈则作柞，弇则郁，长甬则震。""钟大而短，则其声疾而短闻；钟小而长，则其声舒而远闻。"这些观点与现代声学理论暗合，部分反映了我国春秋战国之际的声学知识水平。文中还交代了磨锉调音的"隧"的形状、大小和位置。

"栗氏为量"节，论述嘉量铸造。先记述标准量器鬴的铸造工艺过程、形制规范和嘉量铭文："其铭曰：'时文思索，允臻其极，嘉量既成，以观四国，永启厥后，兹器维则。'"这是周代度量衡制度的珍贵史料。接着强调

节约　当颅　　衡木　銮　衡　轙　轗　　骖马　鞅　服马

鞁具

镳

衔

轭

颈鞀　　軥

輨

鞙

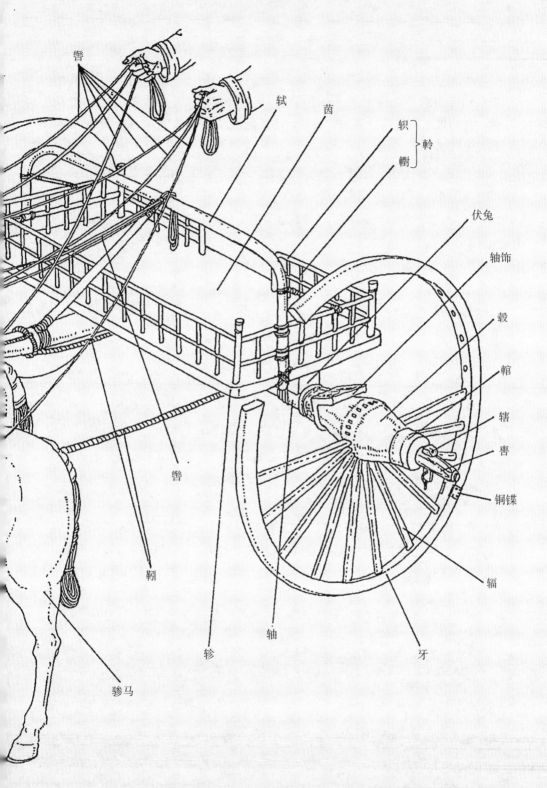

图1-9　独辀车车舆马具名称说明图

了冶铸的火候："凡铸金之状，金与锡，黑浊之气竭，黄白次之；黄白之气竭，青白次之；青白之气竭，青气次之，然后可铸也。"这是近世光学估测高温术的嚆矢。

"函人为甲"节，记述几种皮甲的制作工艺要领以及检验皮甲质量的方法，并简要说明其理由。

"鲍人之事"节，记述鞣治皮革的工艺技术要求和检验之法，亦简述其出发点。

"韗人为皋陶"节，记述了几种木架皮鼓的形制规范。文中关于几种鼓的形制的记载，内容可能有残缺。作者指出良鼓的标准是"瑕如积环"，并定性地总结了鼓的声学特性："鼓大而短，则其声疾而短闻；鼓小而长，则其声舒而远闻。"这种现象已为现代声学原理所证实。

"画缋之事"节，本节将施彩的两个工种（画、缋）合为一节，原因不明，可能是脱简所致。现存的文字中，首先介绍五方正色：青、赤、白、黑、黄，以及布彩的次序。其次说明各色的搭配，以及土、大火星、山和水的象征性表示法。文末强调：施彩之后，要以白色作衬托。

"锺氏染羽"节，记述了染羽的工艺过程。一说释为以朱砂为原料、丹秫为黏合剂，反复浸染羽毛（或布帛）的石染法。另一说认为这是以朱草为染体、丹砂为间接媒染剂的媒染工艺。

"幌氏涑丝"节，分别记载了练丝和练帛的工艺过程。练丝，"以涚水沤其丝"，经过适当的处理后，再进行水练。练帛，先进行较为复杂的灰练，再进行水练。文中对灰练的工艺有详细的说明，并指出："昼暴诸日，夜宿诸井，七日七夜，是谓水涑。"

第二节　《考工记》下卷简介

《考工记》下卷（即《周礼》卷十二）记述的工种依次为："玉人""楖人（阙）""雕人（阙）""磬氏""矢人""陶人""㲋人""梓人""庐

人""匠人""车人"和"弓人"。

"玉人"节，记述多种礼玉的名称、形制、大小和用途，提到的瑞玉有四类：圭、璧、琮、璋。每类有若干种，分别用于朝聘、测影、祭祀、聘女、发兵、权衡等礼仪。此外，还提到了以玉装饰的案。因为文献记载欠详，考古发现尚有限，文中提到的有些玉器的形状至今尚未搞明白。

"磬氏为磬"节，论石磬的形制和调音技术。先规定了石磬的形状和各部分的比例，实际上定出了制作编磬的一组模数。接着记载了石磬的调音方法：声音频率太上，"则摩其旁"；声音频率太下，"则摩其耑（端）"。这是长期实践经验的正确总结。

"矢人为矢"节，记述制矢技术。作者记载了镞矢、杀矢、兵矢、田矢、茀矢的形制、大小、重量和制作工艺，指出了设置箭羽的重要性，介绍了设羽的正确方法。文中将箭杆强度失宜、箭羽大小失度所引起的弊病简要地归纳为："前弱则俛，后弱则翔。中弱则纡，中强则扬。羽丰则迟，羽杀则趮。"并介绍用"夹而摇之"的方法，检验箭羽的丰杀是否失度；用"桡之"的方法，检验箭杆各部分的强度是否适宜。最后说明了正确选择箭杆材料的要领。

"陶人为甗"节，记述甗、盆、甑、鬲和庾五种陶器的容量和主要尺寸。对甑"七穿"这一形制特点，亦有交代。

"旊人为簋"节，一方面记述两种陶器簋与豆的容量和主要尺寸。另一方面指出陶人和旊人制作的次品不能进入官市交易，进而介绍了制陶工具"朕"的主要尺寸，提出了"器中朕，豆中县（悬）"的技术要求。

"梓人为筍虡"节，从雕刻装饰的造型艺术观点出发，讨论与筍虡（乐器悬架）的制作有关的问题。在工艺美术家看来，这是一篇论述古代装饰和雕刻问题的理论文章；在生物学家看来，涉及动物分类学。作者将天下的大兽（相当于脊椎动物）分为五类："脂者、膏者、臝者、羽者、鳞者。"指出脂类、膏类用作祭祀的牺牲，臝类、羽类、鳞类作为筍虡的造型。作者又将小虫按骨、行、鸣的特点分了类别，指出小虫之类可作雕琢装饰之用。文中举出了赢类、羽类、鳞类的体形和情性特征，介绍了他们在虡、筍造型艺术中的用途。最后，作者从视觉形象的声学效果出发，强调了雕刻"攫䂂援簨"之类的工艺技术要领。

"梓人为饮器"节，主要记述几种酒器的容量，如取酒的勺一升，饮酒器爵一升，饮酒器觯三升。根据文中的记载，有些人推算出一豆为四升，有些人以为一豆等于十升。作者还记述，梓人所制的酒器需要经过检验，如果不合规格，制造者要受到处罚。

"梓人为侯"节，记述几种射礼所用的箭靶的形制特点，并记载了祭侯的礼仪与祭辞。祭侯的祭辞与"栗氏为量"节的嘉量铭文，皆如周天子的口吻。

"庐人为庐器"节，记述车战用的兵器之柄的制作规范，涉及戈、殳、车戟、酋矛和夷矛等兵器。其中殳和矛比较详细。作者从战术的角度出发，指出兵器长度不能超过兵士身长的三倍，"攻国之兵欲短，守国之兵欲长"。对于用途不同如钩杀、刺杀和击杀的兵器，其柄形各有特殊的要求。文中亦记载了检验兵器之柄质量的三种方法："凡试庐事，置而摇之，以眡（视）其蜎也；炙诸墙，以眡（视）其桡之均也；横而摇之，以眡（视）其劲也。"

"匠人建国"节，专述立国建都的测量问题，记述了求水平、定方位的建筑测量技术，包括用"水地以县（悬）"的方法求水平，观测"槷"的日影或北极星的方位来确定方向。

"匠人营国"节，本节周王朝营都建邑之制有浓厚的规划色彩。其城邑建设体制分为三级：即王城、诸侯城（诸侯封国的国都）、都（宗室、卿大夫的采邑）。作者着重记述了王城宫城的规划制度，包括主要的形制规模，城门数量，交通干道网络，宫、朝、市、祖、社的布局，以及前朝后寝制度等方面。其次分述夏后氏"世室"、殷人"四阿重屋"和周人"明堂"的建筑设计。作者还记载了王城的几项具体营建制度，如朝市的规模、宫门、城墙、道路的规格等。文中提出了当时建筑业中惯用的长度单位："室中度以几，堂上度以筵，宫中度以寻，野度以步，涂度以轨。"最后规定了礼制营建制度，侯国和封邑要参照王城的标准，按一定的差额逐级降格建筑，等第分明，不得僭越。

"匠人为沟洫"节，介绍沟洫水利设施与其他建筑技术。在沟洫水利方面，不但有关于"耦耕"的原始资料："耜广五寸，二耜为耦。一耦之伐，广尺，深尺，谓之畎。"而且还有关于"井田制"排灌系统的原始资料："九夫为井，井间广四尺，深四尺，谓之沟。方十里为成，成间广八尺、深八尺，谓之洫。方百里为同，同间广二寻、深二仞，谓之浍。"作者总结了当时的水利技术经验，介绍了几种水利建筑的特殊设计："梢沟三十里而广倍"，"凡行奠水，磬折以叁伍"，"欲为渊，则句于矩"。文中指出了修筑水沟和堤防的诀窍及良工的标准："凡沟必因水埶（势），防必因地埶（势）。善沟者，水漱之；善防者，水淫之。"并规定了堤防的形制。随后指出："凡沟防，必一日先深之以为式，里为式，然后可以傅众力。"表明当时已采用先核定劳动生产率、估算整个工程量，然后投入施工队伍的先进方法。至于其他建筑技术，提到了夯土墙版筑技术及茅屋、瓦屋、"囷窌仓城"之墙的不同设计，兼及阶前之路和宫中阴沟的设计方案。

"车人之事"节，介绍了当时工程上实用的一套几何角度定义："半矩谓之宣，一宣有半谓之欘，一欘有半谓之柯，一柯有半谓之磬折。"不难算得，一磬折合今一百五十一度五十二分三十秒（151°52′30″）。

"车人为耒"节，记述耒的形状和尺寸，指出"坚地欲直庇，柔地欲句庇；直庇则利推，句庇则利发"。又指出耒头与耒柄所成的最佳角度等于一磬折。

"车人为车"节，记述几种直辕木车的工艺规范。作者首先指出车人制车的起度标准是长三尺的柯（斧柄），说明了斧的形制。文中先后交代了四种车子（大车、牝服、羊车、柏车）的轮高以及其他重要参数。专门介绍了长毂、短毂、反輮的轮牙、侧輮的轮牙的特点和特种用途："行泽者欲短毂，行山者欲长毂。短毂则利，长毂则安"，"行泽者反輮，行山者仄輮。反輮则易，仄輮则完"，最后叙述了车辕的形制及与车制有关的其他数据。

"弓人为弓"节，本节长达1 180余字，大约占全书的六分之一，乃是先秦制弓技术的详尽总结，一篇优秀的科技论文。全节可以大致分为四个部分。第一部分自"弓人为弓"至"然后可以为良"，论述原材料的选取。第二部分自"凡为弓"至"虽善亦弗可以为良矣"，论述制弓的工艺过程。第三部分自"凡为弓"至"下士服之"，主要论述与弓的设计有关的若干问题。第四部分自"凡为弓"至"谓之深弓"，主要论述与弓的使用有关的若干问题。

第一部分，指出了制弓的六种原材料（干、角、筋、胶、丝、漆）各自所起的作用。关于干材，说明干材有七种来源，以柘木为上，竹最次。接着阐明了选择、剖析和处理干材的要领，如"凡析干，射远者用埶（势），射深者用直"。关于角的选择，介绍了鉴定优劣的方法，阐释了其中的道理，并指出"角长二尺有五寸，三色不失理"的牛角，与整头牛的价值相等。关于胶的选择，阐明了优质胶的标准，并介绍了鹿胶等七种上等动物胶。关于筋的选择，说明筋以"小简而长，大结而泽"为佳，并指出了治筋的关键："筋欲敝之敝。"至于漆与丝，文中亦提出了选择标准："漆欲测，丝欲沉。"

第二部分包括下列内容：（1）关于制弓周期的论述。制一张弓需头尾三年方成。即："冬析干，而春液角，夏治筋，秋合三材，寒奠体，冰析灂，……春被弦则一年之事。"并说明这样安排的原因："冬析干则易，春液角则合，夏治筋则不烦，秋合三材则合，寒奠体则张不流，冰析灂则审环。"（2）加工弓干和牛角的工艺要领，并指出如果"斫目不荼"，使用日久必然伤筋。（3）阐明干、角要多次液治，"帤"的厚薄要适当，丝胶缠绕要有重点，疏密均匀。又指明如果"斫挚不中，胶之不均"，使用日久必然伤角。（4）指出角的处理要领是角长应达弓隈，说明角的长短不当之弊及长短适当之利，同时也涉及柎的功用。（5）阐明用火揉干、用火揉角、治筋、煮胶的技术要求和目的："挢干欲孰于火而无赢，挢角欲孰于火而无燂，引筋欲尽而无伤其力，鬻胶欲孰而水火相得，然则居旱亦不动，居湿亦不动。"并批评"贱工""必因角干之湿以为之柔（揉）"，造成了不良的后果。

第三部分首先指出了弓箫、柎、隈、敝的设计制作要领和可能产生的弊病。其次，说明弓干强度的重要性和保护弓体的必要性，同时点出了用角撑距增加力量的好处。再次，说明什么叫"九和之弓"："材美、工巧，为之时，谓之叁均；角不胜干，干不胜筋，谓之叁均；量其力，有三均；均者三，谓之九和。"随后指出九和之弓所耗用的原材料："角与干权，筋三侔，胶三铧，丝三邸，漆三斞。"并说明耗用的原材料数量反映了弓人的水平。最后，对天子、诸侯、大夫和士所用的弓的形制，以及上士、中士和下士所用弓的尺寸，分别作了规定。

第四部分总结了用弓的经验。首先指出射手所选用的弓箭应随其体形性情不同而异，矮胖性缓的人宜使用强劲急疾的弓，配以柔缓的箭；强毅果敢性急的人，宜使用柔软的弓，配以急疾的箭。说明如果射手、弓、箭三者搭配不当，就会产生"莫能以速中"或"莫能以愿中"之类的弊病。诚为不刊之论。其次阐明了夹弓、庾弓、王弓、唐弓之类的弓形特征、性能和用途。接着对作为弓的质量指标之一的瀄（漆痕）作了较详细的说明。文末交代备弓注意事项和判定"句弓""侯弓"或"深弓"的依据。

第二章 价值篇（上）

引　言

我国古代最重要的技术著作是《考工记》和（明）宋应星（1587—？）的《天工开物》。如果说《天工开物》是古代技术传统的成功总结，《考工记》则给古代技术传统以光彩的开端。

考察《考工记》的"百工"系统，可以按原作者的意图分为六个子系统，即：攻木之工，攻金之工，攻皮之工，设色之工，刮摩之工和抟埴之工。也可以按内容的性质分为六个子系统：一、以"轮人""舆人""辀人"和"车人"等为代表的制车系统。二、由"金有六齐"统率的铜器铸造系统，包括"筑氏""冶氏""桃氏""凫氏""栗氏"及"段氏"等。三、以"弓人""矢人""庐人""函人"等为代表的弓矢兵器护甲系统。四、以"梓人""玉人""凫氏""韗人""磬氏""画缋""锺氏""幌氏"等为代表的礼乐饮射系统。五、以"匠人"为代表的建筑、水利系统。六、以"陶人"和"旅人"为代表的制陶系统。当然，其他内容（如"鲍人"等）也是"百工"系统的有机组成部分。除技术知识外，《考工记》的字里行间还反映出一种贵和尚中、天人合一的价值观，富含物理学、化学、生物学、天文学、数学及度量衡知识，对于生产管理、设计造型和工艺美术也有精辟的论述。《考工记》的价值历久弥新，其影响垂范千秋。所有这些，我们将在下文择要剖析。顾及先秦自然科学往往与实用技术紧密结合，物理学与化学尤其如此，虽然内容极为丰富，但我们一般不单独设节，而是穿插在各门技术知识内一起讨论。

第一节 木车设计制造技术之总汇

车史略 车是古代重要的运载工具，又有种种特殊的用途，它实际上是一个国家机械制造工艺水平的集中代表。正当四五千年前欧亚草原西部车轮滚滚的时候，我国恐怕还是没有家马和马车的时代。而后来"圆转无穷，司方如一"的指南车，[①]曾使其他文明世界望尘莫及。这两个时代之间，就是我国古代制车技术突飞猛进的时期。

在现有的考古材料中，最早的马车实物遗迹属殷墟文化二期，商代晚期的独辕马车已相当成熟，"使用马驾的车子，是殷墟文明的另一个特点"。[②]据考古资料和甲骨文推测，甲骨文一期即武丁时期甚至更早一些已有马车。在此之前，则是传说中的发展时期。《左传·定公元年》载："薛之皇祖奚仲居薛，以为夏车正。"这类传说加上考古发掘中显露的蛛丝"轮"迹，可以推断大约在夏代已有制车手工业了。商代迎头赶上，周代战车一时称盛。《诗经》中的一些诗篇，对当时的车辆作了形象的描绘，如脍炙人口的《诗·秦风·小戎》：

> 小戎俴收（小兵车后面是低浅的登车横枕木头），
> 五楘梁辀（缠着五道花箍的是车辕稍弯的梁辀），
> 游环胁驱（四马的皮带，背上有游环，两旁有胁驱），
> 阴靷鋈续（在车板底下的引带结子有镀锡环儿），
> 文茵畅毂（有虎皮褥子和长的车轮中心的圆木），
> 驾我骐馵（驾着我们的青黑色花马有白的左脚）。[③]

---

① 《南齐书·祖冲之传》。

② 夏鼐《中国文明的起源》，《文物》1985 年第 8 期。

③ 译文采自陈子展撰述，范祥雍、杜月村校阅《诗经直解》上册，上海：复旦大学出版社，1983 年，第379页。

这是秦襄公（前777—前765在位）时战车军容的真实写照。春秋至战国中期，争霸称雄，干戈不息，攻伐征战对战车的需求与日俱增。新式青铜工具的出现改进了木工工艺，使战车的制造工艺达到高峰，出现了"一器而工聚焉者，车为多"的局面。在《考工记》中，以"轮人为轮""轮人为盖""舆人为车""辀人为辀"四节，以及"国有六职"节的一部分对独辀马车的构造和性能作了较详细的记载；在"车人为车"节中，又对直辕牛车的构造和性能作了介绍。这是世界上第一部详述木车设计制造的专著。

车轮的设计制造和检验　车轮是木车的核心部件。作者精心布局，先在"国有六职"节明确指出"察车自轮始"，随后又将"轮人为轮"置于三十工之首介绍，予以强调。记文从使用寿命长、运行轻快的要求出发，提出了"欲其朴属而微至"，即结构坚固耐久、形状圆润光滑的概念。在"轮人为轮"节中，对组成车轮的各个零件，如轮辐、轮毂、轮牙等提出了具体的性能要求，设计了形制大小，叙述了制造和检验工艺。其中包括用火揉制轮毂、轮辐、轮牙的工艺，用水的浮力检验揉制以后直齐如一的轮辐是否轻重均匀的工艺，尤其值得称道的是它提出了"规"（圆规）、"萭"（正轮之器）、"县"（悬绳）、"水""量"（适量的黍）、"权"（天平）六种检验车轮制作质量的工艺，即"规之，以眡其圜也；萭之，以眡其匡也；县之，以眡其辐之直也；水之，以眡其平沉之均也；量其薮以黍，以眡其同也；权之，以眡其轻重之侔也"（图2-1、2-2）。表明质量检验已经成了一种制度，有利于保证车轮的制作质量。山东嘉祥洪山出土的汉制车轮画像石所描绘的情景与先秦相去不远，为后人了解古代车轮制造工艺提供了形象化的资料（图2-3）。

与车轮有关的力学知识　《考工记》中车轮的设计、制造和检验不厌其详，集中地反映出古人力学知识的初步积累。

一如"国有六职"节说："轮已崇，则人不能登也；轮已庳，则于马终古登阤也。"根据理论力学中的滚动摩擦理论，滚动时的摩擦力与轮子的半

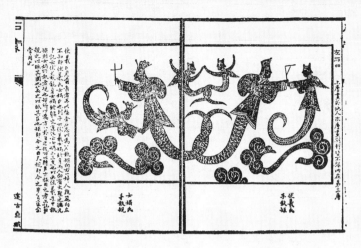

图2-1 规和矩

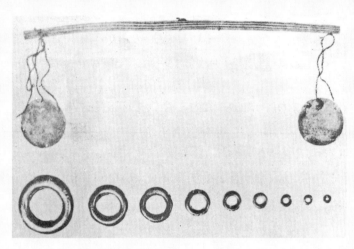

图2-2 战国木衡和铜环权

（木衡杆长27厘米，最大的环权重125克，最小的重0.6克，
1954年湖南长沙左家公山出土）

图2-3 汉制车轮画像石拓片

（山东嘉祥洪山出土）

径成反比。拉小轮车所需的力大于拉大轮车所需的力，^①所以马就十分费力，好比常处于爬坡状态一样。考古发掘资料表明我国先秦独辀马车的轮径较大，实际上已考虑了这一因素。据孙机的先秦古车轮径统计表，^②先秦车的轮径平均约为1.33米，大体相当于驾车之马的鬐高。"国有六职"节说："兵车之轮六尺有六寸。"若按齐尺（每尺约19.7厘米）推算，^③兵车之轮径应为1.30米，河南辉县琉璃阁战国墓16号车的轮径正好为1.30米，^④可以看作其实例。由此说明《考工记》的记载不是凭空而来的，它的设计与分析来源于实践，从力学原理上说也是合理的。

二如"轮人为轮"节说："凡辐，量其凿深以为辐广。辐广而凿浅，则是以大抯，虽有良工，莫之能固。凿深而辐小，则是固有余而强不足也。故竑其辐广，以为之弱，则虽有重任，毂不折。"这段话对辐条的设计提出了"固"与"强"的要求。作者认为，为了同时满足这两个要求，"凿深"（毂上的凿孔深度）、"辐广"（辐的截面的宽度）与"弱"（辐端没入毂中者）三者的长度应该一致。辐是一种肱梁，《考工记》提出的截面尺寸与梁固定端尺寸的关系，实际上是一种肱梁尺寸经验公式，也可以说是世界上最早的关于梁的经验理论。^⑤

三如"轮人为轮"节提到的轮缏，是一种特殊的装辐法，畚、菑都是偏榫，各辐装好后均向毂靠近车箱的一端偏斜，形成一中凹的浅盆状（图2-4）。"这样可以加宽车的底基，而且行车时辐有内倾的分力，使轮不易外脱。当道路起伏不平时，纵使车身向外倾斜，由于轮缏所起的调剂作用，车子仍不易翻倒。所以这是一种符合力学原理的装置方法"。^⑥河南辉县琉璃阁131号车马坑出土的第16号战国车正是这样装置的，而且除了轮

---

① 杜正国《〈考工记〉中的力学和声学知识》。

② 孙机《从胸式系驾法到鞍套式系驾法——我国古代车制略说》。

③ 闻人军《齐国六种量制之演变——兼论〈隋书·律历志〉"古斛之制"》。

④ 中国科学院考古研究所《辉县发掘报告》，北京：科学出版社，1956年，第48页。

⑤ 王燮山《"考工记"及其中的力学知识》。

⑥ 孙机《中国古独辀马车的结构》。

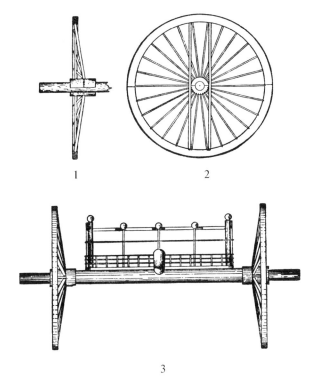

图2-4　辉县战国车轮缏装置
1. 车轮正视图　2. 车轮侧视图，两根准直径撑即夹辅　3. 车轮车箱正视图

缏还有夹辅。不过《考工记》中没有提到夹辅，有的学者说："《考工记》中没有讲到这种'辅'，它少说了一句，大家就糊涂了一千年。"虽说有点夸张，但《考工记》车制设计的权威性可见一斑。①

　　四如"车人为车"节中，作者指出："行泽者欲短毂，行山者欲长毂。短毂则利，长毂则安。"（图2-5）我们知道，车在泥泞的泽地上行驶时，车轮与地面的摩擦力较大，采用短毂可以减少轴与轮毂的接触面和摩擦力，有利于灵活地转动，这就是《考工记》所说的"短毂则利"。车在崎岖不平

────────────

① 闻人军《夹辅的起源、形制和功用》，载《考工司南》，第168—179页。

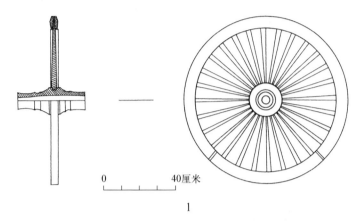

0　　　　40厘米

1

2

图2-5　木雕鼓车的车轮与车毂
1. 车轮实测图　2. 车毂
（2004年江苏淮安运河村战国墓出土）

的山地上行驶时，容易颠簸，车箱是通过轴和毂再靠轮子支撑的，长毂的支撑面较大，能加大它的稳定性，这就是"长毂则安"的意思。这些经验的总结是符合力学原理的。

　　五如"轮人为轮"节用以检验车轮的"水之""县之"方法。前者利用浮力知识，检验车轮各部分的质量分布是否均匀。如果选材或制作不当，重心偏离轮子的几何中心，置于水面上重力与浮力平衡时，轮面必与水面斜交。假如车轮浮露水面的部分是均匀的，说明车轮各部分的质量分布对称均匀，符合技术要求。^①后者则是有关重力知识的利用。

《庄子·外篇·天运第十四》记载了齐桓公时的一个著名轮人——轮扁。他说："斫轮，徐则甘而不固，疾则苦而不入，不徐不疾，得之于手而应于心，口不能言，有数存乎其间。"轮扁的实践经验异常丰富，心中有"数"，制轮得心应手。可惜不能言传，更无力形诸文字，所以传承乏术，辛劳终生。他说："臣不能以喻臣之子，臣之子亦不能受之于臣，是以行年七十而老斫轮。"相形之下，《考工记》作者总结保存了那么多的经验知识，实属不易。

"辀人"的力学知识 在"辀人为辀"节中，作者描述了对曲辕形制的要求"辀欲颀典"，即曲辕要做得坚固强韧。文中指出，"深则折"，即弧度太大易于断裂；"浅则负"，即弧度太小，车体会上仰。因而"凡揉辀，欲其孙而无弧深"，即要顺着木材的纹理，揉制曲率适中的曲辕（图2-6）。当时西方用颈带法系驾小轮马车，颈带压迫马的气管的问题长期难以解决，而我

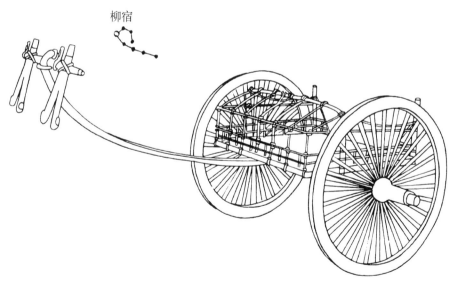

图2-6 战国早期轮辐三十之车的辀形和注星示意图
（据山东临淄淄河店20号车复原图和李约瑟《中国科学技术史》第3卷图94拼画）

---

① 闻人军《〈考工记〉中的流体力学知识》。

国用轭靷法系驾曲辕车，车轮大，车箱小，车体较轻，由四匹呼吸顺畅的马曳引，可以达到相当高的车速。为了突出曲辕"劝登马力"即有利于马发力的优点，"辀人"节中还以直辕牛车的缺点作了对比："今夫大车之辕挚，其登又难；既克其登，其覆车也必易。此无故，唯辕直且无桡也。是故大车平地既节轩挚之任，及其登阤，不伏其辕，必缢其牛。此无故，唯辕直且无桡也。故登阤者，倍任者也，犹能以登。及其下阤也，不援其邸，必绝其牛后。此无故，唯辕直且无桡也。是故辀欲颀典。"良辀"劝登马力，马力既竭，辀犹能一取焉"。

上面这段话前一部分说的应是双辕大车（牛车）直辕的缺点，后一部分说的是独辀兵车（马车）曲辕的优点，生动地描绘了惯性现象。在上下坡时，曲辀确有它的优点。牛车上坡时，车辕上仰，颈靶"必缢其牛"；牛车下坡时，辕向前伸，固定在辕上的牛轭向前滑动，靷则揪迫牛的后部。曲辀马车能避免直辕牛车的缺点，速度也快得多。不过，曲辕车也有缺点，辀的强度不够，疾驰急转时易翻车。在这些方面，直辕牛车比它强，故《考工记》说："大车平地既节轩挚之任。"陕西凤翔八旗屯BM103号秦墓曾出土双辕陶牛车，[①]说明我国战国早期确实已有双辕车。

此外，关于车盖和车舆（车箱）的设计和制作要求，在"轮人为盖"和"舆人为车"节中均有详细的交代，其中也涉及力学方面的知识。

尾声　历史的车轮滚滚向前，钢铁兵器出现，强弩大量用于装备部队，对古代战车构成了致命的威胁，使它不得不逐渐退出历史舞台。北宋曾公亮（999—1078）等的《武经总要》说："车战，三代用之。秦汉以下寖以骑兵为便，故车制湮灭。"[②]沈括（1032—1096）[③]在兼判军器监时，曾根据《考工记》和《诗·小雅》等文献，考定兵车法式，作坊据此制成兵车，熙宁八年（1075）曾参加大阅。当然，它只能搁置于武库，从未在实战中使用

---

① 吴镇烽、尚志儒《陕西凤翔八旗屯秦国墓葬发掘简报》，《文物资料丛刊》第3辑，1980年。

② （北宋）曾公亮、丁度《武经总要》前集卷四"用车"。

③ 关于沈括的生卒年，请参看徐规《仰素集》，杭州大学出版社，1999年，第261—262页；徐规、闻人军《沈括前半生考略》，《中国科技史杂志》1989年第3期。

过。战车虽然变成了历史的陈迹，但古代精湛的制车技艺却在各种奇器身上一再闪光。

参考文献

1. 孙机《从胸式系驾法到鞍套式系驾法——我国古代车制略说》。

2. 张长寿、张孝光《说伏兔与画輨》。

3. 孙机《始皇陵二号铜车马对车制研究的新启示》。

4. 杨泓《战车与车战》,《中国古兵器论丛》,北京：文物出版社,1980年。

5. 孙机《中国古代马车的系驾法》。

6. 孙机《中国古独辀马车的结构》。

7. 刘永华《中国古代车舆马具》,上海：上海辞书出版社,2002年。

第二节 炉火纯青的青铜冶铸技术

青铜时代 我国进入青铜时代虽比西亚为晚，但冶铸技术的发展速度很快，终于后来居上，攀上青铜文化之巅，为铁器时代的又一个飞跃准备了条件。

大量的考古材料证明，我国夏末商初已进入青铜时代，在商代晚期进入了鼎盛时期，举世闻名的"司（或作后）母戊鼎"就是这个时期的历史见证（图2-7）。它是1939年在河南安阳殷墟出土的，重达875公斤，是世界上最大的古青铜器。商和西周，青铜冶铸业是最重要的手工业，至《考工记》时代，已发展为拥有至少六个工种的手工业部门。这部问世于青铜时

图2-7 司母戊鼎
通高133厘米，重835公斤
（1939年河南安阳殷墟出土）

代末期的科技文献，理所当然地吸收了当时冶金工艺知识的最高理论成就，即"金有六齐"和"铸金之状"。

金有六齐　根据专家们的分析研究，古人把铜、锡、铅等金属所占的比例适当调配，使青铜合金的性能符合所铸器物的要求，是在实践中逐渐摸索出来的。在商代前期，铜的含量偏高，约在90%以上。到商代后期，青铜器中锡、铅的含量有了显著的提高。如司母戊鼎含铜84.77%，锡11.64%，铅2.79%。专家们对考古实物作过化验，结果表明，商代冶金工匠已能根据各种器具的不同用途，选择铜、锡、铅的不同比例了。在不断实践中，这种经验逐渐系统化，终于形成了"金有六齐"这段世界上最早的青铜合金工艺总结。

《考工记》说："金有六齐：六分其金而锡居一，谓之钟鼎之齐；五分其金而锡居一，谓之斧斤之齐；四分其金而锡居一，谓之戈戟之齐；三分其金而锡居一，谓之大刃之齐；五分其金而锡居二，谓之削杀矢之齐；金、锡半，谓之鉴燧之齐。"（图2-8、2-9、2-10、2-11）20世纪初期以来，众多国内外学者，借助于近现代科技知识，对此"金有六齐"作了大量的研究，成果斐然。

在古代，黄金、青铜、红铜等都可以称作"金"。"金有六齐"的"金"无疑是指青铜。"六分其金而锡居一"等句子中的"金"，有些人认为是青铜，有些人认为是红铜，这样对"六齐"的铜、锡（包括铅）比例就有两类不同的解释。现在看来，解释成红铜较为合理。[①]复制曾侯乙编钟时，专家们曾采用光谱半定量、电子探针扫描和化学定量分析等多种方法测试，得知这些锡青铜编钟的合金配制的确很讲究，而且已经规范化，其锡含量为12.5%—14.6%，铅含量一般小于2%，个别略高于3%，其他元素的含量均很少。这个例子进一步肯定了"红铜说"，即"钟鼎之齐"，铜占七分之六，锡（及铅）占七分之一；"斧斤之齐"，铜占六分之五，锡（及铅）占六分之一；"戈戟之齐"铜占五分之四，锡（及铅）占五分之一；"大刃之

---

① 张子高《六齐别解》。

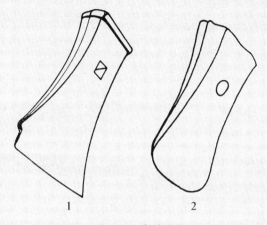

图2-8 春秋铜斧

1. 长26.4厘米，一角残 2. 长21厘米

（1973年湖北大冶铜绿山出土）

图2-9 战国早期四虎纹镜

（直径12.2厘米，传河南洛阳金村出土）

图2-10 春秋早期鸟虎纹阳燧

（直径7.5厘米，1956至1957年河
南三门峡上村岭虢国墓地出土）

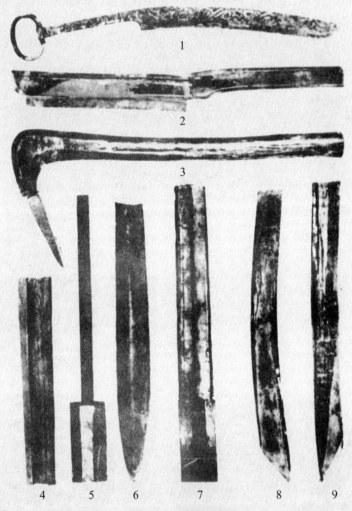

图 2-11　战国文具

1. 削（长 23.1 厘米）　2. 锯（长 29.3 厘米）

3. 锛（长 27.8 厘米）　4—7. 夹刻刀及刀鞘（全长 20.6 厘米）

8. 刻刀　9. 刻刀（长 23 厘米）

（1957 年河南信阳长台关出土）

齐"，铜占四分之三，锡（及铅）占四分之一；"削杀矢之齐"，铜占七分之
五，锡（及铅）占七分之二；"鉴燧之齐"，铜占三分之二，锡（及铅）占
三分之一，也有一种说法认为铜锡各半。上述调剂比例，从现代合金知识
来看，应该说大体上是合理的。一般青铜含锡17%—20%最为坚利，"六
齐"中的斧斤和戈戟之齐正与此相当。大刃和削、杀矢要求锋利，即更高
的硬度，含锡量相应增加，但韧度不及斧斤和戈戟。"六齐"中把钟鼎类的
含锡量定为14.3%左右。曾侯乙编钟复制研究组的研究表明：当锡含量在
14%左右，铅含量在2%—4%之间时，乐钟的机械、工艺和声学综合性能
最优。含锡量为12%—15%时，还可以用淬火回火工艺有效地调整音频并
使之稳定。[①]出土的鼎大多具有美丽的橙黄色，化验结果大多与此相近。例
如司母戊鼎的锡铅之和等于14.43%。青铜的颜色随含锡量的增加逐渐由黄
变白，硬度也随之增加。鉴燧要经磨制，面呈灰白之色，而不怕刚脆，故
含锡量最高。但战国铜镜的金属成分与《考工记》记载的比例不很符合，
锡铅含量偏低，《中国古代铜镜》收集了十面战国铜镜的化验结果，这十
面铜镜的铜与锡（包括铅）之比多数为3：1。[②]一般说来，古青铜器化学
成分的化验结果情形比较复杂，有的与"六齐"符合度较好，有的有较大
偏差。

对此现象，学术界存在多种不同观点，或认为："总的来看，当时能总
结出这样基本正确而又具有普遍意义的合金规则，的确是难能可贵的，只
有在青铜冶铸技术相当成熟的条件下才可能做到。"[③]或认为应当"如实地把
'六齐'看成是特定历史阶段特定地区部分青铜器件合金配制的反映，而不
能要求它适用于商周时期各个历史阶段的所有地区和所有青铜器件"。[④]或
认为"六齐"是一个十分复杂的问题："从整体上说，'六齐'并非先秦青铜

---

① 华觉明《曾侯乙编钟复制研究中的科学技术工作》，《文物》1983年第8期。
② 孔祥星、刘一曼《中国古代铜镜》，北京：文物出版社，1984年，第54—55页。
③ 北京钢铁学院《中国古代冶金》编写组《中国古代冶金》，北京：文物出版社，1978年，第35页。
④ 华觉明《中国古代金属技术——铜和铁造就的文明》，郑州：大象出版社，1999年，第283页。

合金的配制规范，更不应该是实际生产的科学总结。"① 或认为："'六齐'的真正内涵在于尚'六'意识。"② 见仁见智，迄今尚无定论。

其实，我们不能将"金有六齐"视为现代意义上的冶金配剂。"六齐"规则用一组整齐易记的数字总结了青铜冶铸长期实践中形成的经验，指望每一时期、每一件古铜器都与此字面数字相一致是不切实际的。而且《考工记》成书后，古代铸工们对"金有六齐"的配比关系的理解可能并不一致；原料的纯度不同，烧损程度参差不齐；这些也是偏差的原因。然而，"金有六齐"以一组整齐简洁的数字，大致表示青铜合金配比的一般规律，既有先秦学术的理论特色，又有实践的指导意义，其价值远胜笼统的定性描述。

冶铸火候　《考工记》时代青铜冶铸技术的成熟，还表现在对冶铸火候的掌握已达到简直令人叹为观止的水平。"栗氏"节说："凡铸金之状，金与锡，黑浊之气竭，黄白次之；黄白之气竭，青白次之；青白之气竭，青气次之，然后可铸也。"它的解释，比"金有六齐"难得多。郑玄（127—200）注："消涷金锡精粗之候。"今人梁津、袁翰青（1905—1994）、郭宝钧（1893—1971）以及《化学发展简史》、③《中国科学技术史稿》的作者等，为寻求"铸金之状"的解释作出了可观的努力。但仁者见仁，智者见智，尚未能令人满意。比较而言，《中国科学技术史稿》的解释较为可取，④惜欠具体。"铸金之状"的不同颜色的"气"，是在加热时，由于蒸发、分解、化合、激发等作用而生成的火焰和烟气。开始加热时，附着于铜料的木炭或树枝等碳氢化合物燃烧而产生黑浊气体。随着温度的升高，氧化物、硫化铜和某些金属挥发出来形成不同颜色的火焰和烟气。例如，作为原料的锡

① 苏荣誉《〈考工记〉"六齐"研究》，《中国科技典籍研究——第一届中国科技典籍国际会议论文集》，郑州：大象出版社，1998年，第85页。

② 戴吾三、高宣《〈考工记〉的文化内涵》，《中国科技典籍研究——第一届中国科技典籍国际会议论文集》，第5页。

③《化学发展简史》编写组《化学发展简史》，北京：科学出版社，1980年。

④ 杜石然等《中国科学技术史稿》上册，北京：科学出版社，1982年，第45页。

块中可能含有一些锌。锌的沸点只有907℃，极易挥发，气态锌原子和空气中的氧原子在高温下结合生成的氧化锌是白色粉末状烟雾。又青铜合金熔炼时的焰色，主要取决于铜的黄色和绿色谱线，锡的黄色和蓝色谱线，铅的紫色谱线及黑体辐射的橙红色背景。还有杂质砷，它的焰色试验呈淡青色，也可能参与"铸金之状"。根据色度学原理，这些原子焰色混合的结果，随着炉温的升高，逐渐由黄色向绿色过渡，铜的绿色所占的比重愈来愈大。在1 200℃以上，锌将彻底挥发；锡的蒸气经过燃烧生成的氧化锡虽为白色，但影响微弱；铜的青焰占了绝对的优势，这种情况正是所谓火候到了"炉火纯青"的地步。此时铜、锡中所含的杂质大部分已经跑掉，精炼成功，可以浇铸青铜器了。[①]

在现代，由于锡青铜的原料和熔铸过程的工艺条件不同，要完全观察到《考工记》记载的"铸金之状"已不是一件轻而易举的事。然而，《考工记》的记载应与当时的实际情况相去不远。即使在今天，在某些冶炼过程中仍然采用观察火焰来判断冶炼火候，配合监测仪表进行操作的方法，《考工记》的原始火焰观察法实在是近世光测高温术的滥觞。此外，"炉火纯青"这个成语的产生，间接说明了青铜冶铸在古代社会生产和生活中的重要地位，而这个成语，也可视为《考工记》"铸金之状"的高度概括。

铸造工艺　关于铸造的工艺过程，"栗氏"节中也有简要的说明："栗氏为量。改煎金锡则不耗，不耗然后权之，权之然后准之，准之然后量之，量之以为鬴。"这里叙述了原料的提纯、称量、铸范校平、浇铸（或校量）等一系列工艺过程，只是用语太简，使后人对"准之"和"量之"之义把握不定。但有一点可以肯定，谈的虽是铸造量器，实有普遍意义。《荀子·强国》把包括《考工记》在内的先秦冶铸青铜经验高度概括为："刑（型）范正，金（铜）锡美，工冶巧，火齐得。"这在战国中后期已是普通的常识了。

---

① 闻人军《说火候》。

我国的青铜铸造技术，在世界上未能先声夺人，但后来居上。学术界认为：《考工记》中的冶金术"是文明古籍中关于青铜铸造术的最早的遗产之一"，[1]对于这种评价，《考工记》当之无愧。其实，《考工记》时代所达到的冶金工艺水平远在它的文字记载之上，诸如分铸法、焊接法、失蜡铸造、表面处理等等，已有一件件出土文物作证；冶铁术已初试锋芒，前途无量。以上这些，在《考工记》中均未曾著录，因此，它的局限性也是毋庸回避的。

参考文献

1. 北京钢铁学院《中国古代冶金》编写组《中国古代冶金》，北京：文物出版社，1978年。
2. 袁翰青《我国古代人民的炼铜技术》。
3. 周始民《〈考工记〉六齐成分的研究》。
4. 李仲达、华觉明、张宏礼《商周青铜容器合金成份的考察——兼论钟鼎之齐的形成》。
5. 华觉明、王玉柱、朱迎善《商周青铜合金配制和"六齐"论释》。
6. 何堂坤《"六齐"之管窥》。
7. 闻人军《说火候》。
8. 苏荣誉《〈考工记〉"六齐"研究》，《中国科技典籍研究——第一届中国科技典籍国际会议论文集》。
9. 刘广定《从钟鼎到鉴燧——六齐与〈考工记〉有关的问题试探》。

第三节　登峰造极的铜兵与庐器

铜兵之歌　"历史从来不是在温情脉脉的人道牧歌声中进展，相反，它

---

[1] Joseph Needham, *Science and Civilization in China*, Vol. IV .1, 1962, p.180.

经常要无情地践踏着千万具尸体而前行"。[1]兵戎相见的战争就是走向文明
的最野蛮的手段之一，于是便有了从生产工具中独立出来的兵器。

　　各个民族历史上的兵器，与该民族强弱盛衰的文明史息息相关，涉及
历史上的政治、经济、科学、技术、美术、音乐乃至民族性格等多种因素，
是物质文化史的重要组成部分之一。

　　古代中国用于实战的各类兵器，以火药开始用于制造兵器为分野，可
以分为两大阶段：从史前直到北宋初是使用冷兵器的阶段，北宋以降是火
药兵器和冷兵器并用的阶段。在使用冷兵器的阶段中，又可分为以石为兵
的萌发阶段、以铜为兵的发展阶段和以铁为兵的成熟阶段三个小阶段，分
别对应于新石器时代中晚期、青铜时代和铁器时代。青铜时代最先进的工
艺是青铜冶铸技术，所以最精锐的兵器离不开青铜质料。青铜兵器的发生
期约当早商，发展期约当商代，成熟期约当西周和春秋，衰落期约始于战
国。[2]中原地区车战长期风靡，两军对阵时，首先用远射的兵器；待到两
军逼近、战车错毂时，就用长柄的戈、戟、矛及殳等格斗；更接近的时候，
可以用剑搏刺对方。

　　当中原地区主要依靠战车作战的时候，南方水网纵横的吴越地区，军
队的主力是步兵，剑是适于步兵近战的锋利而轻便的短兵器，备受重视。
加上当地盛产上等原料，所以吴越的铸剑技术在全国首屈一指，"吴越之
剑"名扬四海。1965年在湖北江陵望山一号墓出土了一把越王勾践剑（参
见图1-7），出土时完好如新，光彩照人，锋刃锐利，制工精美，全长55.7
厘米，剑身满布菱形暗纹，上有八个错金的鸟篆体铭文"越王鸠浅自作用
鐱"，"鸠浅"就是那位立志改革、卧薪尝胆，终于兴兵灭吴的勾践。经仔
细观察和用X光衍射分析，证明剑的基体是锡青铜，而花纹则是锡、铜、
铁的合金。化验还证明剑身含有微量的镍。[3]这把铜剑的铸造和表面处理技

① 李泽厚《美的历程》，北京：中国社会科学出版社，1984年，第45页。
② 杨泓《考古学与中国古代兵器史研究》。
③ 杜迺松《近年来青铜器发现和研究的主要收获》，《光明日报》1983年2月16日。

术，代表了当时吴越青铜器制作业的最高水平。

《考工记》中的兵器　《考工记》时代，青铜冶铸、战车和车战兵器的制造技术登峰造极，从中我们可以看到青铜兵器盛世末期的一个断面。如首次见于著录的"金有六齐"之中，"戈戟之齐""大刃之齐""削杀矢之齐"和"斧斤之齐"就是不同种类的兵器的合金比例配方。有了规范的配比标准，就能保证兵器生产质量的稳定性。在兵器的产量和质量不断提高的基础上，青铜兵器的形制、性能和品种都有所变化，《考工记》中出现了刺（矛）体（戈）联装的戟；剑的长度分为上、中、下三等，有加长的趋势。传统兵器镞、戈、矛的外形也都有改进。如"冶氏"节指出："戈，广二寸，内倍之，胡三之，援四之。已倨则不入，已句则不决，长内则折前，短内则不疾。是故倨句外博。"（图2-12）同时，为了适应车战的需要，青

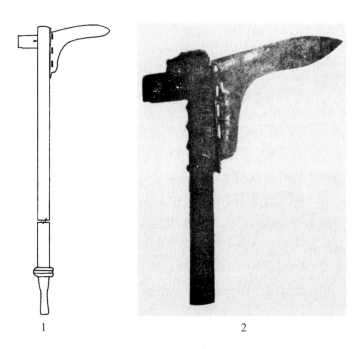

1　　　　　　　　　　　　　　　2

图2-12　戈

1.援长14、宽2.7、内长7.6、胡长10.8、全长140厘米（1971年湖南长沙浏城桥出土）

2.全长130厘米（1978年湖北随县出土）

铜兵器经过不断的改进，在《考工记》中已与其他车战兵器形成整套组合。如远射的弓矢，格斗的戟、殳、戈、矛，护体的剑，以及防护装备皮甲等，这些均已规范化和制度化（图2-13、2-14）。与《考工记》成书年代大致相当的湖北随县曾侯乙墓出土了大量用于车战的青铜兵器，如戟、矛、镞、殳及髹漆皮甲胄等。出土的简文中，还有关于战车、马匹及所装备的甲胄兵器的记述，有助于我们理解《考工记》的记载，继续追寻铜兵时代的野蛮与文明。

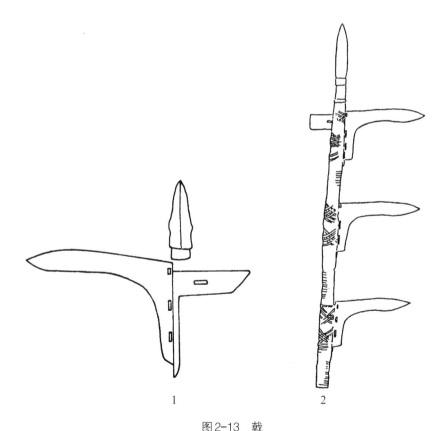

图2-13　戟
1. 戟（戈通长26.2、刺通长9.3厘米，1951年河南辉县赵固出土）
2. 三戈戟（通长343厘米，1978年湖北随县出土）

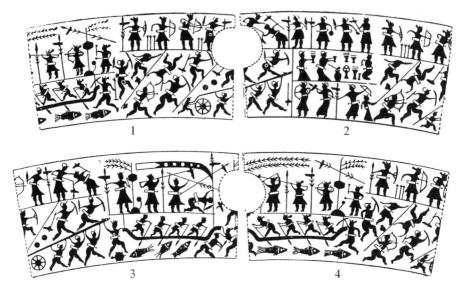

图2-14　水陆攻战铜鉴中层纹饰摹绘
（1935年河南汲县山彪镇出土）

兵器和兵法　《考工记》还将兵器学和兵法结合起来。如"庐人"节说："凡兵无过三其身。过三其身，弗能用也。而无已，又以害人。故攻国之兵欲短，守国之兵欲长。攻国之人众，行地远，食饮饥，且涉山林之阻，是故兵欲短。守国之人寡，食饮饱，行地不远，且不涉山林之阻，是故兵欲长。"大意是所有的兵器，包括车战用的长兵器均不能超过身长的三倍。兵器过长的话，不但不利于使用，反而会危害执持兵器的人。攻守双方的条件不同，兵器的长短也要因地制宜。属于春秋战国之际的湖南长沙浏城桥一号楚墓中，出土了长度不同的戈。有的是短戈，长1.4米；有的是长戈，长3.14米。前者可能是"攻国之兵"一类，后者大概是"守国之兵"之类。"庐人"节对"击兵""刺兵""句兵"的木柄或积竹柲的形制提出了不同的要求："凡兵，句兵欲无弹，刺兵欲无蜎，是故句兵椑，刺兵抟。毂兵同强，举围欲细，细则校。刺兵同强，举围欲重，重欲傅人，傅人则密，是故侵之。"刺兵、毂（击）兵之柄，其截面同强

而握持之处粗细有别。"句兵椁"，
其截面为椭圆或卵圆形。椭圆形柄
能防止握持不力而转动。卵圆形柄
更为先进，钝的一面代表内的方
向，较尖的一面代表援的方向，凭
手感就能知道戈援所指，便于钩杀
时掌握正确的方向。[①]"刺兵柲"，
其截面为圆形，圆形截面之手柄
能使直刺类兵器各向横向约束相
同，强度与刚度相等，[②]故不易弯曲
（图2-15）。

　　此外，为了检验"庐器"的质
量，"庐人"节中规定了三种科学的
测试方法。这三种测试方法，"置而
摇之"为固定一端，"炙诸墙"为固
定两端，"横而摇之"为固定中点。
如今材料力学实验中，测试棒状
体的机械性能，也不外乎用这三种
方式。

图2-15　楚国庐器
1. 藤矛柄（全长280、径2.4—2.6厘米）
2. 积竹戈柄（全长310、断面长3.2、宽
　2.5厘米）
3. 竹节形木柄（全长91、断面长2.1厘米）
　（1971年湖南长沙浏城桥出土）

参考文献

1. 周纬《中国兵器史稿》，北京：生活·读书·新知三联书店，1957年。

2. 杨泓《中国古兵器论丛》，北京：文物出版社，1980年。

3. 杨泓《考古学与中国古代兵器史研究》，《文物》1985年第8期。

4.《中国军事史》编写组《中国军事史》第1卷"兵器"，北京：解放军出版

---

① 孙机、杨萍《中国古代的武备（上）》，《军事史林》2013年第6期。

② 老亮《中国古代材料力学史》，长沙：国防科技大学出版社，1990年，第145页。

社，1983年。

5. 顾莉丹《〈考工记〉兵器疏证》，复旦大学2011年博士学位论文（指导教师：汪少华教授）。

第四节　制弓矢和射箭术的高度总结

蒙昧时代的利器　1963年，我国在山西朔县峙峪一处距今约三万年前的旧石器时代晚期遗址中发现了一件燧石箭镞，[①]系用很薄的长石片制成，尖端周正，肩部两侧变窄似铤状。20世纪70年代，在山西沁水下川旧石器时代遗址中又发现了一些石箭镞，[②]制作技术已有明显进步。上述例子说明我国在旧石器时代晚期已经发明了弓箭。欧洲和非洲也发现过旧石器时代晚期的石箭头。到了新石器时代，弓箭的使用更趋普遍。夏末商初，出现了青铜箭镞。

恩格斯（1820—1895）曾经指出："弓箭对于蒙昧时代，正如铁剑对于野蛮时代和火器对于文明时代一样，乃是决定性的武器。"[③]弓箭的发明使抛射体获得了徒手投掷所不可比拟的速度和方向性，在狩猎和战争中大显身手，产生了重要的社会影响。正如英国科学史学家李约瑟（Joseph Needham，1900—1995）博士所说："在古代，发明进攻性武器，尤其是发明精良的弩弓的进步，大大超过了防御性的盔甲的改进。"[④]由于弓箭在狩猎和攻战中功勋卓著，受到特别的重视，古人对它的制造技术和性能有比较深入的研究。在《考工记》中，关于弓矢和车的部分各占了较大的比重。正文分述各器制法，从车开始，以弓结束，这种编排是

① 贾兰坡、盖培、尤玉柱《山西峙峪旧石器时代遗址发掘报告》，《考古学报》1972年第1期。

② 王建、王向前、陈哲英《下川文化、山西下川遗址调查报告》，《考古学报》1978年第3期。

③ 恩格斯《家庭、私有制和国家的起源》，《马克思恩格斯全集》第21卷，北京：人民出版社，1965年，第34页。

④ 李约瑟《东西方的科学与社会》，见《科学的科学——技术时代的社会》，第154页。

颇具匠心的。

　　春秋战国时期的弓是一种复合弓，弓身由竹（或木）和动物的角、筋黏合起来（图2-16），巧妙地利用这三种天然弹性材料的不同特性制作而成。它的制作工艺相当复杂，《考工记》对此有详细的记载，反映出当时在选材、配料、制作程序、规格、检验、保藏、选用等方面已形成了一套完整的经验（图2-17、2-18）。

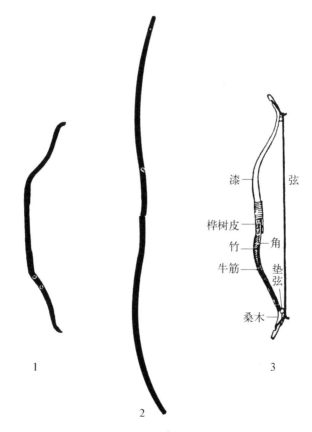

漆　　弦
桦树皮
竹　　角
牛筋　　垫弦
桑木

1

3

2

图2-16　古弓
1.木弓（原长约80、残长70厘米，1978年湖北江陵天星观出土）
2.木弓（长169厘米，1978年湖北江陵藤店出土）
3.古弓示意图

图2-17　张弓图
（采自洛阳出土西汉画像空心砖）

图2-18　19世纪整弓箭图
（原件藏于美国皮博迪·埃塞克斯博物馆）

　　"弓有六善"的渊源　宋代著名科学家沈括及其兄沈披对制弓术颇有研究，沈括在其名著《梦溪笔谈》中曾总结了六条制弓经验，即著名的"弓有六善"。其具体内容是："一者往体少而劲，二者和而有力，三者久射力不屈，四者寒暑力一，五者弦声清实，六者一张便正。"沈括还介绍说："凡弓往体少则易张而寿，但患其不劲；欲其劲者，妙在治筋。凡筋生长一尺，干则减半，以胶汤濡而梳之，复长一尺，然后用，则筋力已尽，无复伸弛。又揉其材令仰，然后傅角与筋，此两法所以为筋也。凡弓节短则和而虚，节长则健而柱。节若得中则和而有力，仍弦声清实。凡弓初射与天寒，则劲强而难挽；射久、天暑，则弱而不胜矢。此胶之为病也。凡胶欲薄而筋力欲尽，强弱任筋而不任胶，此所以射久力不屈，寒暑力一也。弓所以为正者，材也。相材之法视其理，其理不因矫揉而直中绳，则张而不跛。此弓人之所当知也。"[①]"弓有六善"滥觞于《考工记》时代，唐代王琚《射经》有所进步，《梦溪笔谈》中首次以文字形式公之于世后，不胫而走。明代兵书如李呈芬《射经》、唐顺之《武编》、茅元仪《武备志》等多有引用，在军事界有相当大的影响。经茅一相整理的唐顺之《稗编》将唐王琚《教射经》和"弓有六善"节等误合为一书，称"王琚《射经诀》"。明末陶珽以《稗编》的"王琚《射经诀》"为蓝本，删节为"王琚《射经》"，增补进陶宗仪的《说郛》，以广流传。考其源流，"弓有六善"的许多思想已隐含在《考工记》之中。

　　一如传本"弓人"节说："（凡弓）往体多，来体寡，谓之夹臾之属，利射侯与弋。往体寡，来体多，谓之王弓之属，利射革与质。往体、来体若一，谓之唐弓之属，利射深。"此几句有错简。拙著《考工记译注》（1993、2008年版）已指出当校正为："往体多，来体寡，谓之王弓之属，利射革与质。往体寡，来体多，谓之夹臾之属，利射侯与弋。往体、来体若

---

① 沈括《梦溪笔谈》卷18。参见闻人军《〈梦溪笔谈〉"弓有八善"考》。

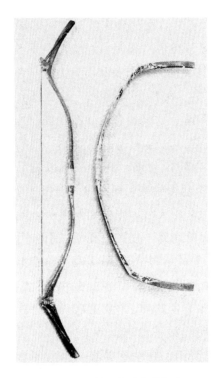

图2-19　19世纪中叶传统复合弓
（清代考核弓手的强弓实物，弓力可达
100公斤）

一，谓之唐弓之属，利射深。"（图2-19）近来求证于本书《弓人》节的析干之道和"成规"法，他书《周礼·夏官·司弓矢》的六弓次第和沈括《梦溪笔谈·弓有六善》，以及现代射艺知识，进一步确认了传本"弓人"这一错简。①

往体是弛弦时弓体外挠的体势，来体是张弦时弓体内向的弓高和曲势。往体少的弓本是弱弓，优点是易张而寿。但治筋得法，可使往体少的弓兼有劲弓之力，后人将其总结为"往体少而劲"。

二如"弓人"节说："材美工巧为之时，谓之叁均。角不胜干，干不胜筋，谓之叁均。量其力，有三均。均者三，谓之九和。"九和之弓的"节"（把梢裨木）应长短适中，它适于发力且耐久，即"和而有力"。

三如"弓人"节说："凡为弓，方其峻而高其柎，长其畏而薄其敝，宛之无已，应。"文中的"宛之无已，应"可解释为：虽然多次引弓，弓与弦必能缓急相应，不致罢软无力，也就是"久射力不屈"之意。

四如"弓人"节为了使弓力不受寒暑燥湿变化的影响，规定了一系列严格的工艺要求。它说："凡为弓，冬析干而春液角，夏治筋，秋合三材，寒奠体，冰析灂。……春被弦则一年之事。"制弓周期长达头尾三年。《列女传》也记载：晋平公使工为弓，"三年乃成"。又据谭旦冏的《成都弓箭制作调查报告》，20世纪40年代在成都，制弓要延续四年方能完成。由此可

---

① 闻人军《〈考工记·弓人〉"往体""来体"句错简校读》。

见，《考工记》中关于制弓周期的严格要求是从实践中总结出来的，而我国传统的弓箭制作正是在《考工记》的基础上发展起来的。"弓人"节又说："挢干欲孰于火而无赢，挢角欲孰于火而无燂，引筋欲尽而无伤其力，鬻胶欲孰而水火相得，然则居旱亦不动，居湿亦不动。"意即揉干要恰到好处，不要太熟；揉角也要恰到好处，不要太烂；拉伸治筋要使筋力尽，无复伸弛，而不影响它的机械强度；煮胶加水要适当，火候的控制也要恰到好处。这样制成的弓，能在寒暑燥湿的环境中，弓体不变形，弓力始终如一，后人将其概括为"寒暑力一"。

五如"弓人"节说："弓有六材焉，维干强之，张如流水。维体防之，引之中参。维角堂之，欲宛而无负弦。引之如环，释之无失体，如环。"因为选择优质材料做弓干，平时放在弓匣里防止变形，又用角撑距加固，所以施弦、引弓时"一张便正"。

只是"弓有六善"中的第五善"弦声清实"，在《考工记》时代尚未形成明确的概念。据王琚《射经》的经验之谈，若弓把长短得宜，执弓得法，"则和美有声而俊快也"，也就是引弓"和而有力"，放箭后"弦声清实"。沈氏兄弟对王琚《射经》作了继承和发展，使用"和而有力"的弓，引弓后弓的储能充足，施放得法箭速俊快，因而弓弦震动发出清实之声。[1]"弦声清实"说明各种因素配合恰到好处，当然也是九和之弓的一个特征。

与箭羽有关的空气动力学知识　按照以前流传的看法，古希腊亚里士多德（前384—前322）的《物理学》《论天》等自然哲学著作中，与物体运动有关的描述，代表了人类最早的空气动力学知识。然而，《考工记》有关弓矢的记载，早已以其独特的风格开了空气动力学的先河。从下面所举的例子可以看出，它所包含的空气动力学知识，比起亚里士多德认为抛射体沿直线前进的理论而言，远为高明得多。

如"矢人"节规定："夹其（箭杆）阴阳，以设其比（箭括）；夹其

---

[1] 闻人军《〈梦溪笔谈〉"弓有六善"补证——兼揭土琚〈射经〉之衍变》。

比，以设其羽；叁分其羽，以设其刃。则虽有疾风，亦弗之能惮矣。"箭羽大概是最早发明的负反馈控制设置之一。在"矢人"节中首次详细记载了箭羽的装置方法和各种弊病，进而指出箭羽装妥后，即使有强风，也不会受它的影响。风是一种干扰因素，箭羽大小适当，装置得法的箭是一个简单的有负反馈的稳定控制系统。按照空气动力学知识，不难说明箭羽的负反馈作用。当箭飞速前进时，如因侧风干扰，使头部偏向左方（或右方）；箭矢由于惯性，仍沿原先的方向前进，于是迎面而来的空气阻力有了垂直于箭羽的分力，此分力反过来使箭羽向左（或向右），箭镞随之向右（或向左）转，抵消了侧风对方向性的影响。这是说垂直的箭羽有横向稳定的作用。同样道理，水平设置的箭羽有纵向稳定的作用。垂直箭羽与水平箭羽的配合，使箭能够保持良好的方向性，准确地飞向目标。①

"矢人"节又说："羽丰则迟，羽杀则趯。"指出了箭羽大小失当的后果：箭羽过大，种种阻力增大，使飞行速度降低；箭羽过少或零落不齐，箭的稳定性差，飞行时自然容易偏斜。

与箭杆有关的空气动力学知识　如果说箭羽的稳定作用比较显而易见，那么，箭杆挠度与箭矢飞行轨道的关系就不那么容易发现了，因而《考工记》在这方面的深入观察与分析就更为可贵。

"矢人"节说："凡相笴，欲生而抟。同抟，欲重。同重，节欲疏。同疏，欲栗。"意指要挑选天生浑圆、致密、节间长、节目疏少、颜色如栗的竹竿来做箭杆，否则将产生（箭杆）"前弱则俛，后弱则翔，中弱则纡，中强则扬"的弊病，不易命中目标。《说文·彡部》曰："弱，桡也。上象桡曲，彡象毛氂。""弱"就是箭杆柔弱，易于桡曲。"强"与"弱"相反，表示箭杆刚强，不易桡曲。近代西方为了研究射箭术的方便，引进了一个所谓（箭杆）"桡度"（spine）的概念，《考工记》中箭杆的强弱，实质上也是指spine而言。箭杆的spine与弓的配合十分重要，配合得当的话，箭矢的

---

① 闻人军《〈考工记〉中的流体力学知识》。

飞行轨道才正常；假如配合不当，将出现种种异常的飞行轨道。这是因为拉弓满弦时，箭杆必然在弓弦的压力下产生不同程度的弯曲变形；撒放后，由于箭杆的弹性作用，箭杆将反复拱曲，蛇行式地前进。现代利用高速摄影术已经证实了这种蛇行现象。用spine理论可以完满地解释箭杆前弱、后弱、中弱、中强引起的四种不良现象。

如果箭杆前部偏弱，撒放时箭杆前部的弯曲较大。撒放后，前部振动较甚，阻力增大，箭行迟缓，故飞行轨道较正常情况为低（"前弱则俛"）。

如果箭杆后弱，则拉弓时后部弯曲较大。撒放后，后部振动较厉害，振动能量的一部分将转化为帮助箭矢前进的空气动力，前行速度较正常情况为快，故偏离正常的轨道而高翔（"后弱则翔"）。

如果箭杆中弱，在弓弦压力下，箭杆过分弯曲。撒放后，由于箭杆本身的反弹作用强，箭杆将绕过中心线，偏离正常轨道飞出（"中弱则纡"）。

如果箭杆中强，则弓弦受到的压力和随之而来的形变较大。撒放后，由于它对箭杆的反作用较强，箭矢将迅速飞离箭台，倾斜而出（"中强则扬"）。[1]

制弓用弓经验的高度总结　《考工记》"弓人"的作者，制弓和用弓经验非常丰富，对弓的特性也了如指掌，行文简洁，符合科学原理。如文中说："凡析干，射远者用埶，射深者用直。"它的含义是剖析干材、制作弓体时，凡是用来射远的弓，其弓体应偏薄，弛弦时弯曲方向逆木的曲势，施弦后顺木理，弓体的曲率较大，弓高（弓体中点到弓弦的距离）也较大。凡是用来射深的弓，弓体较厚直。现代射箭术认为，在一定的范围内，箭行的方向性是随着弓高的增加而增加的。上面这种用来射远的弓，箭行的方向性较好，当然利于射中远处的目标。现代射箭术还认为，初速的极大

---

[1]　闻人军《〈考工记〉中的流体力学知识》。

值对应于较小的弓高，也就是说较为厚直的弓，利于射深。[①]

又如"弓人"节指出：选择弓矢的时候，要按使用者的体形和"志虑血气"配合不同的弓矢："丰肉而短，宽缓以荼"（长得矮胖、意念宽缓、行动舒迟）的人，用"危弓"（刚硬的弓）和"安矢"（柔缓的箭）；"骨直以立，忿埶以奔"（刚毅果敢、火气大、行动急疾）的人，用"安弓"（柔软的弓）和"危矢"（剽疾的箭），否则"其人安、其弓安、其矢安，则莫能以速中，且不深。其人危、其弓危、其矢危，则莫能以愿中"。如用现代射箭术解释，在这两种情况下，箭的spine都不易与弓的特性协调一致。慢性子的人用软弓和柔箭，箭的速度低，不易命中目标，且无力深入。急性子的强人用劲弓和剽疾的箭，由于箭的蛇行距离过长，也不能准确命中目标。《考工记》中提出的人、弓、矢的搭配方式是颇有道理的。这些经验对于现代的射箭运动仍有一定的参考价值。

质量检验和弓力测试　在"矢人"节中，对于缑矢、茀矢、兵矢、田矢、杀矢的结构，杆羽的弊病检验和选材方法，也有详细的记载。它指出，检验箭羽时，"夹而摇之，以眡其丰杀之节也"。检验箭杆时，"桡之，以眡其鸿杀之称也"。前者是检查箭羽的大小是否适当，后者用"桡之"的办法检验箭杆的粗细、刚硬程度是否与弓相称，已跟现代测量箭杆spine的原理和方法暗合。

"弓人"节在提到测试弓力时说"量其力，有三均"，言简意赅。当时测试弓力的试验究竟定量化到什么程度，已难查考。但据文意，"量其力"的操作该有三次，而且所得结果有某种规律，可重复操作。物理学上的胡克定律认为：物体受力时，如其应力在弹性极限范围内，则应力与应变成正比关系。这一定律是英国物理学家胡克（Robert Hooke，1635—1703）于1660年发现并于1676年发表的。弓人的实验比胡克导致这一发现的弹簧试验早两千多年，尽管未及上升为理论成果，依然是十分可贵的。郑玄注"量其力，有三均"："若干胜一石，加角而胜二石，被筋而胜三石，引之中

---

① 闻人军《〈考工记〉中的流体力学知识》。

三尺。假令弓力胜三石，引之中三尺，弛其弦以绳缓摆（huàn）之，每加物一石，则张一尺。"列出了比较具体的数量关系。老亮认为郑玄最早记述了力与变形的正比关系，即发现了弹性定律。[①]学术界有不少赞同者，但稳重的学者们认为弓力与形变是非线性关系，根据当时条件不可能总结出近代意义上的弹性定律。[②]学界至今仍有争议。

参考文献

1. 闻人军《〈考工记〉中的流体力学知识》。

2. 宋应星《天工开物》卷十五"佳兵"之"弧矢"。

3. ［日］薮内清等著，章熊、吴杰译《天工开物研究论文集》"明代的兵器"之"弓和箭"，北京：商务印书馆，1959年。

4.《周礼·夏官·司弓矢》。

5. 闻人军《〈考工记·弓人〉"往体""来体"句错简校读》。

6. 老亮《中国古代材料力学史》，长沙：国防科技大学出版社，1991年。

7. 闻人军《〈梦溪笔谈〉"弓有六善"补证——兼揭王琚〈射经〉之衍变》。

第五节　防护装备的代表——皮甲

从整甲到合甲　甲胄的制作是随着社会的进化、生产技术的发展和战略战术的变化而发展变化的。因此，通过甲胄的变迁史，也可以捉摸到古代军事史、技术史等的脉搏。远古原始氏族公社逐渐解体、阶级和国家登上历史舞台的时候，作为战争防护装备的皮甲就开始出现。原始的皮甲是整片型式的，迄今最早的皮甲残迹属于殷商时期，尚是一种整片的皮甲。整片的皮甲穿用不便，为了增强防护效能、穿着利便，工匠们发明了联缀

---

① 老亮《中国古代材料力学史》，第20页。

② 仪德刚《反思"郑玄弹性定律"之辩——兼答刘树勇先生》。

大小不同的革片制成的皮甲，成为铜兵时代的重要防护装备。发展到春秋战国之际车战风行之时，也是皮甲胄盛行的年代。当时对甲片裁制、模压成形，加工更趋细密，有的还要合革髹漆，然后把不同型式的甲片按不同的部位联缀成一领皮甲。《考工记·函人》说："函人为甲，犀甲七属、兕甲六属、合甲五属。……凡为甲，必先为容，然后制革。权其上旅与其下旅，而重若一，以其长为之围。"记载的正是这时代的情况。

皮甲制作技术　属于这一时期前后的皮甲实物，已发现的有：春秋战国之交的长沙浏城桥一号楚墓，出土一领已凌乱的皮甲。战国初期的随县曾侯乙墓，出土大量散乱的皮甲胄，1979年有关单位曾清理、复原出比较完整的12套皮甲胄，还发现了马甲及一些零散甲片。其出土数量之多和保存情况之好，都是空前的。2002年再传捷报，湖北枣阳九连墩一号墓出土楚国（战国中晚期）皮甲达28件，系由皮革经模具压制，再以丝带编缀。此外，湖北江陵藤店一号墓、拍马山五号墓和湖南长沙左家公山15号墓都零星出土过战国时的皮甲。

1980年，中国社会科学院考古研究所技术室根据复原了的曾侯乙墓皮甲胄进行了制作试验，制成了曾侯乙墓皮甲胄原大复原模型（图2-20），进而探讨了当时的皮甲胄制作技术。[1]复原的情况表明，当时的甲胄片必然是模压成型的。最初设计甲胄的时候，先要做个与实体大小相当的模型，每种甲片压制成型需要有个体模型和专用的模具。《考工记》指出："凡为甲，必先为容（模），然后制革。"又说："凡甲，锻不挚则不坚，已敝则桡。"指的正是制用模具，整敲定型。文中接着详细介绍了一系列检验方法。《考工记》所叙述的制革工艺和检验之法是以生产实际为依据的。曾侯乙墓和九连墩一号墓的髹漆皮甲片的皮胎均已朽毁，仅存髹漆的外壳，是采用特制的丝带组编的。而藤店一号墓出土的皮甲，可以看出是由两层皮革合在一起的"合甲"，甲片之间用细皮条编缀。"函人"节说："合甲寿三百年。"这是当时比较优质的皮甲。然而，到不了三百年，皮甲胄的命运就起了变化。

---

[1]　中国社会科学院考古研究所技术室《试论东周时代皮甲胄的制作技术》。

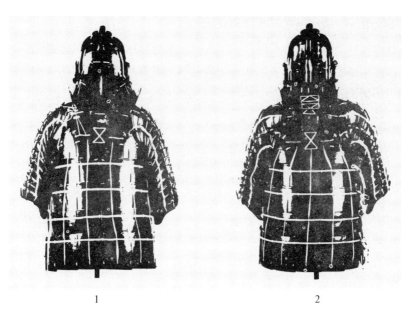

1　　　　　　　　　　　　　　2

图2-20　曾侯乙墓皮甲胄复原示意图
1. 正面　2. 背面

皮甲的消亡　在战国中期以前，皮甲胄可以有效地防御青铜兵器的攻击。至战国中期，铁制兵器和强弩普遍使用，步兵和骑兵逐渐取代战车，防护设备不得不发生相应的变革。至迟到战国后期，铁制的铠甲和兜鍪问世。于是，皮甲下降到从属于铁铠的次要地位。但是，正如《楚辞·国殇》所描绘的那样："操吴戈（即大盾）兮披犀甲，车错毂兮短兵接，旌蔽日兮敌若云，矢交坠兮士争先。"皮甲已经作为青铜时代车战的主要装备之一而被载入了史册。

皮甲虽然早已在战场上销声匿迹，但"函人"和"鲍人"节中介绍的制革工艺技术却并未随岁月的流逝失去作用，仍可供现在的皮革工业借鉴。

参考文献

1. 杨泓《中国古代的甲胄》上篇，《考古学报》1976年第1期。
2. 湖北省博物馆、随县博物馆、中国社会科学院考古研究所技术室《湖北随县擂鼓墩一号墓皮甲胄的清理和复原》,《考古》1979年第6期。

3. 中国社会科学院考古研究所技术室《试论东周时代皮甲胄的制作技术》。

4. 湖北省文物考古研究所《湖北枣阳九连墩一号墓皮甲的复原》,《考古学报》2016年第3期。

第六节　钟　鼓　之　乐

原始乐器　在那遥远得记不清岁月的年代，先民们逐渐创造了原始音乐，作为他们劳动、生活的最佳调剂和补充。原始乐舞，大多与当时的狩猎、畜牧、耕作，特别是巫术礼仪有关。已发现的原始乐器，有鹤类尺骨管制成的骨笛（河南舞阳贾湖遗址）、陶埙（浙江余姚河姆渡文化遗址、西安半坡村仰韶文化遗址）、用兽肢骨制成的"骨哨"（河姆渡），以及龙山文化的矩形陶钟、原始石磬、鼓等。商周制作乐器的原料至少有"金、石、土、木、草、丝、匏、竹"八类，[1] 形形色色的乐器次第出现，仅见于《诗经》记载的就不下29种。发展到现代，民族乐器形式繁多。20世纪80年代，光是我国少数民族使用与尚保存的乐器就有400余种。[2]

古代乐器一般分为打击乐器、吹奏乐器和弹弦乐器三大类。史书上所谓的"钟鼓之乐"，是一种以编钟、编磬、建鼓为主要乐器，辅以管弦乐器的大型乐队。钟鼓之乐兴起于西周，盛行于春秋战国，直至秦汉之际。《考工记》所记述的正是钟、鼓、磬这三种打击乐器。

先秦钟的演变　我国原始社会晚期已有钟。散见于文献记载的传说有:《山海经·海内经》:"炎帝之孙伯陵，伯陵同吴权之妻阿女缘妇，缘妇孕三年，是生鼓、延、殳。（殳）始为侯（指射侯），鼓、延是始为钟、为

---

[1]《周礼·春官·大师》。

[2] 韩小蕙《我国少数民族使用和尚保存的乐器有四百多种》,《光明日报》1986年1月6日。

乐风。"①《吕氏春秋·古乐篇》："黄帝令乐工伶伦铸十二钟。"《世本》："倕作钟。"等等。浙江余姚县河姆渡文化遗址第四层曾出土20多件髹漆的木筒形打击乐器，②现藏于浙江省博物馆。陕西省长安县客省庄龙山文化（约前28—前23世纪）遗址中发现的矩形陶钟，现藏于中国国家博物馆。

　　商初已有扁圆形铜铃，它是钟的前身。商代晚期，出现了三枚一组的编铙。西周早期有了编钟和镈钟。西周晚期，编钟已发展为9枚一套，还出现了纽钟。到春秋中晚期，每套编钟又增为13枚、16枚，甚至出现了19枚一套的编镈。战国时期出现了大型的编钟群。编钟经历了一千多年的发展时期，是"钟鼓之乐"中性能最高的一类旋律乐器，乃众乐之首，所以古人往往以"钟鸣鼎食"来形容王公贵族的权势、地位和生活。

　　商周铜铙或铜钟历代早有出土。半个多世纪来，通过考古发掘得到的西周至战国的编钟、编镈甚多。特别是河南温县殷铙、西周早期湖北随州叶家山编钟、西周中晚期的陕西扶风柞钟、春秋早期山西闻喜上郭村编钟、春秋晚期山西太原金胜村编镈、春秋晚期河南淅川编钟、春秋晚期河南信阳编钟、战国早期曾侯乙编钟等先后破土而出，山西侯马铸铜遗址重见天日，学术界得以从各个角度开展研究，取得了一项又一项成果（图2-21）。以往认为西周中期才有编钟，

图2-21　铜钟舞部陶模
（山西侯马铸铜遗址出土）

① 袁珂校注《山海经校注》，上海：上海古籍出版社，1980年，第464页。

② 吴玉贤《谈河姆渡木筒的用途》，《浙江省文物考古所学刊》，北京：文物出版社，1981年。

但随着新的考古发现，这一纪录已被改写。2013年7月，在湖北随州叶家山西周早期曾国墓地M111的发掘中，出土了一个镈钟和四枚一组编钟，[①]将编钟出现的年代提前到了西周早期。

国内外学者对编钟的声学性能和铸钟技术作了一系列的研究，成绩斐然。例如：与古代印度和欧洲的圆钟不同，中国商周的钟呈合瓦式的扁圆形，铣边有棱，对声振动能起制约的作用。一方面，每只乐钟的声音衰减较快，有利于编列成组；另一方面，分别敲击钟的正鼓部和侧鼓部，能发出相隔一个小三度或大三度音程的两个声音，丰富了乐音，扩大了钟的实用功能。2012年出版的《中国音乐考古80年》，包括近30篇专业论文，汇集了中国音乐考古专家、学者80年来在该领域的优秀研究成果。书中推崇黄翔鹏（1927—1997）《新石器和青铜时代的已知音响资料与我国音阶发展史问题》一文，写作于1977年，发表于《音乐论丛》1978年第1辑和1980年第3辑，率先从理论上论述"一钟双音"的现象。此一推断，在1978年曾侯乙编钟出土后，获得全面证实。科技史界也作了出色的研究，进而认为"双音青铜乐钟最早出现于西周前期，俟后其形制与调音方法逐步趋于完备"，"编钟形制和尺度规范在西周中期业已初步形成"。[②]发展到春秋中晚期，以楚国北部地区编钟为代表，设计和制作更趋规范化，几乎与《考工记》的记载一致。至战国早期，以湖北随县曾侯乙墓编钟为代表（图2-22），设计和制作工艺达到顶峰。[③]

---

① 湖北省博物馆、湖北省文物考古研究所、随州市博物馆《随州叶家山：西周早期曾国墓地》，北京：文物出版社，2013年，第138页。

② 华觉明《双音青铜编钟的研究、复制、仿制和创制——兼论多重证据法和技术史研究的社会功能》，载张柏春、李成智主编《技术史研究十二讲》第四讲，北京：北京理工大学出版社，2006年，第50—51页。

③ 刘海旺、李京华《三百余件先秦编钟结构制度的统计与分析——实物编钟与〈考工记〉中制度的对比与研究》，载华觉明主编《中国科技典籍研究——第一届中国科技典籍国际会议论文集》，第146页。

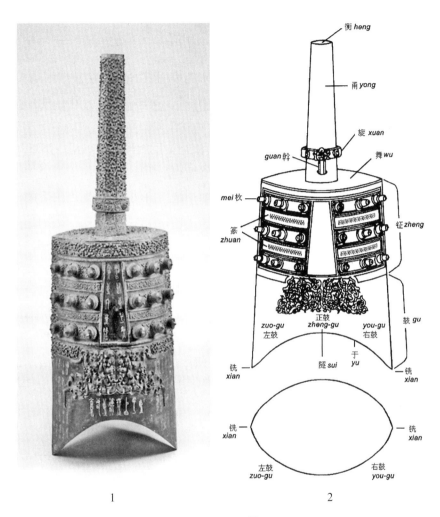

图2-22 甬钟
1. 随县曾侯乙墓甬钟（1978年湖北随县出土）
2. 甬钟各部位的名称

"凫氏为钟"：一篇优秀的制钟论文 先秦编钟实物的不断发现和研究，在音乐史、科技史上的意义无疑是十分重大的，然而《考工记》"凫氏"节对编钟的规范、音响和调音等问题作了总结性的论述，仍不失为我们研究先秦制钟技术和音响学水平的有价值的参考资料。这段文字恰如一篇层次分明、逻辑严谨的制钟论文，论述制钟规范、音响情形简洁、周详，比欧洲几乎同样内容的论述要早约 1 500 年。[①]

"凫氏"节规定了钟的形制，科学研究表明其各部位在发声中各有作用：[②]钟的鼓部和钲部构成共振腔，是编钟的主要发声部位。舞部和甬部对发声有一定影响。枚不仅起装饰作用，而且作为振动负载，可以加速高频的衰减，有助于编钟进入稳态振动。《考工记》虽然没有指明这些作用，但其设计思想却体现了先秦声学、乐律学和工艺美术的进步。

"凫氏"节对钟的发声问题作了定性的分析。它说："薄厚之所震动，清浊之所由出，侈弇之所由兴，有说。钟已厚则石，已薄则播，侈则柞，弇则郁，长甬则震。"笔者曾用数理声学的方法证明"凫氏"节对编钟特性的分析符合现代声学原理。[③]"凫氏"节还说："钟大而短，则其声疾而短闻；钟小而长，则其声舒而远闻。""韗人"节也说："鼓大而短，则其声疾而短闻；鼓小而长，则其声舒而远闻。""这些从长期制作乐器的过程中总结出来的声学问题的定性描述，远远超出了为乐器规定某种尺寸等的技术规范的意义，它已经为人们较自觉地对钟鼓的形状或厚薄作适当调整，使之达到预想的要求，提供了理论上的依据"。[④]

钟的发声机制是一种弯曲板的板振动。1980 年代初，在上海海运学院吴景春学友的帮助下，我们曾选用 1950 年代发展起来的一种有限元法，用上端封闭，椭圆截面的柱壳作为静态模型，近似模拟先秦扁钟的振动，经过电子计算机的运算，得出了大小长短不同的四种模拟钟的基频，从而发现：只有在一定范围内，"凫氏"的上述记载才是正确的。[⑤]

《周礼》论钟声　在《考工记·凫氏》的基础上，稍后问世的《周礼·春官·典同》中，进一步对十二种不同形状的钟的音响效果作了集中

---

① 戴念祖《中国编钟的过去和现在的研究》。

② 华觉明《曾侯乙编钟复制研究中的科学技术工作》。

③ 闻人军《〈考工记〉中声学知识的数理诠释》。

④ 杜石然等《中国科学技术史稿》上册，第 113 页。

⑤ 闻人军《〈考工记〉中声学知识的数理诠释》。

介绍。它说："凡声，高声硍，正声缓，下声肆，陂声散，险声敛，达声赢，微声韽，回声衍，侈声笮，弇声郁，薄声甄，厚声石。"这是说：大凡钟所发出的声音，如果钟的上部口径太大，声音在钟体内回旋，不易发散；钟的上下部口径相同，所发的声音缓慢迟滞，荡漾而出；钟的下部口径太大，所发的声音必定很快放出，没有余音荡漾；钟的口沿往外偏斜，所发的声音必定离散；钟的口沿向内倾斜，所发的声音必定不外扬；钟体偏大，声音比一般的钟要洪亮；钟体偏小，声音比一般的钟要喑哑；钟体近似圆形，声音盈溢不尽，有较长的延长音；钟口偏大，声音大而外传，有喧哗之感；钟口偏小，声音较小且抑郁不扬；钟壁过薄，所发的声音响而颤抖，散播较远；钟壁过厚，如同击石，不易发声。

《考工记》和《周礼》等的记载，是古人在制造和使用编钟的实践中获得的丰富经验的初步总结，他们力图将实践经验上升为理性知识的努力无疑是值得赞许的。

曾侯乙墓编钟群　1978年夏，随县曾侯乙墓出土了由64枚青铜扁钟组成的大型编钟列，外加楚王送的一件镈钟，共65件，总重量达五千多斤。整套编钟以大小和音高为序，编成8组悬挂在三层钟架上（图2-23）。经过

图2-23　曾侯乙编钟
（1978年湖北随县曾侯乙墓出上）

试验性的演奏，证明这套编钟能够演奏古今中外的多种乐曲，主奏的中层甬钟，音响悠扬嘹亮；烘托气氛的下层甬钟，声音深沉洪亮。[①] 曾侯乙墓的编钟群为"凫氏"的记载作了最好的注解和补充。

秦汉以后，铸钟技艺逐渐失传。《考工记》的记载成了历代研究钟制的宝典，具有不可磨灭的历史价值。

编磬的来历　《尚书·益稷》曰："击石拊石，百兽率舞。"原始的石磬，形如石犁，脱胎于新石器时代的有孔石器，实际上是由生产工具转化而来的敲击发声的乐器。20世纪下半叶，山西襄汾县陶寺、夏县东下冯夏代文化遗址、内蒙古喀喇沁旗都发现过原始石磬。[②] 1978年冬，山西省闻喜县发现了龙山文化晚期的大石磬，[③] 距今已有四千余年。原始的石磬系打制而成。商代的特磬往往经过琢磨，雕以纹饰。商代后期开始出现三至五具一套的编磬。周代编磬每套的磬数逐渐增多，形制也渐趋规范化。春秋战国时期是编磬的全盛时期，绝大多数是石磬，但也发现过木质的磬，[④] 泥质灰陶的磬。[⑤] 2003至2005年，有关部门发掘江苏省无锡市鸿山镇东部的越国贵族墓地，除了出土仿中原青铜编钟的青瓷编钟，还出土了仿中原或楚系石磬的青瓷编磬。[⑥] 在《考工记》时代，磬形大体上如图2-24所示。一套编磬之中，各磬大小不同而形状相似（图2-25），如按磬形由大到小的次序排列，发声频率则由低到高。在"钟鼓之乐"中，编磬是与编钟密切配合的旋律乐器。《淮南子》说："近之则钟声亮，远之则磬音彰。"两者可相得益彰。

---

① 湖北省博物馆《随县曾侯乙墓》，第2页。

② 中国社会科学院考古研究所山西工作队、临汾地区文化局《1978—1980年山西襄汾陶寺墓地发掘简报》，《考古》1983年第1期。郑瑞丰、张义成《喀喇沁旗发现夏家店下层文化石磬》，《文物》1983年第8期。

③ 李裕群、韩梦如《山西闻喜县发现龙山时期大石磬》，《考古与文物》1986年第2期。

④ 河南省文化局文物工作队《信阳长台关第二号楚墓的发掘》，《考古通讯》1958年第11期。

⑤ 浙江省文物考古研究所、海盐县博物馆《浙江海盐出土原始瓷器》，《文物》1985年第8期。

⑥ 南京博物院考古研究所、无锡市锡山区文物管理委员会《无锡鸿山越国贵族墓发掘简报》，《文物》2006年第1期。

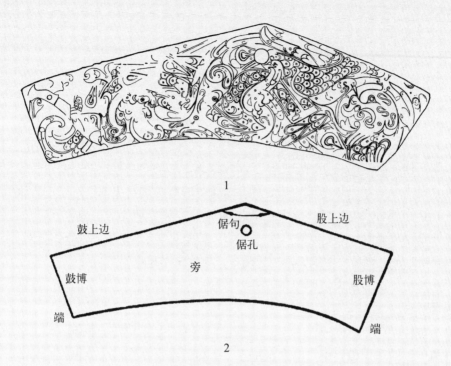

1

鼓上边　　　　倨句　　　股上边

　　　　　　　　倨孔

鼓博　　　　　旁　　　　　股博

端　　　　　　　　　　　　端

2

图2-24　磬

1. 彩绘石磬（1970年湖北江陵出土）

2. 磬的部位名称示意图

图2-25　编磬

（1978年湖北随县曾侯乙墓出土）

"磬氏"的声学知识 《考工记》"磬氏"节说：磬声"已上，则摩其旁；已下，则摩其耑（端）"。磬的发声机制是弹性板的横振动，如取具有自由边界条件的正方形板的横振动来模拟，发声频率与板的厚度成正比，与板的面积成反比。[①] 由此可见，"磬氏"关于磬的声学特性的描述是正确的。由于磬的发声频率受长短、宽窄、厚薄的影响比较单纯，所以古人很早就认识到磬薄而广则音浊（频率低），短而厚则音清（频率高）。调声的方法是反其道而行之：若频率偏高，就摩镰两旁，使磬变薄，以降低频率；若频率过低，则摩镰两端，其边长减短，导致频率升高。

1930年前后河南洛阳金村古墓出土的一些周磬，上面带有明显的摩镰调音痕迹。

"磬氏"节的制磬调音技术，在战国时期曾产生过广泛的影响。考古发现和出土的东周编磬中，已发现不少"倨句一矩有半"型的编磬（即磬的顶角在135度左右），且以齐文化区的较为典型。如齐国故城遗址博物馆上有篆铭"乐堂"两字的黑石磬，可能是东周时齐国乐府所用之乐器，其倨句为135度。[②] 战国早期的淄河店二号墓出土的M252：2号磬，股宽10.0、股上边20.0、鼓上边30.0厘米，且倨句为135度，这几个主要尺度与《考工记·磬氏》的记载完全一致。

鼓史撷零 鼓是一种原始的打击乐器，《礼记·明堂位》说："土鼓、蒉桴、苇籥，伊耆氏之乐也。"1978—1980年在山西襄汾陶寺墓地发现了木鼍鼓和可能是土鼓的异形陶器。[③] 以木为框架的鼓大概是由以陶土为框架的鼓发展而来的。先由整根树干挖制而成，后来才有多块木板拼合的木鼓。

从目前考古出土的乐器来看，商代的鼓已与铙、磬等一起列为主要的乐器。1977年在湖北崇阳大市出土了商代晚期的兽面纹铜鼓，鼓身横置，鼓腹为圆筒形。从造型看，崇阳铜鼓是模仿蒙兽皮的鼓制成的；同时说明

---

① 闻人军《〈考工记〉中声学知识的数理诠释》。

② 张龙海《临淄韶院村出土铭文石磬》，《管子学刊》1988年第3期。

③ 中国社会科学院考古研究所山西工作队、临汾地区文化局《1978—1980年山西襄汾陶寺墓地发掘简报》，《考古》1983年第1期。

鼓在商代已发展至成熟定型的阶段。鼓在周代的乐队中仍有重要的地位。如随县曾侯乙墓中发现的建鼓可能在"钟鼓之乐"中控制节奏，起指挥的作用。

　　从文献记载和出土文物资料可知，先秦时期的鼓有加四足的节鼓、鼓身贯杆的楹鼓、用鼓架悬挂的悬鼓。[①]三者的鼓身都为横放，以鼓槌前后敲击。江苏淮安出土的木雕鼓车，湖北江陵、枣阳楚墓出土的虎座鸟架悬鼓就是这样使用的（图2-26、2-27）。唐以前大多沿用这种习惯。在五代的绘画和壁画中，已可看到鼓身竖立、鼓面向上、上下敲击的鼓。

图2-26　木雕鼓车（复原品）
（2004年江苏淮安运河村战国墓出土）

---

① 《礼记·明堂位》："夏后氏之鼓足，殷楹鼓，周县鼓。"

图2-27　虎座鸟架鼓（复原品）
（1965年湖北江陵望山出土）

"韗人"的声学知识　据说古鼓名类见于古文献的前后有四十余种，[1] 在《考工记》"韗人"节中记载的是羵鼓和皋鼓的部分制作工艺，并对鼓的声学特性作了初步总结。文中说："鼓大而短，则其声疾而短闻；鼓小而长，则其声舒而远闻。"笔者曾将鼓膜的振动看作具有集中质量和弹性的阻尼振动，将鼓身内的空气柱看作弹性控制系统，通过机电类比，发现在一定的范围内，大而短的鼓，阻尼较大，损耗较多，声频高而急促，在传播中衰减也较快；小而长的鼓，声学特性则与之相反。由此可知，"韗人"

---

[1]　傅同钦《古代的鼓》。

关于鼓的声学特性的记述，确是实践经验的总结，而不是机械重复"凫氏"节"钟大而短，则其声疾而短闻；钟小而长，则其声舒而远闻"的提法。

参考文献

1. 闻人军《〈考工记〉中声学知识的数理诠释》。
2. 戴念祖《中国编钟的过去和现在的研究》。
3. 华觉明、贾云福《先秦编钟设计制作的探讨》。
4. 华觉明《曾侯乙编钟复制研究中的科学技术工作》，《文物》1983年第8期。
5. 华觉明《双音青铜编钟的研究、复制、仿制和创制》。
6. 王子初《太原金胜村251号春秋大墓出土编镈的乐学研究》，《中国音乐学》1991年第1期。
7. 湖北省博物馆《湖北江陵发现的楚国彩绘石编磬及其相关问题》。
8. 湖北省博物馆《随县曾侯乙墓》，文物出版社，1980年。
9. 傅同钦《古代的鼓》，《文史知识》1984年第5期。
10. 王子初等《中国音乐考古80年》，上海音乐学院出版社，2012年。

第七节　形形色色的礼玉

先秦古玉的盛衰　世界上有三大玉器产地：中国、中美洲（墨西哥）和新西兰，其中以我国最为源远流长。从新石器时期以来，垂四千余年，玉器作为我国一种特殊的，在某种意义上说，也是特有的艺术品，在世界文明史上占有重要的地位。我国的琢玉技术和艺术，在红山文化、良渚文化中已初显身手，在商代的安阳臻于成熟。河南偃师、安阳殷墟等地曾出土大量的精美玉器，例如1976年发掘的殷墟妇好墓，出土的各种玉器达755件之多。怪不得《越绝书》的作者曾借风胡子之口提出可把上古史划分为以石兵、玉兵、铜兵和铁兵为标志的四个阶段。[1]商代玉器大致可以分为三大类："礼玉"、武器和工具（包括日用品）、装饰品。周代玉器的地位没有前代那么突出。在《考工记》中，"礼玉"品种和用途繁多，记载相当简略，《周礼·春官·典瑞》的记载与此类似，多年以来这些礼玉一直是注经者感到困难的问题。

夏鼐的见解　考古学家夏鼐（1910—1985）认为《周礼》："书中关于六瑞的各种玉器的定名和用途，是编撰者将先秦古籍记载和口头流传的玉器名称和他们的用途收集在一起；再在有些器名前加上形容词使成为专名；然后把他们分配到礼仪中的各种用途去。这些用途，有的可能有根据，有的是依据字义和儒家思想，硬派用途。这样他们便把器名和用途，增减排比，使之系统化了。……汉代经学家在经注中对于每种玉器的形状几乎都加以说明，但是这些说明有许多是望文生义，有的完全出于臆测。"[2]夏氏虽没有明确提到《考工记·玉人》，他这番见解足以提醒我们用不着去钻《考工记·玉人》的牛角尖。

"玉人"的价值　我们看到，较为晚出的《周礼·春官·典瑞》比《考工记·玉人》更排列有序和系统化，显然是理想化的结果，但也不能排除在《考工记·玉人》中含有理想化成分的可能性。纵然如此，《考工记·玉人》总有相当一部分内容是有根有据的，其记载对于春秋战国间玉器的分类、定名和判别用途，仍有一定的参考价值。

上文提到的"六瑞"，往往指璧、琮、圭、璋、璜、琥六种玉器（图2-28），前四种可能是"六瑞"的核心，在《考工记·玉人》中都有记载（图2-29）。璧、琮在新石器时代已经出现，圭、璋的出现较晚，但不迟于商代，业已为考古发现所证实。在此不论《考工记·玉人》的种种璧、琮、圭、璋对先秦礼制研究的价值，却必须一提"土圭"。虽名土圭，并不是泥土做的，且身价不凡。《考工记·玉人》："土圭尺有五寸，以致日，以

---

[1]《越绝书》卷十一。
[2] 夏鼐《商代玉器的分类、定名和用途》。

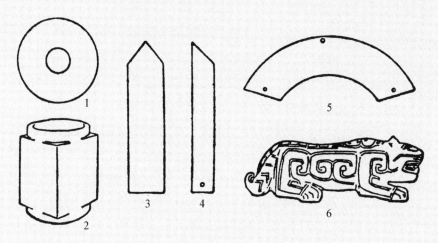

图2-28　六瑞玉
1.璧　2.琮　3.圭　4.璋　5.璜　6.琥

图2-29　圭
1.圭长24.8厘米　2.圭长19.1厘米
（1977—1978年山东曲阜鲁国故城出土）

图2-30　夏至致日图

土（度）地。"郑玄注："致日，度景至不。夏日至之景，尺有五寸，冬日至
之景，丈有三尺。土犹度也，建邦国以度其地而制其域。"贾公彦疏："土
圭，谓度土地远近之圭，故云土圭。"土圭，即度圭，度量之玉圭。它与八
尺之表相配合，测日影时用于度量表影。古人以为"地中"夏至正午日影
长一尺五寸，又误以为"影差一寸南北地差千里"是一种规律。那时土圭
至少有三个功用："其一是测定夏至和冬至的日期，可以在中午时用土圭直
接量表影长短测定。其二是测土地远近。测土地远近的一个直接目的就是
为了分封诸侯疆土。"①又《周礼·地官·大司徒》说："以土圭之法测土深，
正日景，以求地中。……夏日至之景尺有五寸，谓之地中。……然则百物
阜安，乃建王国焉。"故土圭的最重要功用是与八尺之表一起确认地中（当
时以洛邑阳城为地中），建都于地中，才能上承天命，统治天下，百物阜安
（图2-30）。

　　土圭长一尺五寸，"土圭尖锐的上端可以使日影的测定更为精确"。②其
尺长标准乃是《考工记·玉人》的"璧羡度尺，好三寸，以为度"。那是
一种直径为一尺、孔径为三寸的用作长度标准的玉璧。如果找到这种标准
玉璧的实物，对于进一步弄清先秦尺度变化的规律甚有价值。清末吴大澂
（1835—1902）曾作过这方面的尝试，除璧以外，他还利用镇圭、桓圭、大
琮、大琬、瑁与琡等，参照《考工记·玉人》等古代文献记载考证周代度
制。③限于历史条件，玉器考古资料不足，吴氏的理解上也有问题，所以他
的努力不是很成功。其实，"璧羡度尺"是从远古的"径尺之璧"发端，在
"同律度量衡"思想指导下，根据以律出度的要求，逐渐形成的。鲁国保存
周礼古制，又受齐、楚文化影响，其文物遗存值得关注。1977—1978年山
东曲阜鲁国故城出土了一批战国早期精美玉璧，有一些径长一尺左右，孔
径三寸余。如58号墓所出一璧（图2-31），直径22.5、孔径6.8厘米，如按

---

① 陈久金《〈考工记〉中的天文知识》。
② 夏鼐《汉代的玉器——汉代玉器中传统的延续和变化》，《考古学报》1983年第2期。
③ 吴承洛《中国度量衡史》，上海：商务印书馆，1937年，第49页。

楚制每尺22.5厘米，正合"璧羡度尺，好三寸"之制。^①乙组52号墓所出的一璧（图2-32），直径19.9、孔径6.9厘米，^②其外径与齐尺（约19.7厘米）相近。诸如此类，正可用来验证《考工记·玉人》的"璧羡度尺"。^③

图2-31　鲁国玉璧1
外径22.5、孔径6.8厘米
（1977—1978年山东曲阜鲁国故城出土）

图2-32　鲁国玉璧2
外径19.9、孔径6.9厘米
（1977—1978年山东曲阜鲁国故城出土）

栗氏嘉量的设计自一尺始，其尺长标准即来自"璧羡度尺"。宗后和天子作为"权"的驵琮，似乎也有类似的价值。

后世的礼玉问题　由于《考工记·玉人》和《周礼》的描述有声有色，加上汉、唐治经者的尽力发挥，后人以此为基础，加上自己的想象，居然"复原"出了周代礼玉的种种图形，聂崇义的《三礼图》就是一个典型。为了应付朝廷中举行古礼时的需要，或者用来满足古玉收藏者的嗜好，后来便有一些玉匠依照这类图形仿制古玉器，以假乱真，这是文物鉴定工作者需要注意的一个问题。

① Jun Wenren, *Ancient Chinese Encyclopedia of Technology, Translation and annotation of the Kaogong ji (the Artificers' Record)*, London and New York, Routledge, 2013, p. 69, Fig. 15.6.

② 杨伯达主编《中国玉器全集》（上），石家庄：河北美术出版社，2005年，第265页，图一四一。

③ 闻人军《"同律度量衡"之"璧羡度尺"考析》，《考工司南》，第140页。

《玉作图》 古代玉作图画史料出现甚晚，明末宋应星《天工开物》中有《琢玉》图，清光绪十七年（1891）李澄渊画并序的《玉作图》共含12幅彩绘图，记录描绘清代玉器作坊制造玉器的13道主要工序：捣沙、研浆、开玉、扎碢、冲碢、磨碢、掏堂、上花、打钻、透花、打眼、木碢、皮碢，其中捣沙、研浆合为一图，每图带有文字说明。此"图说"图文并茂，对研究传统玉器加工技术及古玉鉴别颇有参考价值。

参考文献

1. 夏鼐《商代玉器的分类、定名和用途》，《考古》1983年第5期。
2. 夏鼐《汉代的玉器——汉代玉器中传统的延续和变化》，《考古学报》1983年第2期。
3. 吴大澂《古玉图考》，1839年。
4. ［日］梅原末治《支那古玉图录》，京都：桑名文星堂，1955年。
5. 蒋大沂《古玉兵杂考》。
6. 那志良《周礼考工记玉人新注》。
7. 那志良《镇圭桓圭信圭与躬圭》。
8. 那志良《四圭有邸与两圭有邸》。
9. ［日］林巳奈夫著，杨美莉译《中国古玉研究》，台北：艺术图书公司，1997年。
10. 陈久金《〈考工记〉中的天文知识》。
11. 闻人军《"同律度量衡"之"璧羡度尺"考析》，载《考工司南》，第133—140页。
12. 李澄渊《玉作图》，光绪十七年（1891）序钞绘本，日本东京国立博物馆藏。

第八节　侯 与 射 侯

射　射为古代六艺（礼、乐、射、御、书、数）之一。古代贵族男子重武习射，常举行射礼。射礼有四种，将祭择士为大射，诸侯来朝或诸侯相朝而射为宾射，宴饮之射为燕射，卿大夫举士后所行之射为乡射。《仪礼》的《乡射礼》《大射礼》,《礼记》的《射义》等均保存有射礼仪程的资料。射礼往往与燕礼结合进行。

1951年底，河南辉县赵固战国墓出土的燕乐射猎刻纹铜鉴，上面就有射礼的图案。[①]1965年成都百花潭中学出土的嵌错铜壶，上面有射礼和弋射的图案。四川汉代画像砖上更有弋射的生动场景（图2-33）。

图2-33 弋射

东汉画像砖拓片（四川成都市郊出土）

侯 侯，即箭靶，布或皮革制成，是射箭比赛中不可缺少的东西。《考工记》"梓人为侯"节比较详细地描述了射侯的形制，可惜有文无图。幸赖战国时，世间的征战、饮射、田猎、乐舞等等，统统以接近生活的写实风貌和比较自由生动不受拘束的新形式走上了青铜器，使后人有缘得见当年侯的形制。迄今所知，出土或传世的带有射侯纹饰的青铜器或残片已不下

---

① 王恩田《辉县赵固刻纹鉴图说》。

20件。如1957—1958年陕县后川发现的铜匜，1965年成都百花潭中学出土的嵌错铜壶，1973年山东长岛王沟出土的残鉴，上海博物馆藏的刻纹椭栖等。虽然由于时代的演变和地域的差异，各器上侯的形制不尽相同，有些与《考工记》的记载比较接近，有些则有差别。将这些图案与《考工记》的记载比照分析，侯的形制就会越来越清楚（图2-34）。

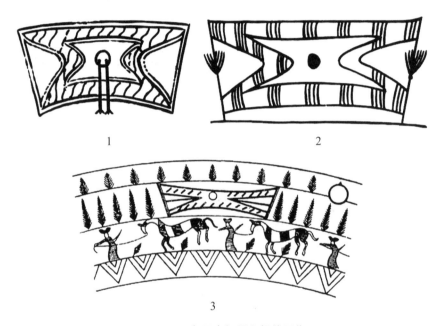

图2-34　东周青铜器上侯的图像
1. 上海博物馆藏椭栖刻纹
2. 1973年山东长岛王沟出土的残鉴刻纹
3. 1978年江苏淮阴高庄出土的残盘刻纹

关于侯的形状及各部分的比例关系，《考工记》说："梓人为侯，广与崇方，参分其广，而鹄居一焉。上两个，与其身三；下两个，半之。上纲与下纲出舌寻，缩寸焉。"为了便于考核射的成绩，侯上划分为几个部分。对划分的内容，经学家们意见不一。郑众（？—83）、马融（79—166）等分为侯、鹄、正、槷四部分。郑玄、孔颖达等认为"正"和"鹄"是同一部位，只是质料不同，画布曰正，栖皮曰鹄。这一派主张分成三部分。还有一派认为只有侯和"的"两部分。

根据出土和传世的战国青铜器上的射侯纹饰、《考工记》《仪礼》等文献记载，典型的束腰形射侯包括侯身，左右上个（舌）、左右下个（舌）、上下纲和缋。侯身"广与崇方"，是正方形。侯身与上下个组成侯外缘的一个大束腰形。侯身中略呈长方而束腰的部分形成一个小束腰形，即"侯中"。方形的鹄介于侯中的左右束腰点之间，鹄的边长为侯身之宽的三分之一。鹄的中央的圆点或圆圈称为槷（质），也就是"的"（靶心）（图2-35）。当然，《考工记》等文献概括的侯形不可能与不同时间、不同地域的射侯纹饰一一重合，这是可以理解的。

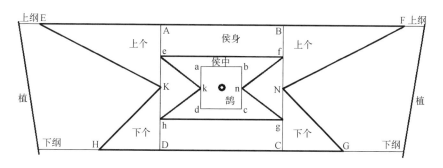

图2-35 周代射侯复原图

射侯之礼 射侯之礼恐怕本是氏族社会的一种诅咒仪式，用以诅咒叛变的部落首领的。后来演变为周代名目繁多的"礼"的一种，树侯而射，以中与不中比较胜负、选拔人才或作为娱乐。

射侯时的祭辞，除《考工记·梓人为侯》节加以引述外，在《礼记·投壶》《白虎通义·乡射》等篇章中也有引述，但用词详略不同，文字上也有差异。其中，《考工记》的引文较为完整，从中约略可见春秋战国以前射侯的来龙去脉。

从国内现存的四件嵌错图像铜壶上，我们更可以看到当年竞射的画面。一件为传世的采桑宴乐射猎攻战纹铜壶，藏于故宫博物院。第二件即上文提到的成都百花潭中学出土品，与前一件纹饰略有不同。百花潭铜壶的画面用带状分割的组织方法，将题材分为三层六组。第一层为习射和选取弓材，第二层为弋射、习射、宴饮、歌舞、音乐等，第三层为攻防战和舟师交战。故宫所藏"宴乐渔猎攻战纹"壶有一部分是一幅竞射图，在建筑物的左方设侯，两箭已经射中。建筑物中有两个射手，一个引弓待发，另一个刚刚发射，箭还在侯道的空中飞行。建筑物左部阶上坐一人，射者右侧有一个持弓人（图2-36）。在成都百花潭出土的嵌错铜壶的对应部分上，侯的前侧还有一个佩剑人双手举旌，似是在箭射中时高声唱获的"获者"，但"侯"没有在画面上出现。1977年陕西凤翔高王寺窖藏出土了两件射宴嵌错铜壶，形制相同，纹饰稍异。高王寺铜壶的射礼画像包含了射礼的基本要素：射者、射侯、获者、释获者、司马以及司射，只是整幅射礼画面倒刻在铜壶之上。

图2-36　射侯图
（故宫所藏"宴乐渔猎攻战纹"壶局部花纹）

遗风　燕射之风，历久不衰。南宋时在杭州南郊建玉津园，为宋孝宗和群臣燕射之所。如淳熙元年（1174）九月，孝宗在园中行宴射礼，作《玉津园燕射》诗，群臣赋诗赓和，极一时之盛。丞相曾怀（1106—1174）系《武经总要》编者曾公亮的曾孙，作《恭和御制玉津园燕射》两首，诗中有"五品并令陪燕射，四镞端欲序宾贤"，"位设虎侯恢盛典，技穿杨叶校名贤"之句。[①]

参考文献

1. 杜恒《试论百花潭嵌错图象铜壶》,《文物》1976年第3期。

2. 王恩田《辉县赵固刻纹鉴图说》,《文物集刊》2,文物出版社,1980年。

3.《仪礼·乡射礼》《仪礼·大射礼》《礼记·射义》等。

4. 刘道广、许旸、卿尚东《图证〈考工记〉》。

5. 闻人军《周代射侯形制新考》。

6. 王传明、姚娟娟《战国嵌错铜壶射礼画像的错与对》,《中国文物报》总 2667期,2018年7月27日。

第九节 施 色 工 艺

先秦的纺织施色 养蚕和丝织术,起源于中华大地,传遍东西方,利被天下,是我国对人类文明的又一重要贡献。我国的原始纺织生产几乎与农业生产同时开始发展,纺织科学技术在中华民族文化中处于一种特殊的地位。在古汉语中,与纺织生产有关的文字和词汇十分丰富。从夏代至战国,是手工机器纺织形成时期,生产者逐步职业化,纺、织、染全套工艺逐步形成,产品质量和艺术性大为提高。《考工记》在中国纺织史上的价值,概括起来讲,可以借用《中国大百科全书·纺织卷》的介绍,该书"《考工记》"条指出:"书中设色之工对中国古代练丝、练帛、染色、手绘、刺绣工艺以及织物色彩和纹样等都作了较为详细的记述。"如果仔细分析,通过《考工记》的记载,可以看到先秦练、染工艺的绚烂画面。

《考工记》中的"设色之工五",即"画、缋、钟、筐、慌"五个工种,均与练染工艺关系密切。据《周礼》记载,周代还有征敛植物染料的"掌

---

① （清）朱彭《南宋古迹考》卷下《园囿考》。

染草”和负责染丝、染帛的“染人”等，“这种专业分工，标志着当时社会对服装美化以及提高服用性能方面都有了明确、具体的要求，练染工艺已经形成了比较完整的体系，印花技术也已经出现”。[①]许多出土文物表明，先秦时期我国已能生产各种优美、精细和色彩丰富的丝、麻、毛织品。至此，染色工艺技术已达到相当的水平，成为我国古代文明的一个重要组成部分。

练丝和练帛　丝和帛染色之前，首先要精练，除去丝胶和其他杂质。《中国纺织科学技术史（古代部分）》指出："丝和丝绸必须经过精练，它们种种优美的品质和风格如珠宝的光泽，柔软的手感，丰满的悬垂态以及特有的丝鸣，才能显露出来，才能染成鲜艳的色泽。因而就整个丝绸加工工艺的发展来说，周代对精练工艺的掌握是一个巨大的技术成就。它标志着当时丝绸的外观和内在质量都已达到了相当高的水平。"[②]

"幌氏"节说："幌氏湅丝，以涗水沤其丝，七日。去地尺暴之。昼暴诸日，夜宿诸井，七日七夜，是谓水湅。湅帛，以栏为灰，渥淳其帛。实诸泽器，淫之以蜃，清其灰而盝之，而挥之，而沃之，而盝之，而涂之，而宿之，明日沃而盝之。昼暴诸日，夜宿诸井，七日七夜，是谓水湅。"从中我们可以看到一个详细而完整的练丝、练帛的工艺过程。这是我国关于练丝工艺的最早记载。《中国科学技术史·纺织卷》认为："幌氏练丝的文字，在世界纺织史的研究上也是最早的关于练漂的文字记载。"[③]根据纺织史家的分析，[④]这种练丝工艺是比较科学的。归纳起来大致有下列几点：

（1）"涗水"是和了草木灰汁的水，含氢氧化钾，呈碱性，"灰水练丝是利用丝胶在碱性溶液里易于水解、溶解的性能，进行脱胶精练。直到现代，极大部分丝的精练还是用碱性药剂"。

（2）"去地尺暴之"是在合适的湿度下利用日光脱胶漂白的工艺。

---

① 陈维稷主编《中国纺织科学技术史（古代部分）》，北京：科学出版社，1984年，第70页。

② 陈维稷主编《中国纺织科学技术史（古代部分）》，第70页。

③ 赵承泽主编《中国科学技术史·纺织卷》，第272页。

④ 陈维稷主编《中国纺织科学技术史（古代部分）》，第71—72页。

（3）"帱氏""涑帛"的操作流程"贯串了一个构思——利用丝胶在碱性溶液中有较大的溶解度，先用较浓的碱性溶液（楝灰水）使丝胶充分膨润、溶解，然后用大量较稀的碱液（蜃灰水）把丝胶洗下来。这种灰水练绸的工艺，国内外也沿用了几千年"。

（4）由于丝胶的膨化，妨碍碱液进一步渗透，帛的精练比丝更难均匀，现在工厂里把这种毛病叫作"外焦里不熟"。"帱氏"中早已注意到这个问题，提出要反复浸泡、脱水、振动，使织物比较均匀地和碱液接触，同时要求容器光滑，避免擦伤丝绸。

（5）练丝、练帛所用的灰、蜃都是含碱物质，楝灰水是钾盐溶液，蜃灰水是钙盐溶液，前者的渗透性比后者好，所以练帛时先用楝叶灰，后用蜃灰。

（6）"水涑"的过程意味着日光暴晒和水浸脱胶交替进行。每夜将丝（或帛）悬挂在井水中央，丝（或帛）各部分能充分与水接触，有利于白天光化分解的产物溶解到井水里去，练的效果十分均匀。目前仍有很多工厂采用这种方式，将丝、帛悬挂在溶液里进行精练，叫作"挂练法"。

（7）"水涑"的时间参数"七日七夜"是在生产实践中总结出来的经验数据。

（8）对于某些品质的丝和帛，可能串联使用灰练和水练两种工艺，这样水练就兼有精练和精练后水洗的双重作用。井水中可能滋生能分泌蛋白分解酶的微生物，"于是'昼暴诸日，夜宿诸井'就成为碱练丝、酶练丝、日光脱胶的综合过程。井水中丝胶分解物的存在，能缓和碱的作用；而井水中碱的存在，又能缓和日光对丝素的破坏作用，减少暴晒过程中丝纤维强力的损失，这是非常科学的"。这种方法当时也可能用于练麻。

《中国纺织科学技术史（古代部分）》还列举商代、西周和战国的丝绸文物，根据国内外的研究，说明商代已进行精练，西周在技术上已臻于相当高的水平；战国时代楚国的丝织品，表明当时已掌握了控制精练深度的技巧。1949年湖南长沙陈家大山战国楚墓出土的《人物龙凤帛画》（图2-37），1973年湖南长沙子弹库一号楚墓出土的《人物御龙帛画》（图2-38），是兼有丝织品和绘画艺术的双料瑰宝。

图 2-37 《人物龙凤帛画》
纵31厘米，横22.5厘米
（1949年湖南长沙陈家大山战国楚墓出土）

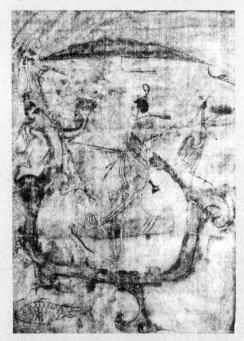

图 2-38 《人物御龙帛画》
纵37.5厘米，横28厘米
（1973年湖南长沙子弹库一号楚墓出土）

　　染色　先秦时期，曾利用多种矿物颜料给服装着色。有趣的是，无论中外，人类最早利用的矿石颜料，几乎都是红色的。在中国，最先使用的是赭石，即赤铁矿。第二种红色矿物颜料是朱砂。我国考古发掘工作者发现，属于新石器时代中晚期的青海乐都柳湾原始社会墓地，在一具男尸下撒有朱砂，[①]意味深长。用它染色的文物，上自商周，下至汉代，已经发现不少。在楚墓的发掘中，采用朱砂染色的织物屡有发现。[②]在当时，朱砂的产量低，只有上层人物的服饰才够格使用。

　　石黄、石绿和石青，是天然的黄色、绿色和蓝色颜料。白色颜料可能是胡粉和蜃灰，蜃灰又是传统的白色涂料。如"匠人营国"节说："夏后氏世室，堂修二七，广四修一。五室，三四步，四三尺。九阶。四旁、两夹，窗，白盛。"郑玄注："以蜃灰亚墙，所以饰成宫室。"炭黑早就被用作黑色颜料。植物染料的应用周代以前就已开始，在周代颇具规模，并采用了媒染工艺，发明了"以涅染缁（黑）"的方法。《考工记·锺氏》的记载，部分反映了春秋战国时期染色技术的成就，对后世的染色技术产生了不可忽视的影响。

　　"锺氏"节说："锺氏染羽，以朱湛丹秫，三月而炽之，淳而渍之。"对文中称为"朱"和"丹秫"的原料，学术界有不同解释。《中国纺织科学技术史（古代部分）》认为，"朱"是朱砂，"丹秫"是一种以黏为特征的谷物。"以朱湛丹秫"是用矿物颜料直接涂于被染物上进行染色的石染法。[③]《中国科学技术史·化学卷》等则认为："朱"即朱草，是一种用以染红的茜草类植物，"丹秫"即丹栗，是丹砂的别名。[④]《中国科学技术史·纺织卷》等认为：整个染羽过程是以朱草为染体、丹砂为间接媒染剂的媒染工艺。[⑤]

---

① 青海文物管理处考古队、中国科学院考古研究所青海队《青海乐都柳湾原始社会墓地反映出的主要问题》，《考古》1976年第6期。

② 后德俊《楚文物与〈考工记〉的对照研究》，《中国科技史料》1996年第1期。

③ 陈维稷主编《中国纺织科学技术史（古代部分）》，第84页。

④ 赵匡华、周嘉华《中国科学技术史·化学卷》，第628页。

⑤ 赵承泽主编《中国科学技术史·纺织卷》，第270—271页。

两说并存，以解释成媒染工艺较为合理。近年有学者质疑上述两说，提出了"朱"为红豆杉，"丹秫"为朱砂的新解，[①]可备一说。

"锺氏"节又说："三入为纁，五入为緅，七入为缁。"纁为浅红色，緅为深青透红的颜色，缁为黑色。这个染色过程与植物染料有关。商周时期主要的红色染料是茜草，其中色素主要成分是茜素和茜紫素，茜素是多色性媒染性植物染料。若不加媒染剂，在丝、毛、麻纤维上只能染得浅黄色。媒染剂不同，所染的颜色也不同，如以明矾作媒染剂，要反复染几次，才能得到较深的红色。春秋战国时期，齐国的特产紫草也是红色染料。紫草所含的乙酰紫草宁也是媒染性植物染料，如不加媒染剂，丝、毛、麻纤维均不着色，它与椿木灰、明矾媒染得紫红色。由于"锺氏"的记载相当简略，为了说明问题，我们可以引西汉初《淮南子》中的一句话作为它的补充。《淮南子·俶真训》说："今以涅染缁，则黑于涅。"汉末高诱注："涅，矾石也。"涅就是青矾，又名皂矾、绿矾、矾石，是含硫酸亚铁的矿石，可以与许多植物媒染染料形成黑色沉淀。"锺氏"中的三入、五入、七入之类的描写，"实际上是以红色媒染染料（纁）为地色，再以矾石交替媒染而成黑色（缁）"。[②]这一工艺是后世"植物染料铁盐媒染法"的先声。以涅染缁工艺，不是涅与丝绸上原有染料的简单混合，而是发生了化学反应，形成了不同于原先的颜色。因此染黑工艺的产生是科学实验的成果，表明了古人对植物染料本质认识的深化。

画缋　《考工记》中，除"幌氏""锺氏"外，画、缋、筐三工也属施彩。"画缋之事"节曰："画缋之事，杂五色。东方谓之青，南方谓之赤，西方谓之白，北方谓之黑，天谓之玄，地谓之黄。青与白相次也，赤与黑相次也，玄与黄相次也。青与赤谓之文，赤与白谓之章，白与黑谓之黼，黑与青谓之黻，五采备谓之绣。土以黄，其象方，天时变，火以圜，山以章，水以龙，鸟兽蛇。杂四时五色之位以章之，谓之巧。凡画缋之事，后素

---

① 赵翰生《〈考工记〉"设色之工"研究的回顾与思考》，《服饰导刊》2017年第3期，第4—13页。

② 陈维稷主编《中国纺织科学技术史（古代部分）》，第87页。

功。"画缋"是在织物或服装上用调匀的颜料或染料局部涂画，或用彩丝刺绣，形成图案花纹。有人对出土的周代绣痕作过分析，发现了一个"绣画并用""草石并用"的复杂工艺过程：即丝绸先用植物染料染成一色，然后用另一色丝线绣花，再用矿石颜料画绘。

此节最后一句是"凡画缋之事，后素功"。传统上释"素"为白色。由于对"素功"的理解不同，学术界对这句话有不同的解读。主要有两说：郑玄注："凡绘画先布众色，然后以素分布其间，以成其文。"即施彩色在前，然后布以素白。朱熹（1130—1200）等释"后素"为"后于素"："谓先以粉地为质，而后施五采。"《论语·八佾》中亦提到了"绘事后素"。其文曰："子夏问曰：'巧笑倩兮，美目盼兮，素以为绚兮，何谓也？'子曰：'绘事后素。'曰：'礼后乎？'子曰：'起予者商也，始可与言《诗》已矣。'"学术界往往将《考工记》和《论语·八佾》联系起来解读，但是对《论语·八佾》"素以为绚兮"以及孔子所说的"绘事后素"，学术界亦有素在前和素在后两种解读。江永（1681—1762）《周礼疑义举要》曾指出："盖素有本质之素，有粉白之素。本质之素在先，而粉白之素则宜后加也。"现在一些学者或利用出土文物的"本质之素"肯定朱说，或利用出土文物的"粉白之素"肯定郑说。比较而言，支持郑说的证据较合理。还有一种调和折中的观点："古人用几乎同样的措辞，描述了绘事中两种完全相反的工序，导致歧义，引发争论，也在所难免。画前打素底，与敷彩已毕最后填涂白色，都是可行的，主要是看用在什么场合。"[①] 看来要想早日结束争议并不容易，期望未来还有更多的出土文物现身，揭示两千多年前的绘事真相。

"筐人"与印花　《考工记》"筐人"条文已阙。徐光启《考工记解》曰："筐人阙，疑刺绣之工也。"[②] 古代"筐"与"框"可以通假，有人疑"筐人"即"框人"，认为："筐氏即框氏，实为印花工，以印版由框定位，故

---

① 张言梦《汉至清代〈考工记〉研究和注释史述论稿》。

② 《徐光启全集》第5册，上海：上海古籍出版社，2010年，第220页。

得名，马王堆汉墓已发现印花丝织品。汉代有印花工，但不能断定周时亦有。估计筐氏、段氏都是汉人根据当时的情况增补进去的名称。"[1]《考工记》时代有没有印花工艺呢？ 1979 年在江西贵溪仙岩一带的春秋战国墓中出土了双面印花苎麻织物，虽然工艺还比较原始，一些研究者据此认为"在春秋战国之交，印花工艺已正式在生产中出现。"[2]且同时出土的还有两块刮浆板，表明当时用于画绘、印花的颜料液中，已加入浆料作增稠剂。这一考古材料能否解读为印花工艺的证据，学术界尚有异议。此外，有的学者认为筐人的技术职责是"染制布帛"，[3]有的学者推测筐人"可能是负责缲丝的工官"，[4]至今未有定论，寄望未来新的考古发现解开这一谜团。

最后应当指出，先秦时代练、染工艺的成就，实际上远高于《考工记》中的记载。但是《考工记》的记载，一方面是有关当时练染工艺的可靠文字说明；另一方面，它对后世纺织练染技术的发展始终发挥着深远的影响。

参考文献

1. 陈维稷主编《中国纺织科学技术史（古代部分）》，科学出版社，1984 年。
2. 赵匡华、周嘉华《中国科学技术史·化学卷》，科学出版社，1998 年。
3. 赵承泽主编《中国科学技术史·纺织卷》，科学出版社，2002 年。
4. 罗瑞林《关于"钟氏"一文的初步探讨》。
5. 李也贞等《有关西周丝织和刺绣的重要发现》，《文物》1976 年第 4 期。
6. 潘公凯编《潘天寿谈艺录·用色》，浙江人民美术出版社，1985 年。
7. 赵翰生《〈考工记〉"设色之工"研究的回顾与思考》。

---

[1] 刘洪涛《〈考工记〉不是齐国官书》。
[2] 陈维稷主编《中国纺织科学技术史（古代部分）》，第 87 页。
[3] 戴吾三《〈考工记〉和中国古代手工业》，江晓原主编《中国科学技术通史》"I 源远流长"，上海：上海交通大学出版社，2015 年，第 127 页。
[4] 赵翰生《〈考工记〉"设色之工"研究的回顾与思考》。

第十节　设计和工艺美学

我国的造型艺术至少可上溯到山顶洞人时期。山顶洞人的石器已很均匀、规整，还出现了磨制光滑、钻孔、带刻纹的骨器和多种多样的装饰品。红山文化和良渚文化时期已能精雕细琢玉器。设计和工艺美学发展到东周时代，已有相当的水平，形成了"理性化"和"世间化"的趋势。①《考工记》以三十工整治五材，利用青铜、竹木、皮革、玉石、陶土等材料，设计制作上至天子下供民用的各种器物。随着造型工艺的进步，催生了工艺美学的萌芽。有关学者认为："凡是从事科学技术和设计艺术的人，都应该读一读《考工记》。它不仅记录了 2 500 年前的一些主要的造物活动，并且其中渗透着丰富的智慧，显示出一种科学与人文精神，能够给人以启迪，至今仍发出璀璨的光辉。"②"由于中国农耕社会的长期稳定，手工业一直作为社会经济的辅助生产形式，《考工记》也就在实际上成为数千年来手工业方式下设计和制作、检验及审美追求的最高规范——是一个难以逾越的设计制作规范"。③

《考工记》中的设计制作原则　近几十年来，随着工业设计之兴起，《考工记》的设计美学知识逐渐进入了人们的视野。新世纪中，设计与工艺美学园地里出现了前所未见的《考工记》热。有些研究者不时引入一些新思想、新方法、新概念，正在《考工记》研究领域里进行大胆的尝试。

《考工记》的精神实质和终极目标是追求大自然、人和人造物的和谐之美。《考工记》中多处提到"人长八尺"，以这一"中人"的自然尺度作为确定器物尺寸和比例关系的依据。但也不是千篇一律。"弓人"节说："弓长六尺有六寸，谓之上制，上士服之。弓长六尺有三寸，谓之中制，中士服

---

① 李泽厚《美的历程》，北京：文物出版社，1981年，第47页。

② 张道一《考工记注释》，第1页。

③ 刘道广、许旸、卿尚东《图证〈考工记〉》，第1页。

之。弓长六尺，谓之下制，下士服之。"指出了弓的长短须与体型相配。

《考工记》提出的设计制作原则是"天有时，地有气，材有美，工有巧，合此四者，然后可以为良"，四者缺一不可，材与"天时""地气"还有内在联系，材美往往离不开"天有时""地有气"。《考工记》全书是按这一生产优质产品的总原则而展开设计制作的。

《考工记·总叙》列出天时的影响："天有时以生，有时以杀；草木有时以生，有时以死；石有时以泐；水有时以凝，有时以泽。"所以制弓时令当为："冬析干而春液角，夏治筋，秋合三材，寒奠体，冰析灂。"《总叙》曰："橘逾淮而北为枳，鸲鹆不逾济，貉逾汶则死，此地气然也。""地气"包括地理、地质、生态环境等多种自然地理因素，上述三例代表了对一些动植物随地气分布的认识，与选材制作有关。弓人对"弓有六材"的取材之地，必有考量。就是阙失的"裘氏"，也一定知道"貉逾汶则死"的道理。《总叙》又说："郑之刀，宋之斤，鲁之削，吴粤之剑，迁乎其地而弗能为良，地气然也。"徐光启在他的《考工记解》中解说为："刀、斤、削、剑，必淬之以水，非其地之水弗良也；必铻之以土，非其地之土弗良也。"[1]现代学者认为："各地矿物成份不尽相同，水所含的微量元素有别，皆会造成金属制品的组织和热处理的优劣差异。"[2]除此之外，可能还有当地历史背景、社会习惯、技术传承等因素的影响。《总叙》举出材之美者的例子："燕之角，荆之干，妢胡之笴，吴粤之金锡。"上佳的"角长二尺有五寸，三色不失理"的牛角，应是燕地特产。妢胡的优质箭杆谅有生而挺，材质紧密，节疏色栗的特点，是造箭良材。"燕之角，荆之干，妢胡之笴"，材之所以美，也有天时、地气的因素在内。"吴粤之金锡"为名扬天下的"吴粤之剑"提供了优质原料，功不可没。"工巧"既包括设计之妙，也指制作之巧，两者都不可少。《考工记》中的合理设计不胜枚举。车的总体设计要满足功能要求，人上下车时也恰到好处。每个部件设计要功能和审美相结合。"轮人为轮"和"轮人为盖"

① 《徐光启全集》第5册，第218页。
② 戴吾三、高宣《〈考工记〉的文化内涵》，《中国科技典籍研究——第一届中国科技典籍国际会议论文集》，第6页。

的"国工"，既有设计才思，又有制造技能，就能制造国轮、国盖；"辀人为辀"的国工，可以造出"国辀"；"庐人"中的国工，则可以造出第一流的庐器。"舆人为车（厢）"，直者如生，继者如附，浑然天成。巧者和之，出入都城、驰骋疆场的就会是"国车"了。不同的工种，都有各自之巧。"画缋之事"称"杂四时五色之位以章之，谓之巧"。"栗氏为量"的嘉量恐怕只有"巧夺天工"，才能"其声中黄钟之宫"。而"弓人"节说："材美，工巧，为之时，谓之叁均。角不胜干，干不胜筋，谓之叁均。量其力，有三均。均者三，谓之九和。"顶级的"九和之弓"就是这样诞生的。

《考工记》中的造型艺术　《考工记》旨在记录手工艺制度，但是指导思想却以和美为贵，因而将造型艺术的考量渗透进设计制作之中，在绘画和雕刻理论方面保存了较为系统的资料，在美术史上有显著的地位。

在"画缋之事"节中，作者介绍了服饰的色彩和纹样的种类，以及相互间的配合关系。这些论述对工艺美术史和古代绘画的研究都有重要的参考价值。这节内容与阴阳五行学说的互动扑朔迷离。历史上的"绘事后素"之争一直延续到现代，反映的社会背景变化和审美风尚改变发人深省。

在"锺氏染羽"节中，我们可以看到当时的染色工艺。

在"梓人为筍虡"节中，作者论述了动物雕刻装饰技法，十分系统且富于理论性。刘敦愿认为："根据《梓人为筍虡》的这段记载来看，其内容所讲的不是如何制作筍虡的问题，而是如何装饰筍虡的问题，完全是一篇纯粹论述古人装饰艺术、雕刻艺术问题的理论文字。"[1]

"梓人为筍虡"选择了鳞属、羽属和臝属作为三种动物装饰母题，表明先秦工匠艺术家在装饰艺术方面，力求体现实用与美观相统一的准则及虚实结合的思想。为了突出筍虡作为乐器悬架的特点，采用"大声而宏"的臝属作钟虡（图2-39），"其声清阳而远闻"的羽属作磬虡（图2-40），分别配合声音宏大的钟和声音清阳的磬。从而装饰所体现的形象之美和乐器演奏所体现的声音之美两相照应，使视觉欣赏和听觉欣赏互为补充，造成

---

[1] 刘敦愿《〈考工记〉〈梓人为筍虡〉条所见雕刻装饰理论》。

图2-39　曾侯乙墓钟虡铜人
（1978年湖北随县曾侯乙墓出土）

图2-40　曾侯乙墓磬虡羽兽
（1978年湖北随县曾侯乙墓出土）

"击其所县而由其虡鸣"的联想。一方面雕饰更有生气；另一方面钟、磬之声更形象化，富有情味，增加了整个艺术作品的感染力。艺术家创造的形象是"实"，引起人们的想象是"虚"，由形象产生的意象境界就是虚实的结合。《考工记》中虚实结合的思想，成了中国古代艺术的一个特点。[①]此外，"梓人为筍虡"节不仅要求工匠注意刻画各种动物的形貌特点，而且更进一步要求寓动于静，力求传神，以唤起视听者相应的想象，扩大艺术的境界，取得更完美的效果。在惜墨如金的古文里，作者不厌其烦地强调

① 宗白华《美学散步》，上海：上海人民出版社，1981年，第33页。

"深其爪，出其目，作其鳞之而"的必要性，认为只有这样雕饰的筍虡，才能产生一种准备搏斗的印象，引起既能扛举重量又能奔走奋鸣的感觉。否则，萎靡不振之形显得不胜重负，不能使人产生奔走奋鸣的感觉，就没有引起丰富的联想的可能了。

"梓人为筍虡"节的雕刻装饰理论具有当时文化发展、思想解放的时代特点，反映出宗教神话的色彩更加淡薄，纯粹以观赏为目的的创作有了初步的发展。随县曾侯乙墓出土的钟虡和磬虡，造型端庄，雕饰精美，气势宏大，是梓人的造型杰作。《庄子·达生篇》有"梓庆削木为鐻（虡），鐻成，见者惊犹鬼神"等语，说明梓人中的佼佼者已经超脱了一般的木工劳动，专心致志于真正的艺术创作。

遗制 近几十年来，陆续出土了一些反映"梓人为筍虡"的造型艺术的文物，将古代艺术品上的形象和文字描述的形象相互结合起来研究，比单纯地分析文献要强得多。"梓人为筍虡"节所载内容的真实含义也逐渐清晰。秦始皇统一全国后，"收天下兵聚之咸阳，销以为钟鐻金人十二，重各千石，置廷宫中"，[①]采用的也是《考工记》的遗制。金人，作为殿前的乐器支柱，虽然仍是礼器的组成部分，是实用器物的附属装饰，但由于富有纪念性和政治含义，实际上已是具有独立鉴赏价值的艺术品。秦汉以后，《考工记》"梓人为筍虡"的造型艺术的精神继续流传和扬厉，但其形式却和秦之金人一起消隐了。

参考文献

1. 刘敦愿《〈考工记〉〈梓人为筍虡〉条所见雕刻装饰理论》。

2. 张道一《考工记注释》。

3. 刘道广、许旸、卿尚东《图证〈考工记〉》。

4. 闻人军《"拨尔而怒"辨正》，载《考工司南》，第147—156页。

5. 孙洪伟《〈考工记〉设计思想研究》。

[①]《史记·秦始皇本纪》。

第三章　价值篇（下）

第十一节　建筑制度与技术

中国古建筑的一大特色　与世界上其他许多古代文明不同，木建筑而非石建筑构成了中国建筑的一大特色。李泽厚在《美的历程》中说："中国建筑最大限度地利用了木结构的可能和特点，一开始就不是以单一的独立个别建筑物为目标，而是以空间规模巨大、平面铺开、相互连接和配合的群体建筑为特征的。它重视的是各个建筑物之间的平面整体的有机安排。"[①]从《考工记》"匠人建国"和"匠人营国"节中，我们很容易感受到这种实践理性精神。

测量术　"匠人建国"节所记载的实用建筑测量技术主要是定向、定水平（包括确定铅垂线），这两项技术由来已久。

考古资料显示，公元前第四千纪中叶的河南濮阳西水坡遗址已见周髀遗存。[②]山西襄汾陶寺文化早期和中期遗址各出土一支蓁表，距今已4 000多年。陶寺中期遗址还出土玉质圭尺和由玉琮改制的玉筒，供当时立表测影之用。[③]

《商书·说命（上）》说："惟木从绳则正。""绳"即悬绳，后世俗称线坠，是确定铅直线的工具。河北藁城西台商代中期建筑遗址，版筑墙基础埋深0.5—0.6米，在基槽壁上用云母粉画出的平直的线，可能用于基础定平，说不定已使用了极原始简单的"水准仪"。

---

① 李泽厚《美的历程》，北京：中国社会科学出版社，1984年，第75—76页。

② 冯时《河南濮阳西水坡45号墓的天文学研究》，《文物》1990年第3期。

③ 闻人军《〈说文〉与古代科技》，语文出版社，待刊。

　　春秋时，有了以圭表测度日影，确定方向的明确记载。《诗·鄘风·定之方中》曰："揆之以日，作于楚室。"揆即测度（日影），说的是卫文公营建楚丘宫室之事。

　　"匠人建国"节说："匠人建国，水地以县，置槷以县，眡以景。为规，识日出之景与日入之景。昼参诸日中之景，夜考之极星，以正朝夕。"

　　这里强调的虽是建国之时，以圭表求测地中之法，实为长期流传、普遍适用的测定方位的方法。首先借助于"水"（水准器）和线坠抄平施工场地。在整平的场地上立一表杆，用线坠检查表杆是否竖直。分别标识出日出和日没时杆影的位置。以表杆为圆心，适当的长度为半径，用规画圆，与日出及日没时的杆影相交于两点。这两点的连线，就是东西方向线（图3-1）。东西方向线的中点与表杆的连线就是南北方向线。此外，白天

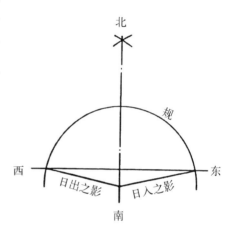

图3-1　以槷的日影测定方向示意图

正午的杆影，夜晚北极星的方位，都可以作为判定方向的参考。

　　近几十年来，两周考古中发现了一类贵族夫人墓随葬的青铜方座柱形器，有十余件。其中1990年河南淅川和尚岭春秋晚期楚墓M2出土的一器，顶部有铭文8字，自铭"且（祖）埶"。1995年，山东长清仙人台春秋中期邦国墓出土一完整的小型青铜祖埶（图3-2）。此类器物，学界已有镇墓兽或镇墓兽座、祖重、祖设、祖槷、祖埶等多种解读，未有定论。我们认为：祖埶源自立表测影，但不是立表测影的实用槷表。它以兼具中正和上下通之义的槷表和盝顶方座为主体元素，是随葬的以器喻德、绝地天通之祭器。①

————————

① 闻人军《〈说文〉与古代科技》，语文出版社，待刊。

图3-2　春秋中期邿国铜祖槷
通高48.5、座高9.6、边长16、表柱
高38.9、槷柱根部直径1厘米（1995
年山东长清仙人台邿国墓出土）

值得注意的是，"匠人建国"节中定平仪器叫作"水"，"栗氏为量"节有一个叫"准之"的铸造工艺，而稍后的战国文献中已有"准"的称谓。如《孟子·离娄上》说："圣人即竭目力焉，继之以规、矩、准、绳，以为方圆平直，不可胜用也。"通过日出和日没时的日影定向，比以往仅用正午日影定向要精密一些，这是比前代进步之处。可能因为此法较为繁琐，故《周礼》仍只提测正午日影。但在《周礼》中还设有"量人""职方氏"和"司险"等职，掌管测绘和地图等事。《周礼》中出现的地图名目繁多，虽未必都实有其事，但战国时测绘技术迅速发展，达到相当的规模和水平，则已历历可见。

古老宏伟的城市规划　我国城市规划具有悠久的历史传统，夏代已有营建城邑之举，经过有商一代的发展，至西周初，在继承与创新的基础上，渐次形成了一个稍具规模的城市规划体系。

《周书·洛诰》记载："伻来以图，及献卜。""伻"（bēng 崩）即使者。这里说的是，周公在洛阳选建城址时，曾作了规划，并绘成地图，遣使呈献给周成王。周公营建洛邑是周初大规模营城建邑活动的代表，各路诸侯和受封的卿大夫纷纷营建都城，形成了周代第一次城市建设的高潮。虽然不全是两周都城的实录，"《考工记·匠人营国》的规划都是有根有据的"。①后人阅读"匠人营国"节对城市规划的描绘，不难在脑海中呈现一幅周代

————————

① 史念海《〈周礼·考工记·匠人营国〉的撰著渊源》。

理想的都城规划图（图3-3），以及一群入世的与世间生活环境连在一起的宫殿宗庙建筑（图3-4）。"匠人营国"节作为我国奴隶社会营城建邑经验的总结，奴隶社会时期城邑规划历史传统的代表，替建立我国城市规划体系打下了初步的基础，为研究我国古代城市规划史的国内外学者提供了重要的文献资料，常见征引。

　　20世纪80年代，贺业钜（1914—1996）"试图以《考工记》所载的营国制度为主要对象，结合商周城市考古资料及其他先秦史料，进行综合探讨。通过对《考工记》记述的西周初期城邑建设制度的分析，进而揭示我国古代城市规划体系的全貌，辨明我国城市规划传统的渊源，为现在城市

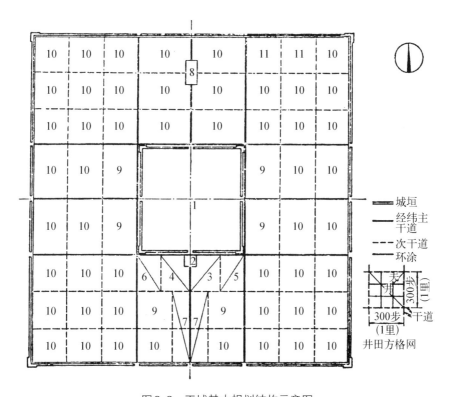

图3-3　王城基本规划结构示意图

1.宫城　2.外朝　3.宗庙　4.社稷　5.府库　6.厩　7.官署　8.市
9.国宅　10.闾里　11.仓廪

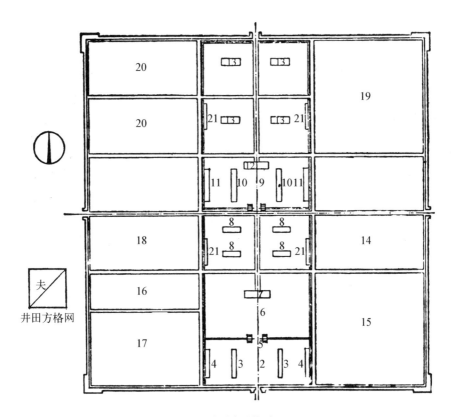

图3-4　宫城规划设想图

1. 应门　2. 治朝　3. 九卿九室　4. 宫正及宫伯等官舍　5. 路门　6. 燕朝　7. 路寝
8. 王燕寝　9. 北宫之朝　10. 九嫔九室　11. 女祝及女史等官舍　12. 后正寝
13. 后小寝　14. 世子宫　15. 王子宫区　16. 官舍区　17. 府库区　18. 膳房区
19. "典妇功"之属作坊区　20. "内司服""缝人"及"屦人"之属作坊区　21. 服饰库

规划发展这个体系的传统，提供条件"。①因而著成《考工记营国制度研究》
一书。此书对前人之说多所驳正，在营国制度研究方面取得了重要进展，
是进一步研究"匠人营国"城规制度的必备参考资料。

　　贺氏认为"匠人"王城规划的意匠和方法渊源于井田制的方格网系统，
是"以'夫'为基本网格，'井'为基本组合网格，经纬涂（阡陌）为座

―――――――――――

① 贺业钜《考工记营国制度研究·前言》。

标，中经中纬作座标系统的主轴线而安排的"。① "匠人"的宫城规划体现了传统的择中建都的理论，道路系统兼备交通和军事两种功能……总之，整个规划"充分体现出一个大一统的奴隶制王国首都的宏伟气概"。② 亦有人认为天圆地方说对这种规划也有影响。③

　　1998年，史念海（1912—2001）"参照了近年的考古发掘的成果"，举出不少实例，"略见其间演变汇合的蛛丝马迹"，以此推测《考工记·匠人营国》的撰著时期。他指出："周人重礼，对于宗庙和社是相当尊敬的，早在古公亶父经营周原就已如此，因而在这一章中，左祖右社的位置就显得非常，安置在宫殿的前面、祖社以左右排列"显得尊崇。"当然王宫所在地也不同寻常。鲁国曲阜城以宫殿设置于城的中央，应该不是偶然的，可能是取法丰镐旧制"，"《考工记》规划的都城是方九里，这九里之长和《逸周书·作雒解》的千七百二十丈差不多，甚至是相同的。虽然《考工记》所规划的都城不以成周王城为蓝本，但这方九里之城应该以成周王城为准则的"，"都城既方九里，则每边三门，共十二门也是有道理的。只是这三门、十二门的准则颇难得其依据"，"《考工记》匠人营国的规划中，经涂九轨确实是前所未有的创举"，经涂九轨"只能说是取法于楚国纪南城的。而其时代不能过早，最早也只能是在春秋战国之际，也许就在战国的前期"。④

　　进入新世纪以来，随着考古资料的积累和研究的深入，时有学者对《考工记》营国制度提出新的解释，值得继续关注。

　　城市规划传统的深远影响　"匠人"营国制度在我国城市规划史上有继往开来之功。《考工记》的城市规划传统对后世有不可估量的深远影响。

---

① 贺业钜《考工记营国制度研究》，第42页。

② 贺业钜《考工记营国制度研究》，第58—59页。

③ 马世之《试论我国古城形制的基本模式》，《中原文物》1984年第4期。

④ 史念海《〈周礼·考工记·匠人营国〉的撰著渊源》。

"正是由《考工记·匠人营国》这一章所说的营国规划有根有据，又合于《周礼》，甚至还可以合乎一般建城的原则，在《考工记》未列入《周礼》之中，以之代替《冬官》之前，就已为后世设计都城者奉为圭臬，在其列入《周礼》之后，成为儒家经典的一部分，在以后的悠久时期中，论都城建置时都不能漠然视之"。[1]随着儒家思想逐步取得统治地位，营国制度王城规划对后世的影响越来越大。西汉长安城的规划与《考工记》的传统颇多相似之处。自东汉以降，直至清代，一千九百年间，我国都城规划基本上都是继承《考工记》王城规划传统的产物。其中影响最大的几个基本要素是：

（1）城市的主体规划结构，如左祖右社，面朝后市及前朝后寝的规划制度。

（2）礼治规划秩序。

（3）经纬涂制道路系统。

（4）井田方格网系统的规划方法。[2]

曹操营建的魏王城——邺城，力图推陈出新，别具一格，也难以摆脱这个传统的影响。北魏时，孝文帝推行汉化政策，援引《周礼》为改制依据，营建洛都。他命李冲规划的洛阳城，即以"匠人"王城规划制度为蓝本，成为西汉末年以来继承"匠人"营国制度传统的范例。隋唐长安城是举世闻名的雄伟京都，它的规划是继北魏洛阳之后发展营国制度传统的又一杰作。继承隋唐传统的北宋汴京、金中都、元大都、明清北京等历代都城规划，无一不受到"匠人"王城规划结构的影响。当然，为了适应城市经济发展的要求，既有继承的一面，又有创新的一面；因时制宜、因地制宜，形成了经济与礼制相结合的新规划秩序。

"匠人"王城规划制度所奠定的城市规划传统，不仅是历代建都所共同遵循的规划传统，其他城市的规划也不同程度地受到这个古老传统的影响。

---

① 史念海《〈周礼·考工记·匠人营国〉的撰著渊源》。

② 贺业钜《考工记营国制度研究》，第140—141页。

如南宋平江城、明莱芜县城等规划就带有深刻的"匠人"王城规划传统的烙印。[①]而且，"匠人"王城规划传统的影响远及国外。日本仿效唐长安城设计了历史上的名都——平安京，"追根溯源，平安京规划也应是《匠人》王城规划传统派生的产物"。[②]

香港建筑师李允鉌在1982年出版《华夏意匠》一书，这部探讨中国古代建筑设计理论的著作采用《考工记》营国制度的立体模型作封面图案，封底图案亦采用聂崇义《三礼图》的王城图，真可谓始终不忘《考工记》。

建筑设计和技术　"匠人营国"节关于"夏后氏世室"、殷人"四阿重屋"、"周人明堂"的描绘（图3-5、3-6、3-7），是奴隶社会华夏意匠的宝贵记载。虽不一定可靠，特别是"世室"和"重屋"，传闻的成分居多，但若与考古发掘结合起来研究，谅有相当的参考价值。从汉朝起，明堂等祭祀建筑大多附会《考工记》《礼记》等先秦遗制设计建造。

城市经济发展，战争频仍，国防所需的夯土城身价倍增，筑墙方法和技术要领形之于文字，凝成了"匠人为沟洫"节中的一句话："凡任索约，大汲其版，谓之无任。"其大意是，版筑墙壁与堤防时，用绳束板；若收板太紧，致使夹板桡曲束土无力，则筑土不实，跟没用绳束板一样。这是砖墙发明以前长期以来版筑技术的经验总结（图3-8）。战国燕下都版筑夯土城墙的一部分一直遗存到现代。

"匠人为沟洫"节说："葺屋三分，瓦屋四分。"（图3-9）这段记载表明至迟在战国时，已对草顶和瓦顶屋面规定了不同的坡度，后世举架制度即由其衍生。该节中"囷窌仓城""堂涂""窦""墙"等的设计（图3-10），也相当合理。《考工记》对后代建筑业的影响至巨，一个很典型的例子是《营造法式》。

---

① 贺业钜《考工记营国制度研究》，第18页。
② 贺业钜《考工记营国制度研究》，第21页。

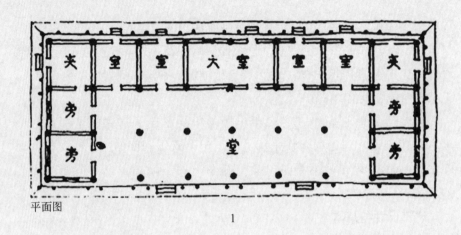

平面图

1

横剖面图

侧立面图

正立面图

2

图3-5 偃师二里头遗址主体殿堂平面布置复原图，正立面和侧立面复原图
1.平面 2.正立面和侧立面

图3-6　殷墟乙二十仿殷大殿

（位于河南安阳殷墟博物馆乙组二十基址）

图3-7　东周漆器残纹上的明堂复原图

（20世纪70年代初山东临淄郎家庄出土）

图3-8　版筑图

（《尔雅音图》"大版谓之业"图谱）

图3-9　战国刻纹椭栖上的瓦屋图像
（上海博物馆藏）

图3-10　陶囷明器
腹最大径17.2厘米（1977年陕西凤翔高庄秦墓出土）

《考工记》和《营造法式》　《考工记》使百工之事登上了大雅之堂，历代建筑匠师引以为荣，自然将它奉若神明。我国古代建筑学名著——北宋李诫（？—1110）的《营造法式》，在"序目"的"方圜平直""取正""定平""墙""举折"，卷1、卷2"总释"的"殿（堂附）""城""墙""定平""取正""阳马""举折""窗"等条目中多处引用《考工记》原文，并一再强调"今谨按《周官·考工记》等修立下条"云云。

《营造法式·序目·取正》曰："看详今来凡有兴造，既以水平定地平面，然后立表测景，望星以正四方，正与经传相合。今谨按《诗》及《周官·考工记》等修立下条。""墙"条中道：《周官·考工记》：匠人为沟洫，墙厚三尺，崇三之。……看详今来筑墙制度皆以高九尺、厚三尺为祖，虽城壁与屋墙、露墙各有增损，其大概皆以厚三尺、崇三之为法，正与经传相合。今谨按《周官·考工记》等群书修立下条。""举折"条中，先引"匠人为沟洫"节的"葺屋三分、瓦屋四分"之语，后指出："今来举屋制度，……大抵皆以四分举一为祖，正与经传相合，今谨按《周官·考工记》修立下条。"诸如此类，不一而足。李诫不厌其烦地称颂《考工记》，说明宋代建筑技术虽比《考工记》时代大为进步，但《考工记》潜在的心理影响仍长存不衰，其传统被不断铺张扬厉。

近人朱启钤（1872—1964）的《重刊营造法式后序》，在评解《营造法式》时，穷源至委，指出："《冬官考工记》有世守之工，辨器饬材，侪于六职。'匠人'所掌建国、营国、为沟洫三事，分别部居，目张纲举。"[1] 每当对中国建筑史探本穷源时，《考工记》总是一次又一次大放异彩。

参考文献

1. 贺业钜《考工记营国制度研究》。
2. 刘敦桢主编《中国古代建筑史》，绪论，第1、2、3章，中国建筑工业出版社，1980年。

---

① 李诫《营造法式》（一），《万有文库》本，第1页。

3. 刘叙杰主编《中国古代建筑史》第1卷，北京：中国建筑工业出版社，2009年。

4.《中国建筑史》编写组《中国建筑史》，第1编第1、2、7章，中国建筑工业出版社，1982年。

5. 李允鉌《华夏意匠——中国古典建筑设计原理分析》，香港广角镜出版社，1982年初版，1984年再版。中国建筑工业出版社，1985年重印。

6. 梁思成《营造法式注释》卷上，中国建筑工业出版社，1983年。

7. 冯时《祖槷考》，《考古》2014年第8期。

8. 杨鸿勋《从盘龙城商代宫殿遗址谈中国宫廷建筑发展的几个问题》，《文物》1976年第2期。

9. 史念海《〈周礼·考工记·匠人营国〉的撰著渊源》。

第十二节　井田水利工程

井田制　我国幅员辽阔，地形复杂，河流纵横，水利是建国立业的命脉。沟洫水利，源远流长。古人在征服水旱灾难的斗争中创造和发展了农田水利工程，并逐渐由引水沟洫发展为较大型的渠系工程。

《考工记》说："夏后氏上匠。"大禹治水的传说，流芳千古。考古发现，不断刷新今人的认识。从2009年发现第一条水坝起，至2015年，有关部门通过考古调查发掘，结合遥感等现代科技手段，确认杭州市余杭区良渚文化遗迹存在一个由11条坝体构成的水利系统，具有防洪、运输和灌溉等综合功能，距今已有五千余年，是迄今发现的中国最早的大型水利工程。商代的甲骨文中，已出现有关沟洫工程的象形文字。周代沟洫工程继续发展，技术水平也有提高。《周礼·地官·遂人》记载："凡治野，夫间有遂，遂上有径；十夫有沟，沟上有畛；百夫有洫，洫上有涂；千夫有浍，浍上有道；万夫有川，川上有路，以达于畿。"《考工记·匠人》记述："匠人为沟洫，耜广五寸，二耜为耦。一耦之伐，广尺、深尺，谓之畎。田首倍之，广二尺、深二尺，谓之遂。九夫为井，井间广四尺、深四尺，谓之沟。方十里为成，成间广八尺、深八尺，谓之洫。方百里为同，同间广二寻、深二仞，谓之浍。专达于川，各载其名。"（图3-11、3-12、3-13）这里所说的浍、洫、沟、遂、畎等都是渠系中的逐级渠道。"沟""洫"的作用是引水、输水，"遂""畎"的作用是分配灌溉水到田间，"浍"起引水入渠或排泄余水的作用，"专达于川"是渠道和河流相接，以便从河中引水或排水入河。《周礼·地官·遂人》和《考工记·匠人》所描述的都是井田制中很有条理的农田排灌系统，但两者的具体情况并不一样。

图3-11　商周铜耜
长27.6、刃宽11.5厘米
（传河南辉县出土，上
海博物馆藏）

图3-12　神农氏
（山东嘉祥武氏祠汉代画像石）

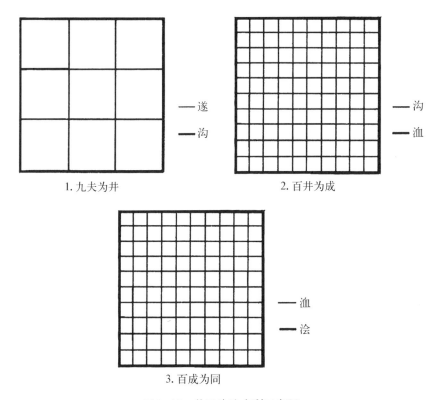

图3-13　井田沟洫水利示意图

　　井田制是中国古代的土地所有制形态，其中心内容是公田的存在和土地的分配，它与族氏、军制、赋税有密切的关系，又和沟洫、道路的布局不可分割。[①]

　　关于井田制的说法，见于《诗经》《周礼》《孟子》等古籍。《孟子·滕文公上》曰："方里而井，井九百亩，其中为公田。八家皆私百亩，同养公田。公事毕，然后敢治私事。"目前在考古学上还没有获得关于井田的直接证据，但间接的材料已发现不少。在我国史学界，对井田制的性质及具体的分配、耕作、缴纳办法等，历来纷争不已。《考工记》一书大体上是纪实

―――――――――

① 李学勤《东周与秦代文明》，北京：文物出版社，1984年，第375页。

的作品，而《周礼》一书的理想化色彩极浓，"匠人"节所描述的井田制排灌系统，比《周礼·地官·遂人》似乎更可信些。它的成文年代要早于《孟子·滕文公上》，当时恐怕还没有乌托邦式的井田制猜想来干扰作者的思路，但文中的规划设施井然有序，未必能处处照办，渠系的实际布置当视具体地势而定。

耦耕解　耦耕是西周至战国间习见的一种农耕方法，虽有多种文献涉及，但往往是只言片语，其义不明。"匠人"节说："耜广五寸，二耜为耦。一耦之伐，广尺、深尺，谓之畎。"郑玄注："古者耜一金，两人并发之，……今之耜，岐头两金，象古之耦也。"这是古代对于"耦耕"的唯一比较具体的记载，郑玄注是对"耦耕"的最早解释。汉代以降，耦耕歧义滋生。有人认为是两人并肩，各执一耜，共发一尺之地；有人认为古代的耜就是犁头，耦耕就是一人扶犁，一人在前拉犁；有人认为是在耜的柄上系绳，一人把耜推入土中，另一人相向而立，用力拉绳发土；有人认为是一人耕地，一人碎土摩田……至今尚无定论。1985年，有人重温"匠人"的记载，研讨郑注的得失，提出"二耜为耦"指的应是耒耜本身的结构特点，假设耦是头部分叉、带有两个金属套冠的耜，[①] 不无新意。但要证实这种假设，尚有待从考古发掘中获得更多的耒耜资料，从而弄清这种农耕工具的形制特点，有助于解开耦耕之谜。

沟防设计原理和施工技术　在修筑沟防工程的长期实践中，匠人们积累了丰富的经验。作者指出："凡沟逆地防，谓之不行；水属不理孙，谓之不行。"意思是说，若修沟时不顾及地势高下，就会水流不畅，发生决溢。又说："凡沟必因地埶（势），……善沟者，水漱之。"意即开沟能手开挖的水沟，对水流因势利导，可以借助水势冲刷淤泥、杂物，保持通畅。尤其值得注意的是文中具体记述的三种水利建筑。

其一"梢沟三十里而广倍"。梢沟是一端稍狭，随着所控制的排水面积的增加而逐渐增宽的排水沟。大约每隔三十里，宽度增加一倍，看来是经

---

① 李则鸣《耦耕新探》。

验数据。

其二"凡行奠水，磬折以参伍"。"奠水"就是停水。由于《考工记》言简意赅，这句话又难住了古往今来无数注释者。郑众注："奠读为停，谓行停水，沟形当如磬，直行三，折行五，以引水者疾焉。"郑玄注："坎为弓轮，水行欲纤曲也。""坎"为《周易》八卦之一，象水，《易·说卦》说："坎为水，为沟渎，为隐伏，为矫揉，为弓轮。"郑玄引经据典，力图说明水行欲纤曲的道理，后人大多接受他的观点。程瑶田（1725—1814）的《磬折古义》进一步图解为一条锯齿形的折线状沟，又有不少人采纳程说。但根据水力学原理，一再改变水流方向，多作磬折形，并不能加快水速，反而会使流速降低。《中国水利史稿》冲破陈说，把这种水工建筑解释为灌渠前面的进口堰，打开了人们的思路。我们认为，"凡行奠水"可能是指泄水建筑物的过水能力；"磬折以参伍"，指的是一种溢流堰的形状，应与下句"凡为渊，则句于矩"联系起来考虑。

其三"欲为渊，则句于矩"。这句话历来多半理解为靠水力漱掘成渊，但这在水利工程中没有多少实际意义。《中国水利史稿》说："所谓'句于矩'即渠系建筑物做成直角形，当是指渠道中的跌水。"[1]这不失为一种可取的见解。清末孙诒让（1848—1908）的《周礼正义》卷八五曾指出："上'行奠水'谓道停水使之行，此'为渊'谓潴行水使之停，二义相备也。"此一卓见颇有启发性。可惜孙氏未能跳出旧注之框架，仍以为这二句都是指沟渠和弯道平面角度。其实，"凡行奠水，磬折以参伍"是从蓄水池用溢流堰引水，其重要参数是：溢流堰顶和外侧面夹角近似于磬折形，长度之比为三比五（图3-14）。"欲为渊，则句于矩"，是直角形跌水注水入蓄水池。为了不让水力冲坏蓄水池，也不造成淤积，蓄水池进口处的转角当句于矩，即句如矩（图3-15）。[2]

---

① 《中国水利史稿》编写组《中国水利史稿》（上册），第108页。
② 闻人军《〈考工记〉"磬折以叁伍"和"句于矩"新论》。

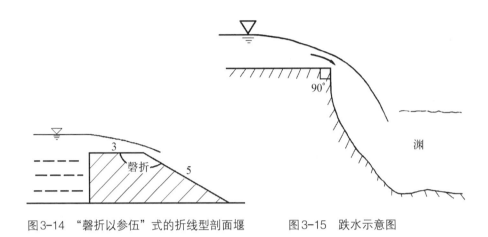

图3-14　"磬折以参伍"式的折线型剖面堰　　图3-15　跌水示意图

　　堤防的建筑，可以追溯到长江三角洲的良渚文化，由来已久。发展到春秋中期，堤防已相当普遍。战国时筑堤修防技术有明显的进步，开始出现黄河堤防。堤防技术的发展在"匠人"中也有一些反映，文中说："防必因地埶（势），……善防者，水淫之。"也就是说，在修筑堤防的时候，要善于利用天然的地势。筑防能手修筑的堤防，会靠水中堤前留淤而加固。"匠人"节还提出了堤防的工程设计："凡为防，广与崇方，其靭参分去一。大防外靭。"以前大都解释为堤防下基的宽度与堤高相等，上顶宽度是下基的三分之二。但这种堤防过于陡峻，既不易施工，又难以稳定。《中国水利史稿》认为，"广"指堤顶之宽，如此则上文宜释为堤顶的宽度应与堤防的高度相等，堤两面的坡度是"参分去一"（即每边的边坡都是二比三，也就是横三，纵高二）。较高大的堤防坡度还要平缓。[①]联想到《九章算术·商功篇》说："今有隄，下广二丈，上广八尺，高四尺。"每边的坡度也是1比1.5。《中国水利史稿》的解释似乎更为合理。孙诒让已接受一些近代科学知识，他在《周礼正义》卷八五解释道："防以捍水，凡水愈深，则其下压之力愈大，防下当水之冲，宜厚培其土，以抵水之压力。而自上而下，陂陀衰侧，亦可以减其漱齧之势，故知靭是薄其上。"孙氏言之有理。"匠人"

①《中国水利史稿》编写组《中国水利史稿》（上册），第110页。

的堤防设计兼顾了经济效益和水力学原理，是比较科学的。

在施工组织或技术管理上，"匠人"节记载："凡沟防，必一日先深之以为式，里为式，然后可以傅众力。"对这几句话，一般解释为：在施工修筑堤防和渠道时，必须先以匠人一天的进度作为参照标准，又以完成一里工程所需的人工来估算整个工程量，然后可以调配人力，实施工程计划。《九章算术·商功篇》就有计算修筑堤沟所需人工的题目。《中国水利史稿》将"式"释为断面样板，因而认为"必需在开工前先做好断面样板（"式"），每隔一里就有一个样板，这样在开工后，大量的人力就可以同时动手。这既可以保证断面尺寸，提高施工质量，又可以充分使用人力"。①后说对"必一日先深之以为式"中的"一日"难作合理的解释，故不若前说为佳。

春秋战国时期水利事业迅速发展，水利理论也开始见诸文献记载。虽然这一时期的水利理论和工程技术还缺乏系统的总结，但《考工记·匠人》和《管子·度地》等文献已给我们揭示了春秋战国时期水利学知识迅速积累的一个侧面。李约瑟曾迻译过《考工记·匠人》的片段，将其吸收进《中国科学技术史》第4卷第3分册。

《考工记》和《周髀算经》用矩之道　《考工记》曰："夏后氏上匠。""匠人为沟洫"节涉及许多测量计算问题。按《周髀算经》的说法，匠人测量术的鼻祖是大禹。书中商高用"积矩"法证明勾股定理之后接着说："故禹之所以治天下者，此数之所生也。"赵爽注："禹治洪水，决流江河，望山川之形，定高下之势，除滔天之灾，释昏垫之厄。使东注于海而无浸溺，乃勾股之所由生也。"②这是说，以大禹为代表的先民水利工程的实践是勾股术的源头。商高又说"用矩之道"是"平矩以正绳，偃矩以望高，覆矩以测深，卧矩以知远，环矩以为圆，合矩以为方"，多达六种用矩法，分别适用于不同的场合。《考工记》中用"矩"有直接和间接之分。车、戈、戟、嘉量等的设计制作与检验直接用到"矩"；车人由"矩"的分合形

---

① 《中国水利史稿》编写组《中国水利史稿》（上册），第113页。

② 程贞 、闻人军《周髀算经译注》，第2页。

成一套实用角度定义，在制鼓、为耒和水利工程中加以应用。将《考工记》和《周髀算经》作比较，由此探索古代矩和用矩之法，值得一试。

参考文献

1. 武汉水利电力学院、水利水电科学研究所《中国水利史稿》编写组《中国水利史稿》（上册）第一、二章，水利电力出版社，1979年。
2. 闻人军《〈考工记〉中的流体力学知识》。
3. 李则鸣《耦耕新探》，《中国史研究》1985年第1期。
4. 程贞一、闻人军《周髀算经译注》，上海古籍出版社，2012年。
5. 闻人军《〈考工记〉"磬折以叁伍"和"句于矩"新论》，《中国训诂学报》第五辑，2022年。

第十三节　陶　　瓷

"有虞氏上陶"　我国是世界闻名的陶瓷古国，从已发现的新石器时代早期陶器算起，陶器制造的历史已长达8 000年之久。"有虞氏上陶"虽然不能在世界上独占鳌头，瓷器的发明则是我国对人类文明的独特贡献。陶瓷史是人类物质文化史的重要研究对象之一。惜宋以前古籍中有关陶瓷的著述极为零碎，有关先秦陶瓷工艺的论述，除《考工记》外，往往只有只言片语，所以研究先秦陶瓷史主要依据古瓷窑遗址与古墓葬、古窑址及古居住遗址中的陶瓷实物。但《考工记》的"陶人"和"瓬人"及"国有六职"节的一些话毕竟是先秦文献中最集中的陶瓷史料，可作为文物资料的补充，供研究时参考，因而历来受到陶瓷史研究者的重视。

《陶说》与《考工记》　清代乾隆年间，浙江海盐人朱琰撰写了我国第一部陶瓷史专著《陶说》，共六卷。在卷一"说今"篇、卷二"说古"篇和卷三"说器上"篇，朱琰多次引述《考工记》的记载，详加评论和发挥。

朱琰说："《考工记》：'抟埴之工，器中膊，豆中县（悬）。'郑玄注云：

'脦读如车轮之轵。既拊泥而转其均，赹脦其侧，以拟度，端其器。县绳正豆之柄。'今之模子，其亦中脦中县之遗意与？"朱琰又说："周制：陶、旎分职。陶人所掌，皆炊器，惟庾是量名。旎人所掌，皆礼器。其制度必有精粗不同，后世分窑、分作，因之。《注》云，抟之，言拍埴粘土，又与采石、炼泥、造坯相似。《注》又云，垦，顿伤；薜，破裂；暴，债起，不坚致；髻，先郑读刮，后郑读刷，亦伤也；是忌骨、忌蓑、忌茅之说也。《注》又云，赹脦其侧，以拟度，端其器，县绳正豆之柄，是模子拉车旋车之事也。椎轮之始，规模已具。愚谓陶之由来，详于虞而备于周。"[1]朱琰的按语实际上已指出了《考工记》在陶瓷史上的价值。第一，表明陶人和旎人已经分工。他认为：陶人所掌，皆炊器。旎人所掌，皆礼器。第二，"器中脦""豆中县"的工艺是后世使用模子、拉车、旋车等方法的起源。在朱琰的按语中，《考工记》对我国陶瓷生产发展的影响也有一定的反映。

《陶说》初刊于乾隆三十九年（1774），后有多种中文刊本。在日本有多种译本，如：1807年上善堂出版葛西因是（1764—1823）译读的日文《陶说》。1903年开益堂书店出版三浦竹泉（1853—1915）译的《和汉对照陶说》。1944年东京アルス出版盐田力藏（1864—？）译解的《[对译新注]支那陶说》。1981年雄山阁出版尾崎洵盛（1880—1966）的《陶说注解》。在西方，1856年，法国汉学家儒莲（Stanislas Julien，1797—1873）有节译本。1891年，英国驻华公使馆医生布希尔（S. W. Bushell，1844—1908）有全译本。1910年，牛津克莱伦顿出版社（Clarendon Press）将之印行。1977年，由著名大收藏家大维德爵士（Sir Percival David，1892—1964）的夫人（Lady David）附加索引，又由牛津大学出版社再版。这样，《考工记》中的陶瓷知识也远涉重洋，为西方读者所了解。

"陶人"与"旎人"之解 关于"陶人"和"旎人"的分工，存在几种不同的解释。例如：孔颖达（574—648）为《礼记·曲礼下》作疏，认

---

[1] 朱琰撰，傅振伦译注《〈陶说〉译注》，第24—25页，第58—59页。傅注本的标点有误，今据文义改正。

为："旊是放法，陶是陶冶，互文耳。但簋是祭器，故取放法之名也。"[①]朱琰《陶说》以为两工分作炊器、礼器。王奇《中国陶瓷实录》也认为："陶人专烧甗、甑、鬲等烹饪器，旊人专制簋、豆、壶等祭器，他们乃周天子国中之陶工，兼造御用陶器。"[②]中国历史博物馆傅振伦以为"陶人是用轮制的工人"，旊人是用"范制"的工人。[③]上海博物馆汪庆正说："《周礼·考工记》一书属春秋、战国之际的作品，这时期原始瓷器已经比较普遍，而且仿青铜礼器的品种也逐渐增多，因此把黏土制品分为一般的陶器，主要指盆、甑、鬲、甗、庾之类的粗器，和另一类较精致的品种，即以簋、豆等为代表的原始瓷器是完全可能的。"[④]（图3-16~3-21）

图3-16 战国陶甗
通高61，口径40厘米
（湖北宜城雷河镇郭家岗遗址出土）

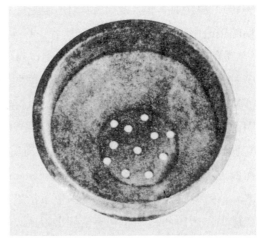

图3-17 陶甑
口径24.5、高10.5厘米
（1975年湖北云梦睡虎地出土）

---

① 《十三经注疏》上册，中华书局，1980年，第1261页。

② 王奇《中国陶瓷实录》，第83页。

③ 朱琰撰，傅振伦译注《〈陶说〉译注》，第58—59页。

④ 汪庆正《中国陶瓷史研究中若干问题的探索》。

图3-18　陶盆

高13厘米（1980年河南偃师二里头遗址出土）

图3-19　陶鬲

高19厘米（陕西省周原遗址出土）

图3-20　西周原始瓷簋

高15.5厘米（1964年河南洛阳庞家沟出土）

图3-21　西周折盘原始瓷豆

高7.5、口径16.8厘米

（2011年湖北随州叶家山M27出土）

近年来，考古发掘中早期陶瓷不断破土而出，令人振奋。如2003—2005年江苏无锡鸿山越国贵族墓地出土的一批青瓷或原始青瓷器，共计581件，"其中部分胎色泛白或灰白，釉色泛青，胎釉结合好，烧成温度高，与常见的原始青瓷有着明显的差异"。[1]墓葬年代尚有分歧，约为战国早中期。

———————————

① 南京博物院考古研究所、无锡市锡山区文物管理委员会《无锡鸿山越国贵族墓发掘简报》，《文物》2006年第1期。

国际汉学界随之更新了对原始瓷器的认识："早在公元前2000年晚期的青铜时代，中国陶工便开创了陶瓷技术中的新突破。在中国东南的浙江、江苏地区的窑址可以发现，一些陶瓷的烧制温度已经高于1 200℃，呈现玻化，即成品胎质坚硬、致密、抗磨蚀、耐用、洁净且极具实用性，成为炻胎器。在窑炉中自由浮动的草木灰，如果落在陶瓷胎表面，就会成为天然釉，窑工们很快就发现这一现象，并有意利用它为陶瓷表面人工上釉。这些炻胎器的物理特性以及其表面橄榄绿色釉光的美学魅力，是在以往只有珍贵材料上才能见到的特性。在西方，直到15世纪才烧造出可以相比的陶瓷。尽管南北方遥远的距离阻碍了这些器物的更广泛传播，但长江南部地区制作的这些器物仍然到达了中国北方黄河流域附近的一些政治权力中心。"[①]

　　然而《考工记》的记载过于简略，有关古陶瓷史的考古发掘资料尚有限，看来"陶人"和"𤳷人"的区别之争还会继续下去。此外，《记》文中"脄"的形制和用途也若明若暗，不知曾使多少人困惑莫解。

　　说脄　《考工记》记载："凡陶𤳷之事，……器中脄，豆中县。脄崇四尺，方四寸。"郑玄注："脄，读如车轮之轮，既拊泥而转其均，䇝脄其侧，以拟度端其器也。县，县绳正豆之柄。""凡器高于此，则垺不能相胜，厚于此，则火气不交，因取式焉。"均，是陶均，即制陶的转轮；䇝，通"树"，树立；垺（póu抔），制瓦器的模型。郑玄以汉代的陶瓷工艺知识解经，时距先秦尚近，或许这就是《考工记》的遗制。孙诒让《周礼正义》卷八一说："《庄子·骈拇篇》云：'陶者曰：吾善治埴，圆者中规，方者中矩。'若然，均，其中规之式；脄，其中矩之式与！""规"和"矩"也是陶工用具，但把"脄"理解为"中矩之式"是一种误解。

　　《辞源》（2015年第三版）将"脄"释为："旋盏，通'铨'。陶土工具。《周礼·考工记·𤳷人》：'器中脄，……脄崇四尺，方四寸。'注：'脄，读如

"车辁"之辁，既拊泥而转其均，尌胯其侧，以拟度端其器也。"其实"车辁"即"辁车"，是一种载棺柩的车，[1]郑注用"辁"比拟"胯"之发音，不是释义。所以，"胯"不宜作"旋盏（钵）"解。在《〈陶说〉译注》中，卷一注将"胯"释为"细切，旋削"。[2]卷二译文将"器中胯"译为"器要适应轮盘"，[3]恐难使人明白"胯"究竟是什么东西。

"胯"是制作大型陶器的专用工具。孙诒让《周礼正义》卷八一认为："胯盖为长方之式，以度器使无衺曲者。""'胯崇四尺'者，谓尌胯之直度也。云'方四寸'者，胯平方之横径也。"若"厚过四寸"，"则火气不交"。常佩雨认为："胯是一根高四尺、横截面为四平方寸的木柱，量度陶坯，使其高度不超过四尺，厚度不超过四寸。……胯高四尺，横截面四寸见方。"[4]王奇《中国陶瓷实录》解释胯"其形状为高四尺、截面为一寸见方的长棍"，"制坯时，只需将胯竖立于器物外侧，便可知是否超高；将胯的截面比较器壁，便可知是否超厚，很方便"。[5]立意都不错，唯截面尺寸恐有疏失。古代没有明确的量纲概念，寸、平方寸、立方寸统称为"寸"。据文意，"方四寸"当指横截面四个平方寸，即横截面二寸见方。胯是高四尺、横截面二寸见方的木棒。以胯量度陶坯，使其高度不超过四尺，厚度不超过二寸，适于实用。何种解说较为合理，有待考古发现验证。经过学术界的不断努力，最后终将弄清《考工记》这一独家记载的含义。

参考文献

1. 中国硅酸盐学会编《中国陶瓷史》第一、二、三章，北京：文物出版社，1982年。

---

① 杨天宇《郑玄三礼注研究》，北京：中国社会科学出版社，2008年，第575页。

② 朱琰撰，傅振伦译注《〈陶说〉译注》，第25页。

③ 朱琰撰，傅振伦译注《〈陶说〉译注》，第59页。

④ 徐正英、常佩雨译注《周礼》，北京：中华书局，2014年，第970—971页。

⑤ 王奇《中国陶瓷实录》，第86页。

2. 朱琰撰，傅振伦译注《〈陶说〉译注》卷一、卷二、卷四，北京：轻工业出版社，1984年。

3. 汪庆正《中国陶瓷史研究中若干问题的探索》，《上海博物馆集刊——建馆三十周年特辑》（总第二期），上海：上海古籍出版社，1983年。

4. 宋应星《天工开物·陶埏》。

5. 轻工业部陶瓷工业科学研究所编著《中国的瓷器》第一篇第一章、第二篇第七章，北京：轻工业出版社，1983年修订版。

6. 南京博物院考古研究所、无锡市锡山区文物管理委员会《无锡鸿山越国贵族墓发掘简报》，《文物》2006年第1期。

7. 王奇《中国陶瓷实录》，杭州：浙江古籍出版社，2017年。

第十四节　生物地理分布

三条谚语　我国地大物博，各地生态环境千差万别，生物分布随之不同。《山海经》《尚书·禹贡》等先秦古籍中有许多描述。《考工记·国有六职》说："橘逾淮而北为枳，鹳鹆不逾济，貉逾汶则死，此地气然也。"这三条谚语内有的内容已见之于其他文献，但此处三句连出，末三字"枳""济""死"押韵，却是首次见到。"国有六职"节作为常识引用，可见已流传多时。其中隐含着生物分布地域界线的概念和古人对于物种可变的观察。

现在，我们把秦岭、淮河作为暖温带和亚热带生物分布的分界线，而"国有六职"节的作者，由于活动的范围有限，是以淮河、济水、汶水为界来讲生物的南北分布的。

"橘逾淮而北为枳"　橘与枳，在现代植物分类学上是同科（芸香科）的植物，但前者为柑橘属，后者为枳属（图3-22）。"橘"是如今常供食用的柑橘类水果；"枳"是淮河流域、黄河南岸野外生长的枳，不能食用，但可入药。由于《考工记》记载了"橘逾淮而北为枳"，从古至今关于这项记

橘　　　　　　　　　　　　　　枳

图3-22　橘与枳

载的引述或辨识不绝于耳。《晏子春秋·杂下之十》说："晏闻之：橘生淮南则为橘，生于淮北则为枳，叶徒相似，其实味不同，所以然者何？水土异也。"晏子引述的"橘生淮南则为橘，生于淮北则为枳"乃是先秦对所谓"橘逾淮而北为枳"的另一表述。他认为由于水土变异，橘生淮南长橘，橘生淮北长出形味如枳的果实。此外，一些学者指出橘不会变为枳。如清代吴其濬（1789—1847）《植物名实图考》引唐陈藏器《本草拾遗》说："旧云江南为橘，江北为枳。今江南俱有枳橘，江北有枳无橘。此自别种，非干变易。"清代张志聪《本草崇原》说橘枳"种类各别，非逾淮而变也"。1934年已有植物学者用嫁接说解释"橘逾淮而北为枳"："其所以有此现象者，实因橘以枳为砧木而行繁殖，橘自南方移诸于北方较冷之地，冬季遇冷而枯死，其砧木之枳善耐寒，独残存而萌发，见者不察，误以为橘变枳。"[1]一些学者则不同意嫁接说。[2]目前未有定论。唐代诗人白居易（772—

① 吴耕民《果树园艺学》，北京：商务印书馆，1934年。

② 如徐建国《试论"橘逾淮而北为枳"之"枳"》，陈之潭《"桔逾淮而北为枳"辨》。

846）的《有木诗》有云："有木秋不凋，青青在江北。谓为洞庭橘，美人自移植。上受顾眄恩，下勤浇灌力。实成乃是枳，臭苦不堪食。物有似是者，真伪何由识。"故只要照料得法，橘树移植至江北甚至淮北后尚能短期成活并结果。晏子的观点（由于水土变异，橘生淮南长橘，橘生淮北长出形味如枳的果实）可能是最贴近《考工记》原意的解释。[①]无论如何，"橘逾淮而北为枳"反映了先秦古人对植物有水土性的认识，当时及后世亦用"橘化为枳"来比喻环境对人和事物的影响。

"鸜鹆不逾济"　"鸜鹆"在几种古籍中有不同的写法，现在俗称"八哥"。"济"是济水，古四渎［江（长江）、河（黄河）、淮、济］之一，包括黄河南北两部分，河北部分源出河南济源县西王屋山，汉代在今河南省武涉县南入河，后世下游屡经变迁。河南部分本系从黄河分出来的一条支流，流经山东入海，因分流处与黄河北岸的济水入河口隔岸相对，古人遂视为济水的下游。《左传》昭公二十五年专门记载："'有鸜鹆来巢'，书所无也。""鸜鹆之巢，远哉遥遥。"鸜鹆到鲁国，是过去的记载中所没有的事。可见在一般情况下，鸜鹆是不逾济而北的。

"貉逾汶则死"　貉是生活在北方的皮毛兽（图3-23），形似狐狸，成语有"一丘之貉"，比喻同是丑类。"汶"是汶水，在鲁北，今名大汶水或大汶河。另有一说，以为"汶"是汶江，即长江。夏炜瑛认为："'貉逾汶而（则）死'，未说明白。当云：貉逾汶而南则死。"[②]貉南渡汶水之后，由于适应不了汶水以南较温暖的气候条件，过一段时间就会死掉。

图3-23　貉

---

① 闻人军《考工记译注》，2008年，第5—6页。
② 夏炜瑛《〈周礼〉书中有关农业条文的解释》，第101页。

对后世的影响　《考工记》记载的这三条谚语，引起了后世国内外研究者的兴趣。如西汉《淮南子·原道》和今本《列子·汤问》基本上全录这段话，且有发挥。《淮南子·原道》说："故橘树之江北则化而为枳，……"添了一个"化"字。《列子·汤问》中也用了"化"字。这样，便由对物种可变的观察滑向了错误的"化生说"。《列子》旧题战国列御寇撰，今本《列子》由晋代张湛编纂，他自称是根据各种版本集录而成，实际上该书思想内容属于魏晋时期，也杂录了先秦和汉代的一些材料，成书比《考工记》要晚。这三条谚语后来被多方转引。英国博物学家达尔文（Charles R. Darwin，1809—1882）的名著《物种起源》提到："即中国古代的百科全书，亦早提及将动物自一地向它地迁移，必须谨慎。"[1]这里所说的"中国古代的百科全书"，就是李时珍（1518—1593）的《本草纲目》。今查《本草纲目·禽部》卷四九说："《周礼》'鸲鹆不逾济'，地气使然也。"又《本草纲目·兽部》卷五一引《考工记》云："貉逾汶则死，地气使然也。"显然，《考工记》的这些记载已经融入了达尔文的进化论巨著之中。

参考文献

1. 杨文衡《对我国古代生物地理分布知识的初步探讨》，《科学史集刊》第10期，地质出版社，1982年。

2. 徐建国《试论"橘逾淮而北为枳"之"枳"》。

3. 陈之潭《"桔逾淮而北为枳"辩》。

4. 夏纬瑛《〈周礼〉书中有关农业条文的解释·橘逾淮而北为枳》。

第十五节　动 物 分 类

古代的动物分类　迄今为止，生物学史界关于我国古代动物分类的论

---

① 达尔文著，谢蕴贞译，伍献文、陈世骧校《物种起源》，科学出版社，1955年，第98页。

述，已为数不少，《考工记·梓人为筍虡》的大兽和小虫部分，一直为研究者所注意。

我国古老的传统分类认识将动物分为虫、鱼、鸟、兽四大类，《尔雅》是这种分类法的代表作。虽然《尔雅》是战国秦汉间缀辑旧文、递相增益、用来解释古代词语的一部著作，但《尔雅》中动物分类的原则早已形成，甚至可以上溯到春秋以前。

《考工记》中的"大兽" "梓人为筍虡"节说："天下之大兽五：脂者，膏者，臝者，羽者，鳞者。宗庙之事，脂者、膏者以为牲。臝者、羽者、鳞者以为筍虡。外骨，内骨，却行，仄行，连行，纡行，以脰鸣者，以注鸣者，以旁鸣者，以翼鸣者，以股鸣者，以胸鸣者，谓之小虫之属，以为雕琢。"这是木工从造型艺术观点出发，根据动物的外部形态特征所作的分类。脂者、膏者大概是牛、羊、猪之类，属兽类的一部分，臝者指人类，[①]羽者指鸟类，鳞者指鱼、蛇类。五种"大兽"都是脊椎动物。《周礼·地官·大司徒》把动物分作毛、鳞、羽、介、臝五类。《礼记·月令》又将动物分为鳞、羽、倮、毛、介五类，这是典型的五行动物分类法。有些学者认为"梓人"的大兽分类是阴阳五行说的产物，有些学者不同意这种看法。如邹澍文的《中国古代的动物分类学》认为："梓人的大兽已具五数，……这是五行家言在动物分类上的第二步单独发展。"邹氏所谓的第一步是指《吕氏春秋·恃君览·观表》的"毛、羽、裸、鳞"分类法。张孟闻（1903—1993）则补充指出："《考工记》不用毛字，分两大群，再分八类，应在五行说风行之前。"《考工记·梓人》的动物分类法是木工从造型艺术观点来讲究动物体形的取象分类，也不应就归划到五行家言的第二步发展的动物分类法。"[②]

关于"臝者" 《考工记》中的"臝者"，是历来争议最大的动物。郑玄举虎、豹、貔、貐之类来解释，后世注经者各持己见，莫衷一是。民

---

① 苟萃华《我国古代的动植物分类》。

② 邹澍文原著，张孟闻整理《中国古代的动物分类学》。

国年间有人以为是猛兽或神兽。[①]近世生物学史界也意见不一。有的以为是"软体及无壳动物"，[②]有的以为蠃者"应和宗庙之牲的脂者、膏者同是哺乳动物而并入《观表》的毛，即等于《尔雅》的兽"。[③]苟萃华、夏炜瑛推测"蠃者"指自然界的人类。[④]1978年，随县曾侯乙墓出土的编钟筍虡，承托中、下两层横梁的六个关键性立柱是六具铜人，[⑤]这是我国考古工作中首次发现的钟虡铜人，正可印证苟、夏两氏对"蠃者"的正确推测。遗憾的是，当时作有关报道的作者囿于郑玄旧注，误以为蠃是猛兽，曾侯乙墓的钟虡铜人反倒成了否定《考工记》的记载的根据。曾侯乙墓的钟虡铜人的出土，同时也破解了一个千古之谜。据《史记·秦始皇本纪》记载：秦始皇二十六年，"收天下之兵，聚之咸阳，销以为钟鐻金人十二，重各千石，置廷宫中"。究竟是"销以为钟鐻、金人十二"，钟鐻、金人为两物，还是"销以为钟鐻金人十二"，也就是铸十二个钟鐻金人，光从《史记》的行文看，是难以判定的。中华书局1959年新标点的《史记》就点断为钟鐻、金人两种名物，现在可以说已经真相大白，秦始皇销锋改铸的，不过是十二个"重各千石"的钟虡铜人而已。

《考工记》中的"小虫"　"梓人"中关于小虫的记载，是我国最早的关于昆虫形态的描述。从分类学的角度来看，它们是以动物的形态结构、行为及发声部位来区分的。这些小虫实际上是一群难以考订清楚的小动物，在现代动物分类学上相当于无脊椎动物。

"梓人"动物分类法的价值　各家对"梓人"动物分类法的评价大相径庭，如邹澍文认为大兽、小虫分类法是五行动物分类法的前奏，而五行分类法"垂二千年，莫敢轻议，始终妨碍动物及昆虫学科的发展"。[⑥]张孟闻

---

① 史岩《秦代钟鐻金人之艺术学的考察》，《中国文化研究汇刊》第1卷，1941年。

② 陈祯《关于中国生物史》，《生物学通报》1955年第1期。

③ 邹澍文原著，张孟闻整理《中国古代的动物分类学》。

④ 苟萃华《"蠃"非兽类辨》。夏炜瑛《〈周礼〉书中有关农业条文的解释》，第105页。

⑤ 张振新《曾侯乙墓编钟的梁架结构与钟虡铜人》《文物》1979年第7期。

⑥ 邹澍文《中国昆虫学史》，第44页。

认为："梓人为筍虡，说的是木工造宗庙的竹木乐器框架之事，借动物形状来作为乐器框架的整体塑形与其雕琢之用，不是正式的动物分类法。我们可以从此而窥见古人对动物总体从造型艺术来看的分类方法。"[①]张氏的看法较为公允。笱萃华更认为，大兽所包含的动物相当于动物分类学上的脊椎动物，小虫所包含的动物相当于无脊椎动物，"这是我国古代传统分类认识的一次飞跃。比之稍晚的希腊动物学家亚里斯多德分动物为有血动物和无血动物要进步得多"。[②]

余波　包括《考工记·梓人》在内的古代动物分类系统，余波及于后世，产生了显著的影响。《本草纲目》仍把动物药物分为虫、鳞、介、禽、兽、人六类，没有跳出《考工记》《周礼·地官》《礼记·月令》设下的框框，只是在排列次序上，体现了动物由低级到高级的发展顺序。《本草纲目》卷三九"虫部目录"引述了《考工记》关于"小虫"的描述，李时珍说："其物虽微，不可与鳞、凤、龟、龙为伍，……于是集小虫之有功、有害者为虫部，凡一百零六种。"李氏称"小虫"无疑是取义于《考工记·梓人》，他认为小虫不可与鳞、凤、龟、龙为伍，也是《考工记·梓人》划分为大兽与小虫的遗意。

参考文献

1. 邹澍文原著，张孟闻整理《中国古代的动物分类学》，《中国科技史探索》，上海：上海古籍出版社，1982年。

2. 邹澍文《中国昆虫学史》，北京：科学出版社，1981年。

3. 笱萃华《"赢"非兽类辨》。

4. 笱萃华《我国古代的动植物分类》，《科技史文集》第4辑，上海：上海科学技术出版社，1980年。

5. 夏炜瑛《〈周礼〉书中有关农业条文的解释》，"大兽小虫""赢属""羽属""鳞属"部分。

[①] 邹澍文原著，张孟闻整理《中国古代的动物分类法》。

[②] 笱萃华《我国古代的动植物分类》。

第十六节 实 用 数 学

两种角度定义

> 车人立名目，半矩谓之宣。
> 欘柯至磬折，加半序不愆；
> ……
> 《九章》著勾股，名数皆在边。
> 测望高远术，不用角旋转；
> 遂令《考工记》，专美千古前。[①]

这几句诗摘抄自著名数学史家钱宝琮（1892—1974）的诗词《骈枝集·读〈考工记〉六首（1945年）》，说的是《考工记》中已有实用角度的定义，《九章算术》另辟蹊径，使《考工记》独步一时。

"车人之事"节说："半矩谓之宣，一宣有半谓之欘，一欘有半谓之柯，一柯有半谓之磬折。"郑玄注释为一套长度定义，甚至对"磬氏为磬，倨句一矩有半"，他的解释也繁而无当。由于郑玄以《三礼》注名世，执经学界牛耳一千余年，他的误注千百年来陈陈相因，使这套角度定义长期湮没。清儒程瑶田利用考古成果研究《考工记》，多所创获。尤其是他论证"磬氏为磬，倨句一矩有半"应为135度，且将"车人之事"节的一整套几何角度定义重新发掘出来，乃是在没有见到古磬实物的情况下作出的过人之见。几十年来，出土的春秋战国编磬实物资料已相当丰富，足以判定矩、宣、欘、柯、磬折是一套实用角度定义（图3-24），其形成约在春秋末期。至战国时期，磬折等角度定义曾广泛流传，在早期的工艺技术中

---

① 钱宝琮《钱宝琮诗词六首》。

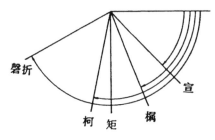

图3-24　矩、宣、欘、柯、磬折示意图

起过一定的积极作用，在中国数学发展史上留下了它的足迹。如在《考工记》中，"韗人"制鼓，"车人"制耒（图3-25），及"匠人"兴修水利，都用到"磬折"作为角度的测量单位。"磬折"一词，散见于先秦文献，历代诗文亦有著录。至13世纪，数学家秦九韶的《数书九章》卷六中，也曾将"磬折"入题，虽然他对"磬折"的理解未必正确。

在《考工记》中，矩是直角，倨指钝角，锐角称句。用"倨句"一词表示抽象的角度概念。如"倨句外博""倨句中矩""倨句磬折"和"倨句一矩有半"之类。

《考工记》中还记载了另一种角度表示法。"筑氏为削"节说："合六而成规。""弓人为弓"节也说："为天子之弓，合九而成规；为诸侯之弓，合七而成规；大夫之弓，合五而成规；士之弓，合三而成规。"这是用分规法

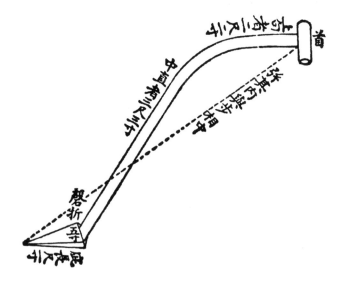

图3-25　戴震所拟耒图

通过对应的圆心角的大小来表示削或弓背的曲率。但是，磬折等角度概念也好，分规法也好，可供实用而不适于进一步的数学推导。一般而言，角度的概念，在我国秦汉以后的数学发展中没有受到足够的重视。"磬折"等角度定义也失传了。我国古代数学成就硕果累累，可是几何学的发展未能与代数学的发展并驾齐驱，这是数学史界往往引以为憾的。

分数的表示　除了角度概念之外，《考工记》中还有一些早期数学知识的资料。《考工记》中常用简单的分数来表示手工业产品的各部分尺寸的比。如"辀人为辀"节说："五分其轸间，以其一为之轴围。""叁分其兔围，去一以为颈围。""轮人为轮"节说："五分其毂之长，去一以为贤，去三以为轵。""矢人为矢"节说"兵矢、田矢五分，二在前，三在后"等等。分别用当时的惯用语表示出$\frac{1}{N}$、$\frac{N-1}{N}$、$\frac{M}{N-M}$等分数。又如"轮人为盖"节说："十分寸之一谓之枚。""枚"就是后来的"分"，"十分寸之一"的表示法为后世的算术用语所继承。[①]

度量衡　《考工记》中含有不少先秦度量衡史料。长度单位有寻、常、仞、尺、寸、枚、几、筵、步、轨、雉、柯等，容量单位有鬴、豆、升、觳等，重量单位有垸、锊、钧、侔、邸、斞（可能是容量单位）等。其中大量的是属于小尺系统四进制的度量衡名，也有属于十进制的长度单位，如尺、寸、枚（相当于后世的"分"）；还有一些实用的长度单位，如长九尺的"筵"，宽八尺的"轨"，长三尺的"柯"等等。提到的重量单位，有的数值可考，但不明者居多，《考工记》的记载为探索这段已经布满尘埃的历史提供了不可多得的线索。

然而，更令人瞩目的是"栗氏为量"节关于标准量器嘉量的记载。

嘉量　《考工记》说："栗氏为量，……鬴，深尺，内方尺而圜其外，其实一鬴。其臀一寸，其实一豆。其耳三寸，其实一升。重一钧，其声中黄钟之宫。"这是关于战国中期以前嘉量形制的独家记载。由于《考工记》时

① 钱宝琮主编《中国数学史》，第14—15页。

代还没有较精确的圆周率，尚以为"周三径一"，而标准量器的尺度又需要尽可能高的精确度，所以"栗氏量"的设计者创造性地构思了"内方尺而圜其外"作为鬴底。先作腰长为一尺的等腰直角三角形，其底边就是鬴的内径，巧妙地避免了使用"周三径一"进行计算引起的误差。栗氏量这一构思的来源是古之勾股圆方术。从保存在《周髀算经》中的史料可知，早在周初就已知道"数之法出于圆方，圆出于方，方出于矩"。[①]

嘉量要担当的角色是律、度、量、衡四种标准（详见本章第十八节）。可惜栗氏嘉量早已失传，有文无物。于是对栗氏量形制的认识产生了分歧。目前主要存在两种不同的观点。一种始自戴震（1724—1777）《考工记图》，经吴承洛（1892—1955）《中国度量衡史》继承和发展，认为栗氏量是四进制，豆量口径比鬴量口径要小，这一设想得到了学术界很多人的认可（图3-26）。另一种观点的代表人物是陈梦家（1911—1966）、丘光明，其要点是栗氏量系十进制，鬴与豆的口径相同。[②]陈梦家定《考工记》为"齐人编定于秦始皇时"。[③]丘光明认为"《考工记》很可能是在田齐之后编定的"。[④]由于他们把《考工记》的成书年代看得甚晚，才把栗氏量定成十进制。[⑤]

根据《考工记》的记载，结合齐量及有关文物和文献资料进行研究，可以发现"栗氏"中的嘉量鬴确是姜齐旧量。历年发表的考古资料中姜齐旧量实物较少，但已有不少证据。举其要者，如2013年出版的《临淄齐故城》著录，1976年山东临淄齐故城大城内河崖头村西南遗址出土陶量（标本号76LHT12H3：1），其口沿下刻划"齐"字，"夹细砂红陶。残缺，敞口，平沿，深腹，平底……复原口径10、底径5.6、通高6.3、厚0.6厘米，

---

① 程贞一、闻人军《周髀算经译注》，第1—2页。

② 关增建《量天度地衡万物——中国计量简史》，第98页。

③ 陈梦家《尚书通论》（增订本），北京：中华书局，1985年，第343页。

④ 丘光明、邱隆、杨平《中国科学技术史》（度量衡卷），北京：科学出版社，2001年，第225页。

⑤ 闻人军《栗氏嘉量铭及其作者》，载《考工司南》。

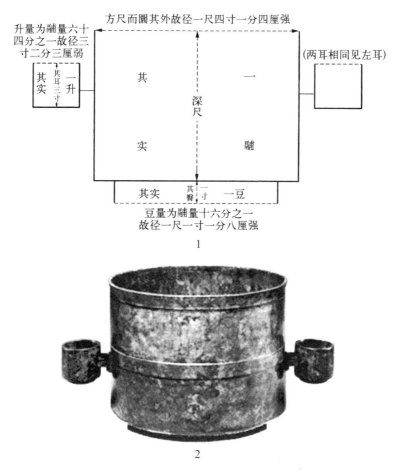

图3-26 《考工记》嘉量内容形式图
1. 吴承洛所拟嘉量内容形式图
2.《考工记》嘉量复原设想图

容积约188立方厘米"。[1]这"齐"升陶量是姜齐的官方法定量具，正是姜齐旧量一升之量。又如2015年3—6月山东邹城邾国故城遗址H538墓出土的H538（3）：1陶量，"口径15.3、底径10.5、高12.1厘米，容小米1 496毫

① 山东省文物考古研究所《临淄齐故城》，北京：文物出版社，2013年，第370页。

升"。^①相当于姜齐2豆（8升）之制，折合姜齐每升为187毫升（图3-27）。根据"栗氏为量"的记载，鬴的容积等于以边长为1尺的正方形的外接圆为底，高度为1尺的圆柱体的体积，计算结果鬴的容积为1 570.8立方寸。因每鬴64升，故每升等于24.537 5立方寸。将它和每升约187.5毫升（立方厘米）进行比较，可得1齐寸约等于1.97厘米，1齐尺（即栗氏量尺）约等于19.7厘米。^②

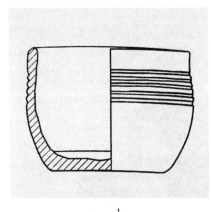

1　　　　　　　　　　　　　　　2

图3-27　齐国、邾国陶量
1. 1976年山东临淄齐故城大城出土，容积约188毫升
2. 2015年山东邹城邾国故城遗址H538墓出土，口径15.3、底径10.5、高12.1厘米，容小米1496毫升（合姜齐旧量二豆）

　　商鞅方升，即战国中期的商鞅量流传至今，现藏于上海博物馆。有关部门对商鞅方升作了实测，发现它的容积（一升）是202.15立方厘米。商鞅方升的铭文指出：一升等于16.2立方寸，可由此推得商鞅尺的平均值每尺为23.19厘米。^③它与六国诸尺并行，战国度量衡未曾统一。秦始皇统

① 山东大学历史文化学院考古系、邹城市文物局《山东邹城市邾国故城遗址2015年发掘简报》，《考古》2018年第3期。

② 闻人军《齐国六种量制之演变——兼论〈隋书·律历志〉"古斛之制"》。

③ 马承源《中国古代青铜器》，上海：上海人民出版社，1982年，第137页。

一度量衡时所采用的标准仍是商鞅的旧制。汉承秦制，至王莽称帝，托古改制，始建国元年（公元9年）刘歆造律嘉量斛，当然要尽量参考《考工记·栗氏》的文字记载，制作新量。但时过境迁，他们未及见到"栗氏"嘉量实物，汉人的理解与《考工记》的真正含义已不一致。况且十进制通用已久，势所难移，所以新莽嘉量的形制是："其法用铜，方尺而圜其外，旁有庣焉。其上为斛，其下为斗，左耳为升，右耳为合、龠，其状似爵，以糜爵禄。上三下二，参天两地，圜而函方，左一右二，阴阳之象也。其圜象规，其重二钧，……声中黄钟。"①新莽嘉量是十进制的，"其重二钧"，比"栗氏"嘉量重得多。在确定斛的直径时附加了"庣"。刘复（1891—1934）认为："圆内所容正方形之四角，并不与圆周密接，而中间略有空隙，即所谓庣。"②加庣的目的是为了凑足一斛等于1 620立方寸，即一升等于16.2立方寸，以便与商鞅旧制一致。

　　在历史上，新莽嘉量一再被发现。清乾嘉间又得新莽嘉量一具（图3-28），先藏于坤宁宫，后入藏故宫博物院，现藏我国台湾地区。刘复研究了实物后对其形制作了说明："此器中央为一大圆柱体，近下端处有底，底上有斛量，底下为斗量；左耳为一小圆柱体，底在下端，为升量；右耳亦为一小圆柱体，底在中央，底上为合量，底下为龠量（右耳底壁均甚厚）。"③新莽嘉量有一总铭，共81字，其中有"龙在己巳，岁次实沉；初班天下，万国永遵；子子孙孙，享传亿年"等语，其嘉量斛的铭文为："律嘉量斛，方尺而圜其外，庣旁九厘五毫，冥百六十二寸，深尺，积千六百二十寸，容十斗。"④从《汉书·律历志》的记载和新莽嘉量实物，可以看出新莽嘉量是"栗氏"嘉量与商鞅旧制的混血儿。王莽时对度量衡制度作系统改革，包括嘉量在内的刘歆五法（备数、和声、审度、嘉量、衡权），初步确立了中国度量衡制度的体系，对后世产生了重要的影响。

---

① 《汉书·律历志》。

② 刘复《新嘉量之校量及推算》，《辅仁学志》1928年第1卷1期。

③ 刘复《新嘉量之校量及推算》。

④ 转引自吴承洛《中国度量衡史》，第160—161页。

图3-28　新莽嘉量原器图
高25.6厘米（台北故宫博物院藏）

明代音乐理论家朱载堉（1536—1611）在世界上首创十二平均律，为了增强它的权威性和说服力，亦求助于《周礼·考工记》。他说："密率（即十二平均律）源流出于《周礼·考工记·栗氏为量》'内方尺而圜其外'。"[1] 其《律吕精义内篇》卷10"嘉量第二"还对"栗氏为量"记载的嘉量铸造工艺和铸金之状作了引述和解释。

参考文献

1. 闻人军《"磬折"的起源与演变》，载《考工司南》。
2. 钱宝琮主编《中国数学史》第1章，北京：科学出版社，1981年。
3. 吴承洛著《中国度量衡史》第1—6章，上海：商务印书馆，1937年。
4. 闻人军《〈考工记〉齐尺考辨》《"同律度量衡"之"璧羡度尺"考析》《栗氏嘉量铭及其作者》，载《考工司南》。
5. 关增建《量天度地衡万物——中国计量简史》，郑州：大象出版社，2013年。
6. 关增建《中国古代角度概念与角度测量》，载江晓原主编《中国科学技术通

① 朱载堉《乐律全书》第7册，《万有文库》本，第10页。

史 I：源远流长》，上海交通大学出版社，2015年，第334—357页。

7. 闻人军《齐国六种量制之演变——兼论〈隋书·律历志〉"古斛之制"》。

第十七节　二十八宿与四象

二十八宿的起源　很久以前，先秦天文学家就试图将天空恒星背景划分成若干特定的部分，建立一个统一的坐标系统，以此作为日月五星和许多天象发生的位置的依据。春秋时期，这一目标逐渐实现。人们将赤道附近的天区划分成二十八个区域，产生了二十八宿的概念。由间接参酌月球在天空的位置，可以推定太阳的位置；从太阳在二十八宿中的位置，可以知道一年的季节，这个方法在古代天文学史上是一个巨大的进步。《史记·五帝本纪》说"旁罗日月星辰"，历来解释不一，实有可能指此而言。

中国、巴比伦、印度和阿拉伯都有二十八宿，虽流派不同，很可能同出一源。近一百多年来，二十八宿起源问题争执不休。现在，主张起源于中国的观点占了压倒优势，这在很大程度上要归功于竺可桢（1890—1974）、钱宝琮、夏鼐等人的研究。[①]

《考工记》与曾侯乙墓漆箱盖　二十八宿的划分如下：东方苍龙七宿：角、亢、氐、房、心、尾、箕；北方玄武七宿：斗、牛、女、虚、危、室、壁；西方白虎七宿：奎、娄、胃、昴、毕、觜、参；南方朱鸟七宿：井、鬼、柳、星、张、翼、轸。这种划分并非一朝一夕之功，初创以后，又经历了不少演变，才成为今天所流传的体系。《考工记·辀人》的记载和随县曾侯乙墓的漆箱盖（图3-29），为研究我国二十八宿演变史提供了早期的史料。曾侯乙墓的漆箱盖上绘有二十八宿的全部名称，是迄今所发现的包含完整的二十八宿星名的最早文字记载，其重要价值自不待言。对《考

[①] 竺可桢《二十八宿起源之时代与地点》，《思想与时代》第34期，1944年。钱宝琮《论二十八宿之来历》，《思想与时代》第43期，1947年。夏鼐《从宣化辽墓星图的发现看二十八宿的起源问题》，《考古学报》1976年第2期。

工记·辀人》的记载，以往天文学史界重视不够，其实，既有曾侯乙墓的漆箱盖这一铁证，在"辀人"节中出现二十八宿体系是完全可以理解的。"辀人"节说："轮辐三十，以象日月也；盖弓二十有八，以象星也（郑玄注：轮象日月者，以其运行也。日月三十日而合宿）。龙旂九斿，以象大火也（郑玄注：交龙为旂，诸侯之所建也。大火，苍龙宿之心，其属有尾，尾九星）。鸟旟七斿，以象鹑火也（郑玄注：鸟隼为旟，州里之所建。鹑火，朱鸟宿之柳，其属有星，星七星）。熊旗六斿，以象伐也（郑玄注：熊虎为旗，帅都之所建。伐属白虎宿，与参连体而六星）。龟蛇四斿，以象营室也（郑玄注：龟蛇为旐，县鄙之所建。营室，玄武宿，与东壁连体而四星）。弧旌枉矢，以象弧也（郑玄注：《觐礼》曰"侯氏载龙旂，弧韣"，则旌旗之属皆有弧也。弧以张缯之幅，有衣谓之韣。又为设矢，象弧星有矢也。妖星有枉矢者，蛇行，有毛目，此云枉矢，盖画之）。"（图3-30）在此，除了"二十八"这个总数之外，还隐约提供了《考工记》二十八宿体系中的"大火""鹑火""伐""营室"和"弧"等古星宿的部分细节，及四象的划分。"大火""鹑火""伐""营室"分属二十八宿中的东方苍

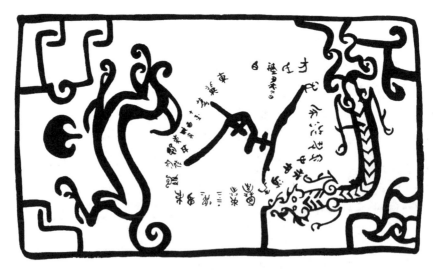

图3-29　曾侯乙墓漆箱盖二十八宿图像（摹本）

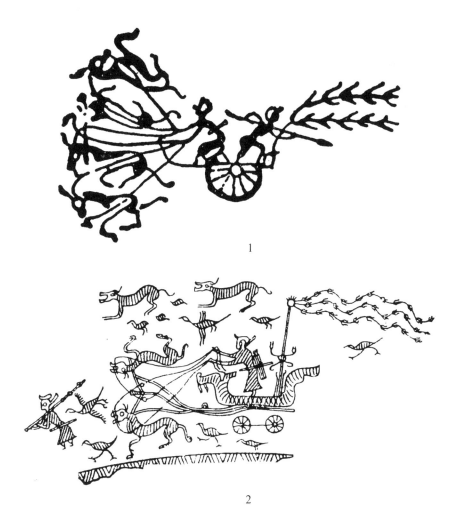

图3-30 青铜器上车与旗的图像
1.传世战国铜器上战车与旗的图像
2.战国刻纹铜器残片上车与旗的图像（1978年江苏淮阴高庄战国墓出土）

龙七宿、南方朱鸟七宿、西方白虎七宿、北方玄武七宿，并分别和星数
"九""七""六""四"相联系，与后世流传的二十八宿体系的划分情形不
尽一致。郑玄注对此作了一种解释。但是从《考工记》时代到东汉，天象
并非一成不变，所以他统计的星数比较牵强。

《考工记》二十八宿体系不但与对后世影响很大的《史记·天官书》的二十八宿体系不一样，与随县曾侯乙墓漆箱盖上的二十八宿体系也有所不同，倒是与《史记·律书》所记载的二十八宿体系有较多的一致性，可供进一步研究二十八宿的起源与演变时参考。

四象与五象　四象是古人分别采用不同的颜色和动物形象，用来表示天空东、南、西、北四个方向的星象，即东方苍龙、南方朱鸟、西方白虎、北方玄武（龟、蛇）。曾侯乙墓的漆箱盖上的青龙、白虎图像把四象出现的年代提前到了战国初年。1987年在河南濮阳西水坡仰韶文化遗址中，发现头南足北的第45号墓主人两侧用蚌壳摆塑着龙虎图案，东侧是龙形图案，西侧是虎形图案。①这一发现将四象中青龙、白虎观念的起源提早到六千多年前。

因为"辀人"节把龙对应于东方七宿中的大火，鸟对应于南方七宿中的鹑火，熊对应于西方七宿中参宿的伐，龟、蛇对应于北方七宿中的营室；再加上"弧旌枉矢，以象弧也"，一共得五象。除了四象说以外，另有"五象"之说，②也值得留意。

"辀人"节的描述为二十八宿的起源和春秋战国时期天文学的发展提供了珍贵的资料，需要结合其他文献和考古资料继续研究。

参考文献

1. 竺可桢《二十八宿的起源》，见《竺可桢文集》，北京：科学出版社，1979年。

2. 王健民、梁柱、王胜利《曾侯乙墓出土的二十八宿青龙白虎图象》，《文物》1979年第7期。

3. 陈遵妫著，崔振华校订《中国天文学史》第二册，第三编第三章、第五章，上海：上海人民出版社，1982年。

4. 陈久金《〈考工记〉中的天文知识》。

---

① 濮阳市文物管理委员会等《河南濮阳西水坡遗址发掘简报》，《文物》1988年第3期。

② 陈久金《〈考工记〉中的天文知识》，载华觉明主编《中国科技典籍研究——第一届中国科技典籍国际会议论文集》，第57页。

5.陈久金《中国少数民族天文学史》，北京：中国科学技术出版社，2008年。

第十八节 手工业生产管理经验

生产管理制度 《考工记》所记载的，虽是奴隶社会与封建社会之交的官府手工业生产制度，但已反映出当时的手工业生产有了严密的组织和精细的分工，已形成了一套严格的管理制度，即"工商食官"体制的"百工生产法规"。具体地说，《考工记》的生产管理制度有以下几个方面：

（1）规定分工

如规定："凡攻木之工七，攻金之工六，攻皮之工五，设色之工五，刮摩之工五，抟埴之工二。""筑氏执下齐，冶氏执上齐。凫氏为声，栗氏为量，段氏为镈器，桃氏为刃。"等等。

（2）统一产品部件名称

如"凫氏"节规定："两栾谓之铣，铣间谓之于，于上谓之鼓，鼓上谓之钲，钲上谓之舞，舞上谓之甬，甬上谓之衡，钟县谓之旋，旋虫谓之幹，钟带谓之篆，篆间谓之枚，枚谓之景，于上之攠谓之隧。"

（3）制定产品及建筑设计标准与规格

"桃氏"节规定剑有三种规格："身长五其茎长，重九锊，谓之上制，上士服之。身长四其茎长，重七锊，谓之中制，中士服之。身长三其茎长，重五锊，谓之下制，下士服之。""弓人"节规定："弓长六尺有六寸，谓之上制，上士服之。弓长六尺有三寸，谓之中制，中士服之。弓长六尺，谓之下制，下士服之。""栗氏"节规定斞"深尺，内方尺而圜其外，其实一斞。其臀一寸，其实一豆。其耳三寸，其实一升。重一钧"。"匠人"节则载有三级城邑和井田沟洫营建制度，还有世室、重屋、明堂、宫门、庙门、朝门、寝门等建筑设计规范。

（4）使用模数

使用模数设计是《考工记》的一项特色。如编钟的设计使用模数："十分其铣，去二以为钲。以其钲为之铣间，去二分以为之鼓间。以其鼓间为之舞修，去二分以为舞广。以其钲之长为之甬长，以其甬长为之围。叁分其围，去一以为衡围。""磬氏"节也提出了一套编磬的模数："其博为一，股为二，鼓为三。叁分其股博，去一以为鼓博。叁分其鼓博，以其一为之厚。"

（5）规定用料标准

如"攻金之工"规定了"金有六齐"；"弓人"节规定"九和之弓，角与干权，筋三侔，胶三锊，丝三邸，漆三斞"。

（6）总结选材方法

如"矢人"节总结："凡相笴，欲生而抟；同抟，欲重；同重，节欲疏；同疏，欲栗。""弓人"节指出了"相干""相角""相胶""相筋""相漆""相丝"之法。

（7）规定生产工艺

如"函人"节规定："凡为甲，必先为容，然后制革。""栗氏"节的铸造工艺是："栗氏为量，改煎金锡则不耗。不耗然后权之，权之然后准之，准之然后量之，量之以为鬴。"又如"幌氏"节对练丝和涑帛工艺作了详细规定。

（8）建立产品检验制度

"梓人为饮器"节明确记载了检验饮器的制度，"凡试梓饮器，乡衡而实不尽，梓师罪之"。倘然产品不合格，梓人的上司梓师要加罪于梓人及其所辖的工匠。"旊人"节则规定："凡陶旊之事，髻垦薜暴不入市。"经过检验发现的质量不合要求的陶器，不能上市。

（9）规定了检验方法与标准

如"轮人为轮"节规定了六种检验车轮制作质量的方法，"舆人为车"节又提出："圜者中规，方者中矩，立者中县，衡者中水。直者如生焉，继者如附焉。"再如"庐人"节说："凡试庐事，置而摇之，以眡其蜎也。炙诸墙，以眡其桡之均也。横而摇之，以眡其劲也。"

（10）建立了律度量衡制度

《虞书·舜典》曰："同律度量衡。""栗氏"的嘉量就是一种律度量衡标准器。"其声中黄钟之宫"，郑玄注："应律之首。"即理论上要求敲击时发声与黄钟的宫音相符。"其实一鬴"，臀"其实一豆"，耳"其实一升"，乃是标准量器。它又是衡量标准：总"重一钧"。也可作为长度标准的参考：如"深尺，内方尺"之类。"玉人"则明确指出"璧羡度尺"，还有"驵琮五寸，宗后以为权"，"驵琮七寸，……天子以为权"的提法。

为方便设计、建造和制作，《考工记》中还总结了许多实用的度量单位。例如"匠人营国"节："周人明堂，度九尺之筵，东西九筵，南北七筵，堂崇一筵。五室，凡室二筵。"（图3-31）"室中度以几，堂上度以筵，宫中度以寻，野度以步，涂度以轨"（图3-32）。"车人之事"节规定了

图3-31　宴席之坐席
东汉画像砖拓片（四川成都市郊出土，重庆市博物馆藏）

图3-32   曾侯乙墓漆几（复制品）

（1978年湖北随县出土）

"矩""宣""欘""柯""磬折"这套实用角度单位。"车人为车"又以长三尺之柯作为长度单位："柯长三尺，……柏车毂长一柯，其围二柯，其辐一柯，其渠二柯者三。……大车崇三柯，绠寸。……羊车二柯有叁分柯之一，柏车二柯。"（图3-33、3-34）

　　从《考工记》中可以看出，在长期的生产和质量管理的实践中，逐渐形成了天时、地气、材美、工巧的原则，最优化设计的概念，并出现了系统工程思想的萌芽。

　　最优化设计的思想　最优化设计向来是人们追求的目标之一。按当时的科学水平衡量，《考工记》中有不少设计符合这一要求。如"国有六职"节叙述：倘若车轮太小，则马拉车相当费力，好比常处于爬坡状态一样；如果车轮太大，则人上下十分不便；故以身长八尺之人为例，轮径宜选6尺3寸至6尺6寸，上下车时高度恰到好处为度。又如"冶氏"节

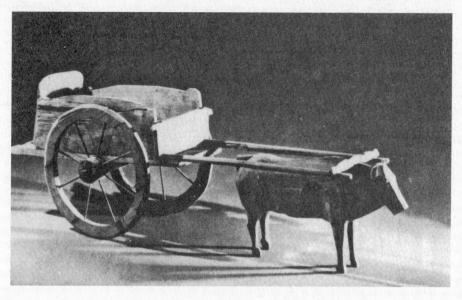

图3-33　汉代牛车模型
（1972年甘肃武威磨嘴子汉墓出土）

图3-34　羊车画像石
（山东济宁城南张汉出行图画像石局部）

说：戈的"援"与"胡"之间的角度，太钝的话，战斗时不易啄人；太锐的话，实用时不易割断目标。戈的"内"太长的话，"援"容易折断；"内"太短的话，使用起来不够快捷；所以援应横出微斜向上。文中还规定了"内""胡""援"三者的长度应取一定的比例。《考工记》中用最优化设计追求最佳效果的例子简直不胜枚举，在"弓人"节中人、弓、矢的搭配问题上，更作了引申和发挥。在人、弓、矢三者与"的"构成的系统中，射手因体形、意志、血性气质的差别，而有危人和安人之分。弓矢的刚柔程度不同，也有危弓、危矢和安弓、安矢之别（参见第二章第四节）。在数学上，人、弓、矢的组合共有八种方式：

a. 安人的搭配方式

1. 安人、安弓、安矢。

2. 安人、安弓、危矢。

3. 安人、危弓、安矢。

4. 安人、危弓、危矢。

b. 危人的搭配方式

5. 危人、安弓、安矢。

6. 危人、安弓、危矢。

7. 危人、危弓、安矢。

8. 危人、危弓、危矢。

"弓人"节指出：第1和第8两种方式最不可取。其原因是"其人安、其弓安、其矢安"，则箭的速度不快，不易命中目标，即使射中了也无力深入。"其人危、其弓危、其矢危"，则箭的蛇行距离过长，不能稳稳中的。按照空气动力学、心理学知识和射箭理论，在第2、4、5、7种情况下，人、弓、矢的特性都不能协调一致。唯独第3和第6两种方式是最佳搭配，而《考工记》中正是这样要求的。

系统工程的萌芽　早在《考工记》面世以前，原始系统思想就已萌生。如西周时期的《诗·豳风·七月》，乃农奴的集体创作，系统地叙述了一年之中的气象、物候、劳动和生活情形。《周易》中有系统思想的萌芽，直至

《考工记》出，在原始系统思想的发展中起了承前启后的作用。为了对生产率作出评估预测，以便做好总体规划设计，"匠人为沟洫"节要求：凡修筑沟渠堤防，一定要先以匠人一天修筑的进度作为参照标准，又以完成一里工程所需的匠人及日数来估算整个工程所需的人工，然后才可以调配人力，实施工程计划。《考工记》问世之后，原始系统思想流布日广。著名的如都江堰水利工程，由战国时代秦国李冰父子设计和主持修造，以分水、排砂、引水三大主体工程和120个附属渠堰工程，构成了一个协调运转的工程总体，至今还发挥着巨大的作用。

参考文献

1. 闻人军《〈考工记〉新析偶得》，载《考工司南》，第48—58页。

第十九节　贵和尚中、天人合一的价值观

"和"的概念源远流长，有学者指出："和是中国传统文化的主导意识，强调多元的和谐、异质的协调与对立的消解，于有限中呈现无限，无限而又回归有限，追求至真至善至美的圆融。""和与中互为体用，是一个问题的两个方面。"[①]《考工记》作为先秦时期最重要的技术著作，以简古峻洁的先秦古文，承载丰富的科技知识，从独特的角度，体现了技术领域的和合之美，反映了一种贵和尚中、天人相协的核心价值观。

早在上世纪末，一些学者已经注意到《考工记》的文化内涵，或指出在《考工记》中贯穿着"和合"的思想。[②]或认为"作者在通篇表现出来的是一种'和'的思想，即有机的技术观"。[③]进入21世纪以来，《考工记》

---

① 郑涵《中国的和文化意识》，上海：学林出版社，2005年，引言第1页，正文第1页。
② 戴吾三、高宣《〈考工记〉的文化内涵》。
③ 华觉明、高宣《"和"的技术观——从〈考工记〉到〈天工开物〉》。

中"和"的思想和表现得到来自不同领域的更多学者的关注和研究，已广为人知。如"天有时，地有气，材有美，工有巧，合此四者，然后可以为良"。合即和合，考虑各种主客观因素，将它们有机地结合起来，才能获得优质产品。又如："轮人为轮"节："斩三材必以其时。三材既具，巧者和之。""辀人"节："辀注则利，准则久，和则安。""弓人为弓"节："取六材必以其时，六材既聚，巧者和之。""材美，工巧，为之时，谓之叁均。角不胜干，干不胜筋，谓之叁均。量其力，有三均。均者三，谓之九和。"等等。

《考工记》的和合思想，不仅体现在设计制作过程中，而且体现在自然大系统和各个子系统内的相互配合上。如："辀之和"表现在设计合理，选材佳美，制作精良，配合协调，"进则与马谋，退则与人谋。终日驰骋，左不楗；行数千里，马不契需；终岁御，衣衽不敝"。这是说良辀配合人马进退自如，一天到晚驰骋不息，左边的骖马不会感到疲倦。即使行了数千里路，马不会伤蹄怯行。一年到头驾车驰驱，也不会磨破衣裳。而且"劝登马力，马力既竭，辀犹能一取焉"（有利于马力的发挥，马不拉了，车还能顺势前进一小段路）。"弓人"节提到人、弓、矢三者须"各因其君之躬志虑血气"，即全面考虑射手的生理条件和精神因素，合理搭配弓与矢，才能命中目标。

利用数字化《考工记》，容易发现《考工记》中的"和"字凡九见，《考工记》堪称九"和"之记。其中轮人一例，辀人二例，弓人最多，用了六个"和"字。九个"和"字均含"和合"或"调和"之意。《考工记》中的"和"大多集中于弓人，其中最突出的是"九和之弓"。九为"和合之美"的最高等级。这一现象或许为追寻"和合之美"的渊源提供了线索。

国都的选址对确立王权和实施统治十分重要，"地中"是上上之选。"匠人建国"节隐含求中之法。其文曰："匠人建国。水地以县，置槷以县，眡以景。为规，识日出之景与日入之景。昼参诸日中之景，夜考之极星，以正朝夕。""玉人"节曰："土圭尺有五寸，以致日，以土地。"土圭是测日影的玉圭。《周礼·地官·大司徒》说："以土圭之法测土深，正日景，以求地中。……日至之景，尺有五寸，谓之地中：天地之所合也，四时之所交也，风雨之所会也，阴阳之所和也。然则百物阜安，乃建王国焉。"可知"匠人建国"所述不仅是一种普遍适用的测定东西方向之法，而且用来决定地中，于此建立国都。更进一步，宫城按规划设于王城之中央，"左祖右社，面朝后市，市朝一夫"。诚然，由于自然、地理、历史和当时社会种种条件的限制，规划是一回事，实践上是否实施是另一回事。考古资料业已证明，"匠人营国"的都城规划不是周初至《考工记》时代的完全实录，但也不能说是据西汉末年长安城而补作。《吕氏春秋·审分览·慎势》说："古之王者，择天下之中而立国，择国之中而立宫，择宫之中而立庙。""匠人营国"的都城规划正是传统的贵和尚中价值观的体现。

《考工记》中明文提到"中"字凡40例。大体上分四类：

一为位置之中，用得最多，约17例。一为大小、等级之中，约7例。一为时间之中，有1例。还有一类值得进一步探讨的是恰好合上、调和合适之"中"，约15例。

如"舆人"节"圜者中规、方者中矩、立者中悬、衡者中水"之类，明白易懂。

"栗氏为量"节称嘉量"声中黄钟之宫"，其字面解释直观明白，而内在含义则颇费思量。以先秦时代的科技水平，欲满足这个要求简直匪夷所思。观《吕氏春秋·仲夏·古乐篇》说："昔黄帝令伶伦作为律。伶伦自大夏之西，乃之阮隃之阴，取竹于嶰溪之谷，以生空窍厚钧者，断两节间，其长三寸九分，而吹之以为黄钟之宫。吹曰舍少。次制十二筒，以之阮隃之下，听凤凰之鸣，以别十二律，其雄鸣为六，雌鸣亦六，以比黄钟之宫，适合；黄钟之宫皆可以生之，故曰黄钟之宫，律吕之本。"故在"和"文化里，嘉量适与黄钟之宫，即律吕之本相合、相和乃天经地义之事。嘉量"声中黄钟之宫"，就可集"律度量衡"于一器，在理论上"同律度量衡"。

图3-35　玉琮
高3、边长4.6、孔径3.7厘米
（2011年湖北随州叶家山M28出土）

将宇宙观念图式投射于制器活动，在《考工记》时代也有种种表现。如承载着贯通天地的原始观念之"琮"（图3-35），在"玉人"节中依旧列为重要的礼玉之一。又如车盖与车舆的设计，直取"天圆地方"之象。"辀人"节曰："轸之方也，以象地也；盖之圜也，以象天也。"车轮之大小，以"人长八尺，登下以为节"为度。总叙称"车有六等之数"，郑玄注："车有天地之象，人在其中焉。六等之数，法《易》之三材六画。"贾公彦引《易·说卦》云："立天之道，曰阴与阳。立地之道，曰柔与刚。立人之道，曰仁与义。兼三材而两之，故《易》六画而成卦。"以此疏解天地人三材六画、车的六等之法，此乃以人为本、顺应自然的天人合一观念之体现。

《考工记》大讲技术，离不开"数"。文中大小数字比比皆是，其中最引人注目的是三、六、九。以"三"而论，有"三材""三度""三理""三色""三均""叁均""叁称"等。以"六"而论，有"六职""六等""六齐""六建"和"六材"。以"九"而论，有井田制"九夫为井"、国都"方九里"、国中"九经九纬"以及"经涂九轨"等规定。最良的"九和之弓"和"合九而成规"的天子之弓，也用"九"表示顶级至尊。由是观之，《考工记》中携带的数字信息不能简单地以"尚六"概括，而且它是受到《易经》的影响，后来又影响到秦汉的"尚六"意识。看来《考工记》中数字的内层含义或曰密码，值得进一步研究。

上述种种例子说明，《考工记》中确实贯穿了一种贵和尚中、天人合一的核心价值观。由此出发，对《考工记》的种种价值和局限性将会有更新的认识。

参考文献

1. 戴吾三、高宣《〈考工记〉的文化内涵》。
2. 华觉明、高宣《"和"的技术观——从〈考工记〉到〈天工开物〉》，载华觉明主编《中国科技典籍研究——第一届中国科技典籍国际会议论文集》。

第四章　源　流　篇

引　言

　　追寻《考工记》的源流，把我们引向了春秋战国的多事之秋。这段列强迭相争霸称雄的历史，已经有许多著作可供参阅，不再赘述。需要强调指出的是，春秋战国时期是我国古代社会变革最激烈的时期。从春秋到战国，好比从安流的平川到奔流的湍濑。周室日渐衰微，礼崩乐坏，群龙无常首。原先默运潜移的舟楫，在变幻莫测的急流中，呈现出一派"沉舟侧畔千帆过，病树前头万木春"的景象。一方面战乱此起彼伏，绝无宁日；另一方面，各民族各地区的文化得到空前的融会交流，造成了精神和物质文明一大发展的契机。意识形态领域内，百家蜂起，诸子争鸣，进入了最为活跃的开拓、创造时期。在科学、哲学、历史、艺术、文学等方面，涌现了不少杰出的人物，出现了前所未有的繁花似锦的黄金时期。"其中所贯穿的一个总思潮、总倾向，便是理性主义"。[①]中华民族的文化——心理结构由是开始奠定，《考工记》无意中成了这个时代科技发展的重要标志。

第一节　写作地点与年代

　　姜齐和田齐　今山东省一带，东周时代属于齐鲁文化圈。其中鲁国是西周初年周公的封国，保存周的传统文化最多。但齐国最为强盛，是《考工记》的故乡。周初，姜太公受封，定都营丘（后名临淄，在今山东省淄

---

① 李泽厚《美的历程》，北京：中国社会科学出版社，1984年，第59页。

博市东北），建立齐国。春秋伊始，齐国业已强大。齐桓公（前685—前643年在位）时用管仲为相，在各方面作了一系列的改革，国富兵强，成就霸业，打下了工商业进一步繁荣的基础。春秋末年，新兴封建地主阶级的代表田氏的力量日渐强大，大有取姜氏而代之之势。《史记·田敬仲完世家》载："田僖子乞事齐景公为大夫，其收赋税于民以小斗受之，其禀予民以大斗，行阴德于民，而景公弗禁。由此田氏得齐众心，宗族益强，民思田氏。"田氏以大斗出贷，以小斗收债和赋税，厚施薄取，民众归之如流水。[①]齐国的新旧势力之争一直延续到战国初年。公元前386年，齐大夫田和子托魏文侯请得了周天子的册命，升格为侯。他把齐康公迁到海边，自己做了国君，最终完成了田氏取齐的过程。齐更强盛。田齐政权召集天下文人学士，让他们在稷下学宫自由地讲学议论。其中最著名的76位学者号称稷下先生，闻风而来的四方学士多达数百千人。战国各种学派的代表人物大多萃集于斯，汇成了影响深远的稷下学。齐都临淄是战国时期百家争鸣的文化和学术中心（图4-1）。如果《考工记》在齐国产生，也是情理之中。

《考工记》齐人所作说 编纂《考工记》的原始资料，应该是经过若干世代的积累逐渐形成的。郑玄《三礼目录》以为"此（笔者注：指《考工记》）前世识其事者记录以备大数。"[②]宋人林希逸（1193—1271）[③]的《考工记解》称："《考工记》须是齐人为之，盖言语似《穀梁》，必先秦古书也。"[④]《穀梁》指《春秋》的《穀梁传》，作者穀梁子，名赤，系鲁人。清儒江永的《周礼疑义举要》卷六进一步指出："《考工记》，东周后齐人所作也。……盖齐鲁间精物理善工事而工文辞者为之。"用现在的话来说，《考工记》的作者是文理兼通的科学家兼工程师。

郭沫若（1892—1978）于1944年作《古代研究的自我批判》，提出

---

① 闻人军《"大斗出，小斗进"之我见》，《杭州大学学报》1982年第3期。

②《十三经注疏》上册，北京：中华书局，1980年，第905页。

③ 王晚霞《林希逸生卒年考辨》，《东南学术》2016年第1期。

④ 林希逸《鬳斋考工记解》卷上。

图例

── 残存古城墙	┈┈ 古护城河	○ 现 代 村 庄
── 探得古墙基	─○─ 排水道涵洞	⊙ 冶 铁 遗 址
── 已毁古墙基	─┬─ 现代临淄街道	⊕ 冶 铜 遗 址
── 古 街 道	── 现代公路	⊞ 铸 钱 遗 址
─⊓─ 古 城 门	⌐⌐ 现代城墙	⊞ 制 骨 遗 址

图4-1 齐国临淄故城探测平面图

《考工记》是春秋年间的齐国的官书"。①两年后，郭氏又作《考工记的年代与国别》一文，于江永旧说有所补充，进而认定"《考工记》实系春秋末年齐国所记录的官书"。②他的主要论据有以下三点：

（1）《考工记》所提到的国名中没有"齐"，却载有齐鲁间的水名。

（2）文中多用齐国方言。

（3）《考工记》中的衡量之名是齐制。

其后，陈直（1901—1980）于1963年发表《古籍述闻》一文，汇集《考工记》提到的齐楚方言，指出：《考工记》疑战国时齐人所撰，而楚人所附益。"③胡家聪（1921—2000）则认为《考工记》是稷下学者所编写。④上述诸说之中，郭氏的影响最大。他的学友杜守素（1889—1961）曾作诗赞曰：

> 齐国官书证考工，
> 纷纷臆说廓然空。
> 晚周技史增新页，
> 不下美洲发现功。⑤

学术界对郭氏之说十分重视，屡见引用。至1984年，刘洪涛（1943—2001）针对郭文的观点发表《〈考工记〉不是齐国官书》一文，指出了郭文的一些论证失误，认为《考工记》"不失为一部研究周朝典制的珍贵文献。但把《考工记》断为齐国官书是错误的"。⑥尽管刘洪涛的观点有一定的代表性，乃一家之言。《考工记》中的方言以齐国色彩居多。《考工记》度量

---

① 郭沫若《十批判书》，上海：新文艺出版社，1951年，第30页。

② 郭沫若《天地玄黄》，上海：新文艺出版社，1954年，第605页。

③ 陈直《古籍述闻》。

④ 转引自孙以楷《稷下学宫考述》，《文史》第二十三辑，1984年。

⑤ 郭沫若《十批判书》，第485页。

⑥ 刘洪涛《〈考工记〉不是齐国官书》。

衡是用姜齐的四进制，而非后世的十进制。刘文并不能推翻《考工记》为齐国官书说。刘文认为《考工记》"多是周朝遗文"。《考工记》中采用周朝遗文并不意外，但刘文的论据却有种种问题。

例如，《南齐书·文惠太子传》中提到襄阳楚王冢被盗发，出土"科斗书"《考工记》竹简。刘文以为其中的科斗文应该是周时古文。然王国维（1877—1927）《科斗文字说》曰："魏晋之间所谓科斗文，犹汉人所谓'古文'，若泥其名以求之，斯失之矣。"其《战国时秦用籀文六国用古文说》曰："六艺之书行于齐、鲁，爰及赵、魏，而罕流布于秦，犹《史籀》之不行于东方诸国。其书皆以东方文字书之。汉人以其用以书六艺，谓之古文。而秦人所罢之文与焚之书，皆此种文字，是六国文字即古文也。"[①]日本学者小泽贤二《中国战国时代文书文字考》指出：东方系诸国文字是标有"科斗"的科斗体。楚系文字的最大特征，除了笔画轻缓带有曲线之外，就是"科斗"的特征。[②]可见出自襄阳楚王冢的"科斗书"，应该是战国古文。再如《考工记》中的矩、宣、欘、柯、磬折是一套角度测量单位，刘文因循旧说未察，仍以为《考工记》中没有角度测量单位，且以其推成书年代更不恰当。刘文以为栗氏嘉量的铭文是周天子口吻，以此作为《考工记》不是齐国官书的一个证据。其实嘉量的铭文是周公所作，为后世各国所遵用。[③]

刘广定于2005年发表《再研〈考工记〉》一文，认为"除上村岭之一车，金胜村之三车与临淄之多辆车外，其他车轮之辐数亦均与《考工记》所载不同"，[④]以此证明《考工记》非齐国官书。2008年，刘广定又发表《考工记非齐国官书之证》一文说，此文继续其"1991年以来对《考工记》部分内容及成书之探索，从最近出版有关'临淄齐墓'的考古报告，知一些

---

① 王国维：《观堂集林》卷7《艺林》七，北京：中华书局，1959年，第339、306页。

② 王小林：《浙江大〈左传〉真伪考》书评，《饶宗颐国学院院刊》第二期，2015年，第393—401页。

③ 闻人军《栗氏嘉量铭及其作者》，载《考工司南》，第141—146页。

④ 刘广定《再研〈考工记〉》。

青铜器物尺寸不符《考工记》之规定，而可证《考工记》为春秋末齐国官书之说不可信。"①

　　然而，《考工记》时代各国手工艺制作规范及其实施十分复杂，比较出土器物与《考工记》的记载，各类器物演变各有特点。要避免以偏概全，需全面考察时代、地域、度量衡不统一等各种因素的影响，综合考虑与《考工记》记载异同之义。实际上，齐国出土战国初期器物符合记文规定者不胜枚举。"正是金胜村251号赵卿墓和淄河店2号战国墓车马坑的考古发现，作为迄今为止最接近于《考工记》时代的实物资料，传达了一个不可忽视的信息：'轮辐三十'不仅是一种取法于大自然的机械设计思想的体现，而且在公元前五世纪上半叶曾有意识地付诸实践过"。②

　　总的来说，《考工记》本是齐国官书，记录官府手工业设计、制造、检验、考核等等，以备大数。虽然经过后人整理，基本性质未变。我们依然赞同《考工记》是齐国官书的说法。

　　《考工记》非一时一人所作说　凡是认真研读过《考工记》的人不难发现，《考工记》不是一时一人所作。《考工记》内容丰富多彩，涉及的工种和知识面相当广泛，这是无数工匠和管理人员长期实践经验的总结，熟谙如此众多的技艺，早已超出了个人能力的限度。今本《考工记》各部分的格局、文字语气不够统一，部分内容前后重出，包括周朝遗制在内的一些原始资料的记录时间也有早晚……这些都说明《考工记》不是一时一人的手笔。我们可以这样说，《考工记》是由战国初期（理由详见下文）齐国的"精物理善工事而工文辞者"汇集有关资料整理成文的。它是官方文件，所以主要用当时通行的官话"雅言"（夏言）写作；它出于齐人之手，所以夹杂了较多的齐国方言；它备受欢迎，广泛流传，内容上自然有所增益，用语亦入乡随俗，发生了一些变化。西汉人所见的《考工记》"故书"和传写本显然已不是一时一人所作之书。

---

① 刘广定《考工记非齐国官书之证》，《第八届科学史研讨会汇刊》，台北："中研院"科学史委员会，2008年，第1—8页。

② 闻人军《考工记译注》，2008年，第180—182页。

要是我们结合原始系统思想发展过程及当时的文风变迁来考察，这个问题便更为明了。

《考工记》编集和流传之世，正是我国系统思想萌发之时。《考工记》中体现的系统思想萌芽促进了社会上原始系统思想的成长。社会上原始系统思想的发展，反过来又影响到《考工记》这一人为系统。凡是《考工记》在战国时期逐渐增衍的内容，多半带有战国中后期盛行的原始系统思想的色彩。

春秋战国思想解放的同时，原先不尚藻饰、纯正典雅的古文已不敷用了，于是，各种表达新思想的新文体与焉出现。至战国中后期，崇尚辞采华丽或奇险怪异之文蔚然成风。总的看来，《考工记》的文风属于言简意赅、谨严平易的古文，但某些地方文笔奇特峭怪，如"粤无镈……粤之无镈也，非无镈也，夫人而能为镈也"之类，正与战国中后期的文风吻合。

总而言之，说《考工记》不是一时一人之作，诚为不刊之论。

成书年代之争　古往今来，《考工记》成书年代之争与其作者国别之争相比，实有过之而无不及。

郑玄漫言"前世"，唐孔颖达以为是西汉人作，贾公彦、王应麟（1223—1296）等认为是先秦之书。①明末清初顾炎武（1631—1682）的《日知录》卷三二说："《史记·匈奴传》曰：晋北有林胡、楼烦之戎，燕北有东胡、山戎；盖必时人因此名戎为胡。"《考工记》曰"胡无弓车"，"以此知考工之篇，亦必七国以后之人所增益矣"。顾炎武学识渊博，穷源竟委，注重考据，首开清代朴学之风。自顾炎武引进较为科学的研究方法后，《考工记》成书年代问题的研究逐步深入，诸家争鸣，迄今尚无定论。下面举出几种代表性的观点，以见大概。

（1）主张《考工记》是春秋末年的齐国官书，代表人物郭沫若、贺业钜。郭氏的代表作为《考工记的年代与国别》。贺氏的代表作是《〈考工记〉

---

① 详见朱彝尊《经义考》卷129。

的性质及其成书地点和时代问题》，此文作为附录收入了氏著《考工记营国制度研究》一书。

（2）主张春秋时齐国陈完组织人马编定《考工记》，代表人物宣兆琦。有关作品：《〈考工记〉的国别和成书年代》。

（3）战国初期成书说，代表人物王燮山、杨宽（1914—2005）、闻人军。有关作品：王燮山《"考工记"及其中的力学知识》，杨宽《战国史》，闻人军《〈考工记〉成书年代新考》。

（4）主张《考工记》是稷下学者所编写，代表人物胡家聪、孙洪伟。有关作品：胡家聪《管子新探》，孙洪伟《〈考工记〉设计思想研究》。孙洪伟认为《考工记》是战国田齐变法图强、称霸诸侯的产物。

（5）战国后期成书说，代表人物梁启超（1873—1929）、史景成、李志超（1935—2020）。有关作品：梁启超《古书真伪及其年代》，史景成《考工记之成书年代考》，李志超《〈考工记〉与儒学——兼论李约瑟之得失》。

（6）主张"《考工记》多是周朝遗文"或"《考工记》为周王之典，成书于周"。代表人物刘洪涛、王奇。有关作品：刘洪涛《〈考工记〉不是齐国官书》，王奇《中国陶瓷实录·卷四抟埴之工》。

（7）主张"《考工记》原来就是《周礼》的一部分，亦即是其《冬官》"，"是战国年间齐国的阴阳家所作"。代表人物夏纬瑛，有关作品：《〈周礼〉书中有关农业条文的解释·序言》。

（8）秦代成书说，代表人物陈梦家、刘广定。有关作品：陈梦家《尚书通论》（增订本），刘广定《再研〈考工记〉》。

（9）秦汉成书说，代表人物沈长云。有关作品：《谈古官司空之职兼说〈考工记〉的内容及作成时代》。

（10）西汉博士作《考工记》补《周官》说，代表人物彭林。有关作品：《〈考工记〉数尚六现象初探》。

外国学者对这个问题也有研究，但不及国内深入。如日本的薮内清认为："《考工记》是《周礼》中的一部分，详述各种器具制造的技术。《周礼》究竟于何时写成，虽有几种说法，由《考工记》的内容看来，应可追溯至战国初期。"①而李约瑟虽然倾向于战国成书说，仍谨慎地将《考工记》的成书年代记作："周、汉，可能原是齐国的官书。"②由李约瑟的合作者执笔的《中国科学技术史》的一些分卷，对《考工记》的成书年代各有不同的表述，并不一致。

探索之途　为了揭开笼罩在《考工记》成书年代问题上的迷雾，除了借鉴前人的研究成果之外，必须综合考古学、科技史、历史语言学、文字学、历史地理学、思想史等诸多学科的新成果，才能将当代的研究提高到一个新的水平，有助于最终澄清这个问题。

我们以为，《考工记》成书年代问题之所以聚讼纷纭，长期得不到解决，缺乏上文所述的综合研究固然是一个重要的原因，而缺乏分析研究更是众说纷纭、莫衷一是之由来。既然《考工记》不是出于一时一人之手，原始素材的来源有先后，资料积累有个过程，编成流传中又有增益流变等情况，各部分内容的问世时间自不尽相同。若论者只见树木，不见森林，以偏概全，分歧自然在所难免。有鉴于此，我们需要将《考工记》各部分分别剖析，然后作综合的研究。洪诚（1910—1980）《读〈周礼正义〉》指出："从语法看，文献中凡春秋以前之文，十数与零数之间皆用'有'字连之，战国中期之文即不用。"③这一发现已获学术界的普遍认可。实际上，这一语法规则也适用于四进制的数字，如"寻有四尺""常有四尺"之类。下文分析《考工记》的成文年代时，将参取此年代下限标记。《考工记》的某些条文缺乏明显的年代标识，则须借助于总体的考察。为叙述方便起见，我们现将《考工记》全书分为36组，逐一加以讨论。详略视情况而定，各组有所不同。

成书年代剖析　兹将《考工记》各部分成文年代剖析如下：

（1）"国有六职"节第一部分。这部分出现的列国名号和水渎名较多，因为信息量较大，颇受研究者的注意，各家往往据以立论。我们认为这部

---

① ［日］薮内清《中国古代的科学》，见《古代中国》，台湾地球出版社，1978年，第179页。

② Joseph Needham, *Science and Civilization in China*, Vol.4.3, 1979. p.717.

③ 洪诚《洪诚文集·雒诵庐论文集》，南京：江苏古籍出版社，2000年，第206页。

分的系统思想萌芽比较明显，带有绪论的性质。"论"的出现比"纪言"要晚一步。加之文中有的笔法诡异，显系游说之风大盛、辩者见重于世的年月的产物。我们也注意到，杜子春、郑众、郑玄的注释中，提到"故书"与今本不同的，有三处；传写之"书"与今本不同的，有一处；可见这部分在汉代以前早已有之。但其中提到的"胡"是进入战国以后才有的称谓，限定了它的上限。因此，我们推测这部分内容是在战国中后期增入的。

（2）"国有六职"节第二部分。这一部分叙述30个工种，当是《考工记》最初编成之时所作的归纳。

（3）"国有六职"节第三部分。这部分中有姜齐四进制的长度单位和齐国方言，是齐人的手笔。文中视"周人上舆"为技术发展史的第四阶段，又称"戈柲六尺有六寸""兵车之轮六尺有六寸""殳长寻有四尺""酋矛常有四尺"等（图4-2），应早于战国中期，是《考工记》最初编成时之作。

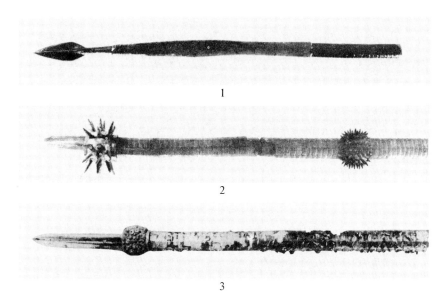

1

2

3

图4-2　曾侯乙墓的矛和殳
1. 矛（通长435厘米）　2. 殳（通长330厘米）　3. 殳（通长329厘米）
（1978年湖北随县出土）

（4）"轮人为轮"节，（5）"轮人为盖"节，（6）"舆人为车"节。这三节无疑是《考工记》编成时的主要内容之一，"轮人为轮"节还提到"六尺有六寸之轮"，其写作年代及纪实程度已获得考古资料的部分验证。古独辀车的辐，在商代已有装26根的。据刘广定搜集的资料，^①迄今已发现的"轮辐三十"的车轮，最早为春秋早期河南上村岭虢国墓地1051号车马坑6号车。^②较集中出现的是春秋战国之交和战国早期的考古发现。1988年在山西太原金胜村发掘了M251号墓和一座大型车马坑。M251号墓墓主是赵简子（卒于公元前475年）或赵襄子（卒于公元前425年），很可能是前者。大型车马坑共出土战车、仪仗车17辆，其中三辆车的车轮辐条数为30。^③1990年4月，山东省文物考古研究所在临淄齐陵镇附近发掘了战国早期的淄河店2号墓，在殉葬坑中清理出22辆独辀马车。下葬时车轮被拆下分开放置，共清理出车轮46个（包括残迹），其车辐数最少的20根，但以26及30根的居多。^④《老子》中提到"三十辐共一毂"，亦与《考工记》的叙述相符。

（7）"辀人为辀"节第一部分。"辀人"之称不见于"国有六职"节第二部分的三十工之内。"周人上舆"，进入战国以后，工艺进步，分工益细。由于"舆人"的一部分专攻车辕，曲辕称辀，故这部分工官或工匠又称"辀人"。文中称"国马之辀，深四尺有七寸……驽马之辀，深三尺有三寸"。本节的内容可能是从"舆人"节分化出来的，单列一节时内容或有增益。

上述淄河店二号战国早期墓出土的22辆独辀马车，根据车舆结构，分为三类。第一类属轻车，数量最多，以20号车为代表。其"辀通长317厘

---

① 刘广定《从车轮看考工记的成书时代》。

② 中国科学院考古研究所《上村岭虢国墓地》，北京：科学出版社，1959年，第47页。

③ 山西省考古研究所、太原市文物管理委员会《太原金胜村251号春秋大墓及车马坑发掘简报》，《文物》1989年第8期。山西省考古研究所等《太原晋国赵卿墓》表九，北京：文物出版社，1996年。

④ 山东省文物考古研究所《山东淄博市临淄区淄河店二号战国墓》，《考古》2000年第10期。

米……舆前45厘米处逐渐向上昂起，至130厘米处由扁圆变为圆柱状……辀近顶部时高昂并向后反卷"。[1]《记》文所记之辀，形如注星，正是战国早期齐国的辀。[2]

据《南齐书·文惠太子传》所载，南齐时有人盗发楚王冢，曾得科斗书《考工记》竹简，说明《考工记》曾在楚地流传。《方言》云："车辕，楚卫人名曰辀也。"楚人也把曲辕称辀。1971年春秋战国之际的湖南长沙浏城桥一号楚墓出土了一件曲辕明器，[3]1978年湖北江陵天星观一号楚墓出土了十二件龙首曲辕（辀）明器（图4-3），[4]可见楚人对辀的重视。因此，不妨推测除齐人之外，楚地之人参与增益的可能性较大。

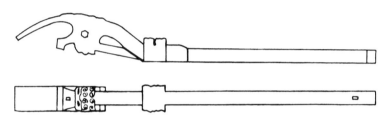

图4-3 楚国漆木龙首曲辕明器
（1978年湖北江陵天星观出土）

（8）"辀人为辀"节第二部分。这部分提到车轸的方形，象征大地；车盖的圆形，象征上天；轮辐三十条，象征每月三十日；"盖弓二十有八"，象征二十八星。天区划分除了四象之外，另有"弧旌枉矢，以象弧也"，疑为五象。其原始资料的年代似比曾侯乙墓更早。采入《考工记》后，在流传中对制车部门发生了实际的影响。

（9）"攻金之工"节。自"攻金之工"至"桃氏为刃"的三十一字，与"国有六职"节第二部分同时产生或稍后。"金有六齐"部分的成文年代有

① 山东省文物考古研究所《山东淄博市临淄区淄河店二号战国墓》，《考古》2000年第10期。

② 闻人军《考工记译注》，2008年，第36页。

③ 湖南省博物馆《长沙浏城桥一号墓》，《考古学报》1972年第1期。

④ 湖北省荆州地区博物馆《江陵天星观1号楚墓》，《考古学报》1982年第1期。

争议。如果是《考工记》编集者收集到的原始资料，当不晚于战国初期。刘广定认为"《考工记》中与铜器有关的部分依汉人观点写成或至少使人怀疑这部分的内容在汉代曾为人所损益"，[①]可为一说。

（10）"筑氏为削"节，（11）"冶氏为杀矢"节，（12）"桃氏为剑"节。根据出土实物及东周器物标型学的研究，《考工记》中描述的削、戈、戟、剑、矢等的型式均盛行于战国初期，[②]我们可以断定这三节是战国初期的作品（图4-4、4-5）。

图4-4　燕削
长20、宽约2厘米（河北怀来战国早期燕墓出土）

图4-5　越王州句剑
长56.2厘米（1973年湖北江陵藤店出土）

（13）"凫氏为钟"节。编钟形制和尺度规范在西周早中期业已初步形成。发展到春秋中晚期，以楚国北部地区编钟为代表，设计和制作更趋规范化，几乎与《考工记》的记载一致。至战国早期，以湖北随县曾侯乙墓编钟为代表，设计和制作工艺达到顶峰，[③] "总的说来与《考工记》钟制是接

---

① 刘广定《从钟鼎到鉴燧——六齐与〈考工记〉有关的问题试探》。

② 闻人军《〈考工记〉成书年代新考》。

③ 刘海旺、李京华《三百余件先秦编钟结构制度的统计与分析——实物编钟与〈考工记〉中制度的对比与研究》，载华觉明主编《中国科技典籍研究——第一届中国科技典籍国际会议论文集》，第146页。

近或相当接近的"。[1]此前或较晚的编钟，其规范化和精确度均不及曾侯乙甬钟严谨，故本节成文年代当与曾侯乙墓的年代（前433年或稍后）相近，即在战国初期。

（14）"栗氏为量"节。文中记载的"鬴"属于姜齐旧量，成文年代不会迟于田太公践登侯位之年（前386）。至于嘉量铭文："时文思索，允臻其极。嘉量既成，以观四国。永启厥后，兹器维则。"此六个四字句的嘉量铭文成韵，系周公所作，最初当用于周公时代创制的嘉量，沿用至《考工记》时代，[2]由编集者从传承的周制引录。

（15）"函人为甲"节。皮甲胄的全盛时代是战国初年，文中"凡为甲，必先为容"，正是战国初年的皮甲胄制作工艺，已有随县曾侯乙墓出土的大量皮甲胄残片为证。[3]

（16）"鲍人之事"节。本节郑玄注中引"故书"有四次之多，又无后人附益的明显痕迹，谅是《考工记》编成时就有的内容。

（17）"韗人为皋陶"节。本节记述的几种木架皮鼓的形制尺寸本可与实物比较，但鼓木易朽，现有的考古资料尚不足以说明问题。然文中说"韗人为皋陶。长六尺有六寸"。且"鼓大而短，则其声疾而短闻；鼓小而长，则其声舒而远闻"，与"凫氏为钟"节讲钟的两句话，句式完全相同，所述声学现象也都符合实际情况，应出自同一个作者之手。

（18）"画缋之事"节。"画""缋"原系两个工种，可能因内容残缺，后人将其并为一节。本节提道："东方谓之青，南方谓之赤，西方谓之白，北方谓之黑，天谓之玄，地谓之黄。青与白相次也，赤与黑相次也，玄与黄相次也。"似乎带有阴阳五行色彩。但我们以为与其说"画缋之事"的"相次"之文套用了邹衍的"五德终始"说，还不如

---

[1] 曾侯乙编钟复制研究组《曾侯乙编钟复制研究中的科学技术工作》，《文物》1983年第8期。

[2] 闻人军《栗氏嘉量铭及其作者》，载《考工司南》，第141—146页。

[3] 中国社会科学院考古研究所技术室《试论东周时代皮甲胄的制作技术》。

说"五德终始"说的产生受到了以《考工记》为代表的原始系统思想的影响。

（19）"锺氏染羽"节，（20）"慌氏湅丝"节。这两节文字简古，所提到的染、湅工艺在战国初期确已存在，故其成文不会晚于《考工记》编成之时。

（21）"玉人之事"节。此节有"镇圭尺有二寸""土圭尺有五寸""案十有二寸"等年代标记。内容与《周礼·春官·典瑞》多重合，但"玉人之事"的材料似乎较为原始，"典瑞"则已系统化。想来《周礼》的作者写作"典瑞"时利用了"玉人之事"的材料。不过，迄今为止已发现的考古资料虽有不少（图4-6、4-7、4-8），还无法印证当时确有如许名目繁多的玉器。

图4-6　青铜执璋跪坐人像

通高4.7厘米（1986年四川广汉三星堆遗址二号祭祀坑出土）

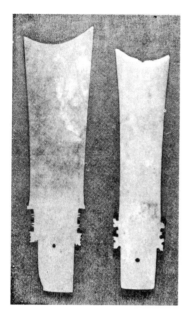

图4-7　璋
左：璋长54厘米
右：璋长48.1厘米
（1980年河南偃师二里头遗址出土）

图4-8　战国玉瓒
通长14.7厘米，勺部口径7、高5.2厘米
（台北震旦艺术博物馆藏）

（22）"磬氏为磬"节。本节规定磬的顶角（倨句）为一个半直角，还规定了几个主要参数之间的比率。考古发现和出土的东周编磬，以磬的倨句大小来分，有两大类。倨句"磬折"型发端于楚文化区，而"倨句一矩有半"型以齐文化区编磬为典型。[①]如1970年山东诸城县臧家庄、1978（一作1979）年山东临淄大夫观齐国故城、1990年山东临淄淄河店二号墓、1988年山东阳信西北村等出土的几套编磬，其倨句平均值近于135度。特别是战国早期的淄河店二号墓M252：2号磬（断裂为3块，无缺失），股宽10.0、股上边20.0、鼓上边30.0厘米，倨句135度，这几个主要尺度与《考工记·磬氏》记载完全一致。1985年山东滕州薛国故城出土的7件战国编

---

① 闻人军《"磬折"的起源和演变》《再论"磬折"》，载《考工司南》。

图4-9　齐国"乐堂"铭文黑石磬
（山东临淄韶院村出土，刘统爱摄影，齐国故城遗址博物馆藏）

磬，其倨句值在132—136度之间，平均值为134度强。1982—1983年间，临淄区齐都镇韶院村一位农民将他保存了三十年的一枚石磬献给了齐国故城遗址博物馆，该磬为黑石质，磬背（股上边）上有篆铭"乐堂"两字，其倨句为135度（图4-9）。该石磬出土于齐故城郭城之内的遗址中，可能是东周时齐国乐府所用之乐器。根据近几十年来出土编磬所提供的信息，足以判定本节成文于战国初期。①

（23）"矢人为矢"节。本节的矢名可能有错乱。"刃长寸，围寸，铤十之，重三垸"内容与战国初期的情形相合（图4-10），此句与"冶氏为杀矢"节同一句重出，这是其早年成文，后遭散乱，曾加整理的例证。

（24）"陶人为甗"节，（25）"旊人为簋"节。战国时期陶瓷业生产更加集中，更为专业化，"陶人"与"旊人"的分工也是这种专业化倾向的反映。晚清以来，发现了不少齐国的陶文，基本上属于田齐时期。从陶文上看，当时制陶的工匠多称为"陶者"，可能是《考工记》中"陶人"或"旊人"的下属，或由其演变而来。

（26）"梓人为笋虡"节。本节记载的笋虡造型，已为随县曾侯乙墓出土的钟架和磬架所证实，故成文年代当在战国初期。

（27）"梓人为饮器"节。本节记载的饮器属于姜齐旧制，成文年代当与《考工记》主体一致。

（28）"梓人为侯"节。此节的祭侯之辞当是周朝遗制，为《考工记》

---

① 闻人军《考工记译注》，2008年，第86—87页。

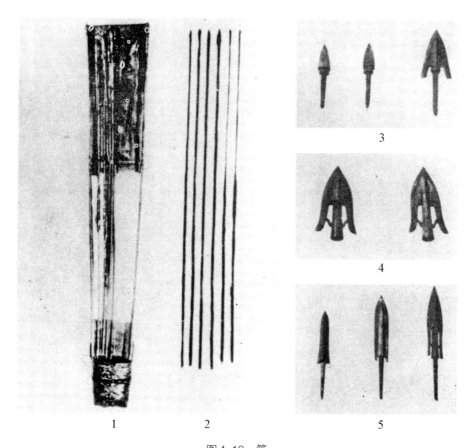

图4-10　箭
1. 箭箙　2. 箭　3—5. 箭镞（长5.5—12.4厘米）
（1—2，1954年湖南长沙左家公山出土；3—5，1978年湖北随县出土）

的作者所套用。射侯的形制似为战国式样。

（29）"庐人为庐器"节。本节"戈柲六尺有六寸""殳长寻有四尺""酋矛常有四尺"等年代标记，提到的庐器长度和形状与战国时代的资料相当接近。

（30）"匠人建国"节。本节记述的是由"求中""立中"传统发展而来的春秋末年至战国初期的测量技术。

（31）"匠人营国"节。周代先后出现过两次城市建设高潮。[①]第一次发生在西周开国之初，姜齐的诸侯城营丘正是这次高潮的产物，对"匠人营国"的城市规划制度的奠基有重要的影响。"匠人"是《考工记》原有的三十个工种之一，文中使用了表示长度和高度的"雉"、表示面积的"夫"等早期单位也是一证。第二次高潮发端于春秋末叶，到战国时期波及全国，城市建设中出现了一些新的元素，"匠人营国"在流传中不免有所增益，丰富"尚中"的内涵，甚至添加理想化的成分。一些学者对照传本匠人营国制度与西汉长安城的布局，发现两者较为相符，孰先孰后也有不同的观点。信者自信，疑者自疑。或认为《匠人营国》很可能是受到西汉末年长安城形制的启发或影响，其最终的写定时间在西汉末年，也即在此时《考工记》被补入《周礼》之中。[②]可备一说。

（32）"匠人为沟洫"节。本节载有"九夫为井"的井田制的一些材料，反映的是四进位的井田制，与《周礼·地官·小司徒》《管子·立政篇》及齐国《司马法》的有关记载一致，和姜齐所奉行的四进制也没有矛盾。且可见"堂涂十有二分"的年代标记。又，《大戴礼记·劝学第六十四》说："孔子曰：'夫水者，君子比德焉……其流行庳下，倨句皆循其理，似义。'"孔子所举水的"流行"和"庳下"之例与《考工记》匠人的"凡行奠水，磬折以叁伍"及"欲为渊，则句于矩"之法若合符契。此节当与《考工记》主体年代一致。

（33）"车人之事"节，（34）"车人为耒"节，（35）"车人为车"节。这三节同时编成，"车人之事"节是为后两节服务的。"磬折"概念的形成约在春秋末期，几乎同时，产生了"矩""宣""欘"（称"一宣'有'半"）、"柯"（称"一欘'有'半"）、"磬折"（称"一柯'有'半"）这一整套上下关联的角度定义。"车人为耒"中提到"庛长尺有一寸，中直者三尺有三寸，上句者二尺有二寸"等年代标记。这些材料在《考工记》编集时

---

① 贺业钜《试论周代两次城市建设高潮》，《建筑历史与理论》（第一辑），1980年，第36—45页。
② 徐龙国、徐建委《汉长安城布局的形成与〈考工记·匠人营国〉的写定》，《文物》2017年第10期，第56—62、85页。

即被采入。

（36）"弓人为弓"节。本节有"角长二尺有五寸""弓长六尺有六寸，谓之上制，……弓长六尺有三寸，谓之中制"的年代标记。叙述制弓术不厌其详，却没有一语言及弩，而战国中后期的《孙膑兵法》《周礼》等书中均已有弩的记载，可见"弓人为弓"节成文在前。《周礼·夏官·司弓矢》的部分内容与"弓人为弓"节重复，说明《周礼》的编撰者采撷了《考工记》的材料。

又本节中有"材美、工巧、为之时，谓之叁均"的提法，在"国有六职"节第一部分里已发展为"天有时，地有气，材有美，工有巧，合此四者，然后可以为良"的观点，这也说明本节的成文比"国有六职"节第一部分要早，当是战国初期的作品。

简短的结论 《考工记》的成书年代是古今聚讼的焦点之一，经过上面的剖析，然后综观全书，这一问题已基本上得到解决。我们的结论是：《考工记》的内容绝大部分是战国初年所作，有些材料属于春秋末期或更早，编者间或引用周制遗文以壮声威，在流传过程中免不了有所增益或修订。尽管如此，今本《考工记》大体上能和战国初期的出土文物相互印证，表明其基本内容未变，它作为我国上古至战国的手工艺科技知识的结晶，是可以信赖的。

第二节　今本《考工记》的由来

战国古文《考工记》 考古发现表明，《考工记》在战国时期已流布甚广。当时诸侯分立，言语异声，文字异形，除秦国文字外，在东方六国还通行着六国古文（即韩、赵、魏、齐、燕、楚以及周、鲁等其他东方国家的文字），可能同时流传着几种异体古文书写的《考工记》。南北朝时，南齐在襄阳出土过一种战国古文竹简书《考工记》。《南齐书·文惠太子传》说："时襄阳有盗发古冢者，相传云是楚王冢。大获宝物玉屐、玉屏风、竹简书、青丝编。简广数分、长二尺，皮节如新。盗以把火自照。后人有得十余简，以示抚军王僧虔，僧虔云是科斗书《考工记》，《周官》所阙文也。"王僧虔（426—485）是南朝著名书法家，科斗文就是古文，即战国时东方各国的通行文字，①王僧虔所谓的科斗书《考工记》，也许是与中原地区有所不同的一种楚本。

我们发现，今本《考工记》中，郑众、郑玄的注往往征引"故书"或"今书"。所谓故书，就是用六国古文抄写的《考工记》，即汉代重新发现的经书古本。所谓今书，系指口耳相传、当时著于竹帛的隶书写本《考工记》。汉代称当时通行的隶书为今文，所以隶书《考工记》也就是今文《考工记》。种种迹象表明，西汉时尚流传着多种本子的《考工记》。

因为六国古文形体变化特多，其结构形式汉代人已不熟悉，加以常常使用通假字和古体字，很难辨识，要将失次断简的古文《考工记》整理成隶书，绝非易事。至于民间传写本，因为师弟相传，多由口授，汉初不在意文字规范，但求音同而不拘泥于字形，辗转流传，经文变易不时发生，难保不失真。然而，经过汉代博识学者的不断努力，《考工记》终于从诸本脱胎而出，以新的面貌流传下来。

西汉的整理　西汉时怎样把古文《考工记》转读转写为今文，又怎样取诸本参酌，选择确切表达经义的合乎规范的正字，详情已不可考，这里只能据零星的文献记载作些揣测。

汉高祖时，进行过一次古籍大整理，料想与《考工记》无关。汉武帝以"书缺简脱"，"于是建藏书之策，置写书之官"。②再次进行校书。《考工记》是否遇上了这次古籍大整理，不得而知。唯独《汉书·河间献王传》透露出一些信息。一是刘德"修学好古"，喜欢古籍，广为收集。"从民得善书，必为好写与之，留其真，加金帛赐以招之。繇是四方道术之人不远千里，或有先祖旧书，多奉以奏献王者，故得书多，与汉朝等"。二是"献

① 王国维《战国中后期篆文六国用古文说》，《观堂集林》卷7。
② 《汉书·艺文志》。

王所得书皆古文先秦旧书,《周官》《尚书》《礼》《礼记》《孟子》《老子》之属,皆经传说记,七十子之徒所论"。据陆德明(约550—约630)《经典释文·序录》的说法,"河间献王开献书之路,时有李氏上《周官》五篇,失《冬官》一篇。乃购千金,不得,取《考工记》以补之。"刘德既得《周官》五篇,便取《考工记》补冬官司空之阙,则《考工记》的复出,至迟与《周官》同时。三是刘德"修礼乐、被服儒术",自立经学博士,表彰古文经学。门下儒者众多,"山东诸儒多从而游"。或许《考工记》已经由山东诸儒之手,作了初步整理。《考工记》原为齐国官书,倘若真由山东儒生来整理的话,可谓轻车熟路。

西汉的第三次古籍大整理,是刘向(前77?—前6)、刘歆父子的校书,这是《考工记》能以如今面貌出现的一大转折。宋代学者王应麟认为:"《周礼》,刘向未校之前有古文,校后为今文,古今不同。"[①]自刘氏父子之后,《考工记》有了隶定之本。由于刘氏父子重视古文经古字,今本《考工记》中保存了一些经过改写的古文旧文,万一汉代释义走样,后人尚可据古文旧文纠正。

《考工记》传至西汉,主体尚在,但部分内容已散佚。如开首"国有六职"节内提到的30个工种,后文分述时阙6种,其他24个工种中,也有内容残缺的现象。此外,紧跟在"舆人"节之后出现的"輈人",竟是"国有六职"节总述的30个工种中所没有的。由于竹简内容不全,次序不清,古文经文的差别又大,可以想见整理工作的困难是很大的。然而,经过汉人的努力,作了一些技术性处理(例如,已佚的6个工种作有目无文处理),当时能获得的失次断简终于被排比成文。

东汉的整理　众所周知,汉代经书有今古文之分,经学界则有今古文之争。今文学强调经世致用,古文学则追求经书的正确释义,后者与《考工记》的关系较为密切。

荀悦(148—209)的《汉纪》说东汉建立后,"古文《尚书》《毛诗》

---

① 王应麟《困学纪闻》卷4。

图4-11　郑玄画像
（山东省高密县文化馆藏）

《左氏春秋》《周官》，通人学者多好尚之"。古文学派的首创者是刘歆，其弟子、河南缑氏人杜子春（约前30—约58）从师学《周礼》，"乃能略识其字"。①杜子春能通古今文字，其注《周礼》，就有新的见解。杜子春传其学于郑兴，郑兴传其子郑众。同时，刘歆别授贾徽，贾徽传其子贾逵（30—101），贾逵作《周官解诂》。后马融（79—166）出，作《周官传》。郑氏父子、贾逵、马融等都是古文名家，对《周礼》学均有述作和贡献。又有郑玄（图4-11）后来居上，作《周礼注》，其中《周礼·冬官考工记》部分，是现存最早的完整地研究《考工记》的权威著作。据统计，现存《考工记》正文共7 100余字，郑玄注文14 000多字，郑玄注实际上已成为《考工记》的重要组成部分。郑玄注《周礼》时，又取刘向未校的古书，与校后的今本相校，使古书今书并存，经文不改今书，注内叠出古书，便于读者根据经注恢复旧本的面貌。郑玄还注明一些错简，指出误字，但不擅移臆改，留待后人评说。他的整理为《考工记》的流传和研究立下了不朽的功勋。

《考工记》的得名　《考工记》之名，首见于汉代文献，以致其得名论说不一。一般认为，汉承秦制，"少府"下有"考工室"一职，汉武帝太初元年（前104）更名"考工室"为"考工"，重新问世的《考工记》可能得名于此。但学术界存在不同观点。有学者认为《考工记》应是一部周代"考绩"工匠之典，有功者赏，有罪者罚，兴利除弊。或认为《考工记》之名源于

---

①《十三经注疏》上册，中华书局，1980年，第637页。

《礼记·月令》："物勒工名，以考其诚，功有不当，必行其罪，以穷其情。"根据现有文献资料，《考工记》之名究竟来自先秦古书还是西汉整理者所加，尚难以确认，有待继续研究。也许有一天，出土文献将揭开这一谜底。

《考工记》善本　汉代造纸术的发明，给《考工记》等书带来了福音。造纸术推广、用纸书写普及之后，《周礼·考工记》即以抄本的形式流传。至唐文宗时在石碑上写刻，于开成二年（837）完成包括《周礼》在内的12种儒家经典，立于唐朝首都长安的太学内，流传至今。据学界考证，其《周礼·考工记》系以唐太和写本为祖本，仅取其经文，略有校勘。[①]

雕版印刷盛行之后，《周礼·考工记》的种种版本与焉出现，至今尚存《周礼》的多种宋刻本。例如，《中国丛书综录补正》著录的《九经正文》，系宋临江府刊巾箱本（世称澄江本）。[②]傅增湘（1872—1949）《藏园群书经眼录》著录多种宋刊本。如：南宋建本《纂图互注周礼》12卷刻印俱精。南宋绍兴、绍熙间两浙东路茶盐司刻《周礼疏》50卷，每半页八行，世称"八行本"，为现存最早的《周礼》注疏合刻本。宋刻八行本《周礼疏》今存主要有三部传本。其中北大藏一部残本，印刷时间最早。此本存卷1—2，13—14，27—47，49—50，并卷前序。另中国国家图书馆、台北故宫博物院各藏一部全本，印刷时间大体相当，皆经宋、元及明代多次递修。[③]北大藏早期印本较多保留了原刻面貌，也有刻工偶误；国图及台北故宫藏后印本既有校订原刻之处，亦有误改及新的刊刻讹误。1940年董氏诵芬室曾合用八行本《周礼疏》北大本、故宫本，影刻及影印，成为《周礼疏》佳本，影响广泛，至今不衰。[④]1976年台北故宫博物院曾将故宫本《周礼疏》50卷以《周礼注疏》的书名影印出版。2003年北京图书馆出版社中华再造善本系列影印出版了国图本《周礼疏》50卷。

---

① 参见虞万里《蜀石经所见〈周礼·考工记〉文本管窥》。蜀石经《周礼·考工记》也以太和旧本为祖本，兼取经注，但仅存《考工记》"玉人"至"匠人"残拓，且这部分首尾略残。

② 阳海清编撰，蒋孝达校订《中国丛书综录补正》，南京：江苏广陵古籍刻印社出版，1984年，第145页。

③ 张丽娟《宋代经书注疏刊刻研究》，北京：北京大学出版社，2013年，第303页。

④ 张丽娟《八行本〈周礼疏〉不同印本的文字差异》，《图书馆杂志》2017年第8期，第100—106页。

旧有以《开成石经》为底本的唐石经《周礼》12卷行世，《考工记》列为其中的第11和第12卷。至民国十五年（1926），江苏武进人陶湘曾代张氏皕忍堂由北京文楷斋工人雕版复制《唐开成石壁十二经》，有朱、墨、蓝色三种印本，纸白字大，刻印皆精（图4-12），一向为书林、藏书家所称赏。1997年中华书局据原刻缩印，出版了《景刊唐开成石经》（附贾刻孟子严氏校文）。不过，《开成石经》的版本虽古，却有多处误刻，阅读《开成石经》的《考工记》时，需参照其他善本。

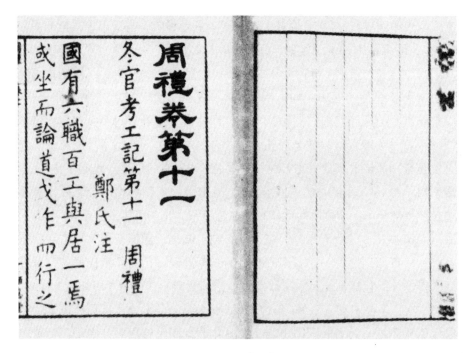

图4-12　唐石经

现在较通行的版本有如下几种：

阮元（1764—1849）主持校刻的《十三经注疏》中的《附释音周礼注疏》42卷，附阮元的《周礼注疏校勘记》。1980年北京中华书局据原世界书局缩印本（1935）影印行世，影印前曾与清代江西书局重修阮本及点石斋石印本核对，改正了一些文字讹脱与剪贴错误。阮刻源出南宋建阳地区坊刻的《附释音周礼注疏》42卷。因每半页十行，世称"十行本"，其后的闽本、北监本、毛本均源于此本。但阮氏所据底本实为扬州文选楼旧藏的元代建刻坊本，而非南宋建刻坊本，讹误较多，故阮元本人也不以为是善本。1999和2000年，以中华书局影印《十三经注疏》阮刻本为底本，北京大学出版社先后出了横排简体和竖排繁体版的《周礼注疏》（赵伯雄整理、王文锦审定）。南宋两浙东路茶盐司刻《周礼疏》50卷"八行本"，版本优于阮刻底本。2010年，彭林以国家图书馆藏"八行本"为底本，参校诸本整理而成《周礼注疏》，由上海古籍出版社出版。

《四部丛刊》本《周礼》12卷，即民国十八年（1929）上海商务印书馆影印叶德辉观古堂所藏明嘉靖间翻元初岳氏相台本。岳氏相台本系据南宋世綵堂廖氏《九经》本校正重刻。

《四部备要》本《周礼》42卷，即民国十七年（1928）上海中华书局据明崇祯间永怀堂《十三经古注》原刻本校刊的排印本。永怀堂原刻本系明东吴金蟠、葛鼐的校订本。

《丛书集成》本《周礼郑氏注》12卷，民国二十五年（1936）上海商务印书馆据清嘉庆戊寅（1818）黄丕烈《士礼居丛书》本排印。《士礼居丛书》的《周礼郑氏注》以明嘉靖间徐氏翻宋《三礼》本为底本。阮元《周礼注疏校勘记·序》说嘉靖翻宋本"不附音义而胜于宋椠余氏、岳氏等本，当是依北宋所传古本也"。刘玉才主编《十三经注疏校勘记》（北京大学出版社，2015年）的《周礼注疏校勘记》之《整理说明》认为："根据今存之嘉靖本《周礼注》来看，其所翻刻的应该是南宋时的版本。"

近几十年来各地重刊或新出的版本甚多，恕不赘述。

第三节　历史上的研究

《考工记》研究史可以大致分为**五个阶段**：

（1）创始时期（两汉），代表人物为郑玄。

（2）发展时期（魏晋—隋唐），代表人物陆德明、贾公彦。

（3）普及时期（宋元明），代表作是王安石（1021—1086）、林希逸、徐光启（1562—1633）的三部同名的《考工记解》。

（4）考据时期（清），代表人物江永、戴震、程瑶田、阮元、孙诒让。

（5）百花时期（近现代），一方面继承传统，由文献资料入手考证；另一方面，引进考古学和科技史等的研究成果，开展多项研究，呈现出百花齐放的局面。

本节叙述前四个阶段，第（5）阶段留待下一节讨论。

创始期（两汉）的研究   西汉的整理是研究的开端。东汉诸家对《周礼·考工记》的注释，郑兴的《解诂》已湮没不闻，[①]杜子春、郑众、贾逵、马融等人的研究散见于郑玄注、贾公彦疏、《经典释文》及其他著作之中，现在有清代王谟（约1731—1817）、马国翰（1794—1857）、黄奭（1809或1810—1853）、王仁俊（1866—1913）等人的辑本流传。杜子春《周礼注》和郑众《周礼解诂》辑自郑玄注，为数尚可观。贾、马的注释所剩无几。唯独郑玄的注硕果仅存，是《考工记》研究创始时期里程碑式的作品。

郑玄，字康成，北海郡高密（今山东省高密县）人。年轻时曾为掌听讼收赋税的乡之小吏，好学而不愿为吏，遂入太学受业。"游学周、秦之都，往来幽、并、兖、豫之域"。十余年间，先后师事朝野通人大儒多人，于是成为"博稽六艺、粗览传记"、[②]经术湛深、学识渊博的大学者。年过四十以后，回乡收徒授业，弟子达数百千人。因党锢事被禁，更潜心著述。郑玄兼通今古文经学，集其大成，遍注群经，号称"郑学"。后世称郑众（郑司农）为"先郑"、郑玄为"后郑"，以示区别。

郑玄之学以整理礼书为最著。《后汉书·董钧传》说："中兴，郑众传《周官经》。后马融作《周官传》，授郑玄，玄作《周官注》。玄本习小戴

---

① 马国翰《玉函山房辑佚书》中《周礼郑大夫解诂》1卷，凡15条，均与《考工记》无关。

②《后汉书·郑玄传》。

《礼》（即今之《仪礼》），后以古经校之，取其义长者，故为郑氏学。玄又注小戴所传《礼记》四十九篇，通为《三礼》焉。"学术界认为，郑玄之学应以《三礼》注为代表。今人要研读《三礼》，必须参考郑玄之注。他还著有《三礼目录》，介绍《考工记》等篇章的源流得失。又《隋书·经籍志》载："《三礼图》九卷，郑玄及后汉侍中阮谌等撰。"郑玄的《三礼图》，或疑非郑玄手撰，乃传郑学者所为，宋初尚存，今佚，部分内容已被聂崇义采入其《三礼图集注》。

郑玄之注，参考了杜子春、郑众等人的研究成果，"括囊大典，网罗众家，删裁繁芜，刊改漏失"。①加上他精通《三统历》和《九章算术》，以善算著名，对汉代科技知识有相当多的了解，所以他注释《考工记》颇为得心应手，对其中的科技知识也作了较科学的注解。郑玄的注释，一方面有助于后人读懂先秦古籍，另一方面从一个侧面反映了汉代的科技水平。

郑注的一个特点是常用当时的汉制阐明《考工记》中的古制。若用得好，明白易懂。不足之处是有时将秦汉的科学技术与《考工记》时代混为一谈。因为考古资料罕见，科技知识有限，郑注中臆说曲解之处在所难免，对科学原理的阐述也欠深入。

总的说来，郑注瑕不掩瑜，"博综众家，孤行百代，周典汉诂，斯其眉椽"。②他在东汉时就能作出那样高水平的注释，是极其难能可贵的。反过来说，正由于郑注的影响太大，我们应独立思考，不要盲从，以免沿误。

发展期（魏晋—隋唐）的研究 两汉盛行博士之学，学贵专门，传注往往采用一家之言。魏晋时，除传注外，出现了汇总众说，集诸家之善于一书的集解体例。南北朝时，人们感到不但远古文献本身深奥难懂，而且汉人为解说古文献所写的传注也成了古文献，同样简奥难明，又要后人加以解说，于是义疏之学兴起。较有名的是王肃的《周官经注》、干宝的《周

---

① 《后汉书·郑玄传》。
② 孙诒让《周礼正义》卷1。

官经注》、崔灵恩的《集注周官礼》和北周沈重（500—583）所撰的《周官礼义疏》40卷，[①] 会通经典义理，加以阐释发挥。上述四书均佚，其中《周官礼义疏》在《玉函山房辑佚书》内有马国翰的辑本。南朝末年，陆德明的《经典释文》承前启后。至唐代，唐太宗指令孔颖达、颜师古（581—645）等整理五经（《易》《书》《诗》《左传》《礼记》）义疏，每经采用一家的注解为主，成《五经正义》。稍后，贾公彦等按《五经正义》的体例，撰成《周礼疏》50卷、《仪礼疏》40卷。

贾公彦，洺州永年（今河北省永年县）人。永徽（650—655）中，官至太学博士。《周礼疏》系据沈重的《周官礼义疏》等重修。《周礼疏》单疏本仅有一部旧钞残本传世（存31卷，15册），藏于日本京都大学附属图书馆，[②] 甚有研究价值，惜《考工记》部分已佚。汉人传注，极其简括，唐人义疏以解析为特色。《周礼疏》是《周礼》郑注之功臣，唐人义疏之典范。《四库全书总目周礼注疏提要》说："公彦之疏亦极博核，足以发挥郑学。《朱子语录》称，《五经》疏中，《周礼》疏最好。"但阮元认为："唐贾公彦等作疏，发挥殊未得其肯綮。"贾公彦的疏引证赅博，但过于繁琐，发挥往往没有击中要害。

普及期（宋代）的研究　五代末、北宋初，洛阳人聂崇义少举《三礼》，善礼学，通经旨，学问赅博。在周世宗时被旨参定郊庙祭玉，他以六家（郑玄、阮谌、夏侯伏朗、张镒、梁正、隋开皇礼部所撰）大同小异之旧图刊定，成《三礼图集注》（或作《新定三礼图》，简称《三礼图》）20卷，于宋初建隆三年（962）奏上，诏令颁行天下。《三礼图》的内容分冕服图、后服图、冠冕图、宫室图、投壶图、射侯图、弓矢图、旌旗图、玉瑞图、祭玉图、匏爵图、鼎俎图、尊彝图、丧服图、袭敛图、丧器图16门。其书援据经典，考释器象，附以图说。《四库全书总目提要》云："其图度未必尽如古昔，苟得而考之，不犹愈于求诸野乎？"而今随着更多出土文物的

---

① 张言梦《汉至清代〈考工记〉研究和注释史述论稿》，南京师范大学2005年博士学位论文，第27页。

② 韩悦《日本京都大学藏〈周礼疏〉单疏旧钞本探论》，《文史》2018年第2期。

现身，进一步认识到"它的内容很多可能是从汉代和六朝的一些图传下来的。……《三礼图》虽然画的不一定都对，但是并非毫无所据"。①

《考工记》虽然补入《周官》，仍保持了一定的独立性。宋代除《周礼》学著述大盛外，单解《考工记》的著作亦有数种。已经失传的有陈祥道《考工解》、林亦之《考工记解》、王炎《考工记解》、叶皆《考工记辨疑》、赵溥《兰江考工记解》等；②传世的有王安石《考工记解》和林希逸《考工记解》。后世有人抄袭林希逸《考工记解》之说，伪托唐代杜牧作《考工记注》二卷，也在世上流传。

王安石是我国11世纪时的改革家，他致力于变法革新，著有《字说》《三经新义》和许多诗文。熙宁（1068—1077）中，置经义局，其子王雱（字元泽）等奉诏根据王安石经说重新注释《毛诗》《尚书》《周礼》，即所谓《三经新义》。其中前两书已佚，《周礼新义》系王安石亲手笔削，原有22卷，部分失传。清代修《四库全书》时，从《永乐大典》中录出，得16卷，附《考工记解》2卷。这两卷是郑宗颜从王安石的《字说》辑成的。《字说》是王安石退休后闲居金陵时所作的一部文字训诂学著作，以与《三经新义》相配合，其中寄托着王安石的政治思想。因注重文字训诂，对理解《考工记》的文义亦有帮助。王氏"以天地万物之理著为此书，与《易》相表里"，③有些地方失之穿凿。

《字说》已散佚，郑宗颜辑的王氏《考工记解》存其部分，嘉兴钱仪吉（1783—1850）参考诸家说经得到《四库全书》本《周官新义》所无的王氏之说130余条，补注于《经苑》本《周官新义》内，其中《考工记解》的增订有十余处，均从南宋末人王与之《周礼订义》所引王安石之说增补。

王与之《周礼订义》80卷，所采旧说共51家，就中唐以前仅（汉）杜子春、郑兴、郑众、郑玄，（梁）崔灵恩（《三礼义宗》），（唐）贾公彦等六

---

① 李学勤《当代名家学术思想文库·李学勤卷》，沈阳：万卷出版公司，2010年，第19页。

② 朱彝尊《经义考》卷129。

③ 晁公武《昭德先生郡斋读书志》卷1下。

家，其余45家均是宋人。"凡文集语录，无不搜采。……盖以义理为本，典制为末。……惟是四十五家之书，今佚其十之八九，仅赖是编以传"。[①]故翻阅《周礼订义》可以了解宋代理学支派之一《周礼》学的概况。而继之独树一帜的，是林希逸的《考工记解》。

林希逸《考工记解》　在《源流篇》第一节中已经提到，林希逸首倡《考工记》齐人所作说。现将他的生平和学术源流作一介绍。

林希逸，南宋理学家，字肃翁，号竹溪，又号鬳斋，福建福清人，端平二年（1235）进士。南宋末，他曾担任秘省正字、司农少卿等职，终官中书舍人。著有《老子鬳斋口义》《列子鬳斋口义》《庄子鬳斋口义》《考工记解》等。

林希逸之学本于陈藻，陈藻之学得于林亦之（1136—1185），林亦之则是林光朝（1114—1178）的高足。林光朝是福建莆田人，人称"艾轩先生"。宋室南渡后，倡伊洛之学于东南者，自艾轩始。他学识渊博而不喜著书，唯口授学生，使之心通理解。师徒一脉相承，林希逸《考工记解》中犹保存了许多艾轩的观点。

《四库全书总目·鬳斋考工记解提要》说："宋儒务攻汉儒，故其书多与郑康成注相刺谬。"[②]实际上林希逸《考工记解》既带有敢于疑古，独立思考，另立新说的时代气息；但对郑注的千古不移之论当然还得采纳。

林希逸对《考工记》推崇备至，必欲普之而后快。鉴于经文古奥，猝不易明，他的注解"明白浅显"，使"初学易以寻求"。[③]在经学界强手如林的情况下，他的普及型的《考工记解》居然能够长期占据一席之地，流传较广，恐怕这也是一个重要的原因。

此外，中国古籍，记器物形制最详者，莫过于《考工记》，而诸工之事非图不显。聂崇义《三礼图》之后，又有北宋陈祥道《礼书》，陈振孙《直

---

① 《四库全书总目·周礼订义提要》。

② 《四库全书总目·鬳斋考工记解提要》。

③ 《四库全书总目·鬳斋考工记解提要》。

斋书录解题》称其论辩精博，间以绘画，唐代诸儒之论，近世聂崇义之图，或正其失，或补其阙。陈祥道曾于元祐七年（1092）进《礼图》《仪礼注》，还著有《考工记解》。陈祥道《考工记解》已佚，是否含图，不能确认。林希逸采摭《三礼图》等有关资料，斟酌考量，配图47幅，是现存最早附图的单解《考工记》之书，"颇便于省览"。^①同时，卷末附有《考工记释音》，注音浅近，亦颇便初学者阅读。

《考工记》是科技类的古文献，遣词造句颇具特色。南宋学者陈骙（1128—1203）的修辞学名著《文则》卷下推崇《考工记》之文："盖有三美：一曰雄健而雅，二曰宛曲而峻，三曰整齐而醇。"^②林希逸也对其古文赞不绝口。如"轮人为轮"节曰："规之，以眡其圜也；萭之，以眡其匡也；县之，以眡其辐之直也；水之，以眡其平沉之均也；量其薮以黍，以眡其同也；权之，以眡其轻重之侔也。故可规、可萭、可水、可县、可量、可权也，谓之国工。"林希逸批："此数行结轮人一章，其文最妙。……六个'可'字结一句尤妙。"

林希逸对道家著作研究有素，亦尝涉猎佛书，他的思想可谓儒、道、佛三教合流，在《考工记解》中有所流露。"舆人为车"节曰："圜者中规，方者中矩，立者中县，衡者中水。直者如生焉，继者如附焉。"林希逸评："此数句发明其制作之妙，'如生''如附'二句尤佳，言其似非人所为也。《庄子》曰：'附赘县疣。'附亦生而有也。"^③

林希逸《考工记解》又称《鬳斋考工记解》，现上海图书馆藏有《鬳斋考工记解》2卷附《释音》的宋刻本。

由于历史的局限性，林氏《考工记解》中包含一些错误的观点，他对古器制度亦未能详核。譬如爵图，朱熹的《绍熙州县释奠仪图》比他早而正确，林希逸却没有采用。

---

① 《四库全书总目·鬳斋考工记解提要》。

② 陈骙《文则》，丛书集成初编本，1937年，第20页。

③ 林希逸《考工记解》卷上。

为了给林氏《考工记解》补阙订讹，明代张鼎思补图，屠本畯补释，作《考工记图解》2卷，于万历二十六年（1598）刻印行世。《考工记图解》有27图，以"玉人"节各色礼玉为主，多有讹误。但林氏《考工记解》的爵图已订正，间或亦有可采之处。

普及期（元明）的研究　自南宋俞庭椿作《周礼复古编》一卷，以为"冬官"未亡，散见于前五官之中。"厥后邱葵、吴澄皆袭其谬，说《周礼》者遂有'冬官'不亡之一派，分门别户，辗转蔓延，其弊至明末而未已"。[①]在这股学风的影响下，元明有些《周礼》学著作"黜《考工记》不录"，[②]单解《考工记》的著述反而增多。

举其主要者如下：

郑宗颜《考工记注》一卷。

陈深《考工记句诂》一卷。

徐应曾《考工记标义》二卷。

林兆珂《考工记述注》二卷，图一卷。

焦竑《考工记解》二卷。

陈与郊《考工记辑注》二卷。

（元）吴澄考注、（明）周梦旸批评《批点考工记》二卷。

郭正域《批点考工记》二卷。*

徐昭庆《考工记通》二卷、*《集诸家论》一卷。*

程明哲《考工记纂注》二卷。*

郎兆玉《注释考工记》一卷。*

陈仁锡《考工记句解》一卷。*

张鼎思《考工记补图》二卷。*

张睿卿《考工记备考》一卷。

吴治《考工记集说》一卷。

---

① 《四库全书总目·周礼复古编提要》。

② 《四库全书总目·周礼传提要》。

徐光启《考工记解》二卷。*

朱襄《考工记后定》一卷。

上述著作大约佚存各半。带*号者已收入2015年国家图书馆出版社出版的《〈考工记〉研究文献辑刊》。

徐光启《考工记解》　徐光启生平致力于数学、农业、水利、历法等领域的研究和实践，是我国古代杰出的科学家和近代科学的先驱，又是明末矢志练兵制器、协同战守的爱国政治家。

徐氏出于经世致用的目的，对《考工记》研究有素而深受影响。万历四十年（1612），他从意大利传教士熊三拔（Sabatino de Ursis，1575—1620）学习泰西水法卒业，根据笔记编成《泰西水法》6卷。郑以伟为其作序说："徐太史文既酷似《考工记》，此法即不敢补《冬官》，或可备《稻人》之采，非墨子蜚鸢比也。"①在徐光启的思想中，如果把中国古代科学技术看作大江长河水遭千流归大海，《考工记》就好比黄河的源头活水"星宿海"。为了发扬光大以《考工记》为代表的科技传统，以资抗清的兵事，他精心撰写了《考工记解》，"其书释注成编，手自删削，凡三易草而后以示人"。徐光启不久即"以练兵膺特旨"，②奉旨练兵始自万历四十七年（1619）七月底，故《考工记解》定稿于1619年。③

徐著《考工记解》在世上绝迹已久。有关部门于1982年在复旦大学图书馆内发现了一部明清之际的抄本，可能已是海内孤本。

抄本的内容除了《考工记解》原著、疑是徐光启之子徐骥所作的眉批外，还有天启三年（1623）徐氏门人茅兆海所作的《徐玄扈先生考工记解跋》。茅兆海，字巨宗，由庠生入监，授鸿胪寺署丞。④他是明代文学家和藏书家归安（今浙江吴兴）茅坤（1512—1601）的曾孙，而《武备志》的

---

① 朱维铮、李天纲主编《徐光启全集》第5册，上海古籍出版社，2010年，第289页。

② 茅兆海《徐玄扈先生考工记解跋》，朱维铮、李天纲主编《徐光启全集》第5册，第215页。

③ 闻人军《徐光启〈考工记解〉成书年代和跋批作者考》。

④ 龚肇智：《茅翁积家族——花林茅氏（五）》，http://blog.sina.com.cn/s/blog_9f3e22020102vegg.html。

作者茅元仪是他的堂叔。[①]茅兆海跋为后人探索徐光启的科学思想及撰写《考工记解》的前因后果提供了重要的情况。美中不足的是，此抄本已缺数页，有时出现笔误，有些字体较冷僻，少数断句不尽妥当。1983年上海市文物保管委员会将其编入《徐光启著译集》，由上海古籍出版社影印出版。2010年，上海古籍出版社出版了朱维铮（1936—2012）、李天纲主编的十大册精装本《徐光启全集》，其中《考工记解》是由李天纲点校的排印本。翌年，上海古籍出版社又分册出版了平装本，以利普及，《考工记解》所在的一册名为《测量法义（外九种）》。

元明《考工记》研究著作的一个共同特点是注重章句文法的批讲，对经义训解甚少发明。而徐氏《考工记解》同中有异，不仅萃取郑玄注、贾公彦疏、王昭禹详解、"山斋易氏"（易祓）、"艾轩林氏"（林光朝）、"鬳斋林氏"（林希逸）、"草庐吴氏"（吴澄）等诸家的观点，博采众长，而且有所发挥，不少地方胜过前人，显示了过人的学识，下面略举几例：

（1）徐光启深明"度数"之学的重要性，研究《考工记》必须弄清尺度大小。他认为《考工记》"凡言尺寸皆周尺"，"周尺当今浙尺八寸，当今工部布帛尺六寸四分"。[②]虽然《考工记》中实为齐尺，徐光启未及发现，但按明浙尺长27.43厘米折算，一周尺等于21.94厘米。按明工部布帛尺长34.02厘米折算，[③]一周尺等于21.77厘米。徐氏数值虽比传为1931年洛阳金村古墓出土的周尺（23.1厘米）略短，已属难能可贵。

（2）"国有六职"节说："郑之刀、宋之斤、鲁之削、吴粤之剑，迁乎其地而弗能为良，地气然也。"徐光启注："刀、斤、削、剑，必淬之以水，非其地之水弗良也；必锢之以土，非其地之土弗良也。"[④]现在我们知道不同地区的水土成分有异，所含微量元素可能不同，对兵刃的淬火、退火效果会有影响。徐光启能联系生产实际，用以阐明地气的作用，看问题已比前人

---

① 闻人军《徐光启〈考工记解〉成书年代和跋批作者考》。

② 朱维铮、李天纲主编《徐光启全集》第5册，第222页。

③ 闻人军《考工司南》，第331页。

④ 朱维铮、李天纲主编《徐光启全集》第5册，第218页。

高出一筹。

（3）"矢人为矢"节说箭杆"水之，以辨其阴阳"。郑玄注："阴沉而阳浮。"经学家陈陈相因。徐光启却提出了与众不同的解释，他指出："阴阳者，竹生时向日为阳，背日为阴。阴偏浮轻，阳偏坚重。试之水，则阳偏居下，阴偏居上矣。矢之离弦，亦欲令阳下阴上，则无倾欹，故水之以辨也。"[1]在此，徐光启发挥了他农学素养的长处，对竹材的阴阳作出了科学的解释，进而把箭杆的制造工艺与箭矢飞行稳定性的要求联系起来考虑，也是比较科学的。

（4）"匠人建国"节说："水地以县。"徐光启认为："用水注地浮之，以木绳正之，以取平，今工犹有此法，所谓准也。"[2]"匠人为沟洫"曰："耜广五寸，二耜为耦。一耦之伐，深尺，广尺，谓之畖"。徐光启解作："耜，耒头金也。古者耜一金，两人并发之。今之耜，歧头两金，象古之耦也。伐之言发也，发土于上，故谓之伐，或作垡，今俗称墢，即伐也。一耦之伐，深尺，广尺，则谓之畖，畖与畝同。今之田埒高者为垄，下者为畖也。"[3]"轮人为盖"节曰："良盖弗冒弗纮，殷畞而驰，不队，谓之国工。"徐光启曰："部，盖斗也，如今缴头是也。""桯，盖杠也，如今缴秘是也。""弓，盖橑也，如今缴骨是也。""冒者，蒙以衣也。纮者，从下而上，以绳系之也。"[4]此种例子屡见不鲜。酌古证今，远非某些注家的推测之词所可企及。从中可见徐光启古为今用的良苦用心。

徐氏注释也有一些明显的失误，如句兵戈戟误作刺兵，刺兵矛却误作句兵，未看出"车人之事"节的一整套几何角度定义，令人遗憾。更遗憾的是入清以后，徐光启的著作因政治原因而横遭禁毁，难见天日，以致其创见未能被清儒及时吸收。

考据期（清）的研究概貌　清代经学复兴，风行考据之学，《周礼》学

---

[1] 朱维铮、李天纲主编《徐光启全集》第5册，第254页。

[2] 朱维铮、李天纲主编《徐光启全集》第5册，第261页。

[3] 朱维铮、李天纲主编《徐光启全集》第5册，第265—266页。

[4] 朱维铮、李天纲主编《徐光启全集》第5册，第229—230页。

论著有所增加。《考工记》研究论著犹如雨后春笋，层出不穷。借西学东渐之风，名物度数考证有了新的利器，江永《周礼疑义举要》引领时代潮流。至清末，《周礼》学由孙诒让的《周礼正义》作了辉煌的总结。《考工记》研究卓然超群者，是一对江永弟子——戴震和程瑶田。其次，阮元、王宗涑等人的研究工作也比较有名。《周礼》学著作目录可参阅《中国丛书综录》《增订四库简明目录标注》、孙殿起《贩书偶记》和《贩书偶记续编》、王锷《三礼研究论著提要》及其他著录，不拟在此备载。据不完全统计，《考工记》研究的专著有：

方苞《考工析疑》四卷。*

戴震《考工记图》二卷。*

程瑶田《考工创物小记》八卷、*《磬折古义》一卷、《沟洫疆理小记》一卷、《乐器三事能言》一卷。

阮元《考工记车制图解》二卷。*

庄有可《考工记集说》二卷。

钱坫《车制考》一卷。

牛运震《考工记论文》一卷。

郑珍《凫氏为钟图说》一卷、《轮舆私笺》二卷、附图一卷。

郑知同《轮舆图》一卷。

张象津《考工释车》一卷。

王宗涑《考工记考辨》八卷。*

李承超《车制考误》一卷。

陈宗起《考工记鸟兽虫鱼释》一卷、*《考工记异字训正》一卷、*《考工记异读训正》一卷、*《周礼车服志》一卷。

吕调阳《考工记考》一卷、*图一卷。

章震福《考工记论文》二卷、*卷首一卷。*

俞樾《考工记世室重屋明堂考》一卷。*

蒋湘南《冬官考工记补注》一卷。*

钱协和《考工记作车四职浅说》一卷。*

陈矩《凫氏为钟图说补义》一卷。

徐养原《考工杂记》。

陈衍《考工记辨证》三卷、*《考工记补疏》一卷。*

上文带*号者已收入2015年国家图书馆出版社出版的《〈考工记〉研究文献辑刊》。

散见于清人文集的《考工记》研究文章为数甚多，王重民（1903—1975）、杨殿珣（1910—1997）编的《清人文集篇目分类索引》作为一个专题收载，可惜缺漏太多。现一时难以搜齐，仅就管见所及，略事增补，列表于下（程瑶田收进上述四部专著的论文不再列入本表）：

清人文集所收《考工记》研究篇目表

篇　　名	作　者	文　集　名	卷次
考工记五材解	周寅青	学海堂三集	4
考工记五材解	黄以宏	学海堂三集	4
谓之王公辨	陈立	句溪杂著	5
考工记故书周人义	程鸿诏	有恒心斋文	1
凫氏注疏考误	江永	律吕新义	附
磬氏倨句解	江永	律吕新义	附
轵说	江藩	隶经文	3
弱说	江藩	隶经文	3
股骹说	江藩	隶经文	3
薮说	江藩	隶经文	3
较说	江藩	隶经文	3
軓軹轸说	江藩	隶经文	3
轴说	江藩	隶经文	3
相说	江藩	隶经文	3

篇　　名	作　者	文　集　名	卷次
国马公马解	杭世骏	道古堂文集	22
周轵末金饰辨	陈庆镛	籀经堂集	6
戈戟解	刘逢禄	刘礼部集	9
戈戟图说	陈澧	东塾集	1
戈戟考	邹伯奇	学海堂三集	8
戈戟考	虞世芳	学海堂三集	8
古上士剑考	孙星衍	平津馆文稿	上
释磬	阮元	揅经室一集	1
古戟图考	阮元	揅经室一集	5
古剑镡腊图考	阮元	揅经室一集	5
璧羡考	阮元	揅经室一集	5
与程易畴孝廉方正论磬直县书	阮元	揅经室一集	5
钟枚说	阮元	揅经室一集	5
栈车役车为一为二考	汪之昌	青学斋集	6
山以章水以龙解	汪之昌	青学斋集	6
凡画缋之事后素工解	陶福祥	菊坡精舍集	4
诸侯命圭解	沈尧	落帆楼文集	24
夫人以劳诸侯解	尤莹	诂经精舍课艺七集	4
夫人以劳诸侯解	楼观	诂经精舍五集	3
考定磬氏倨句令鼓旁线中县而县居线右解	汪莱	衡斋遗书	4
对天色玄问	金鹗	求古录礼说	13
天子城方九里考	金鹗	求古录礼说	1
读郑氏考工记匠人注	程瑶田	水地小记	1
七尺曰仞说	程瑶田	数度小记	1

篇　　名	作　者	文　集　名	卷次
水属不理孙解	侯度	学海堂二集	6
匠人沟洫之法考	戴震	戴震文集	2
明堂考	戴震	戴震文集	2
释车	戴震	戴震文集	7
辨［正］诗礼注帆轵轵軒四字	戴震	戴震文集	3
辨尚书考工记鎄铻二字	戴震	戴震文集	3
量说	徐养原	诂经精舍文集	2
罄折说（匠人车人）	徐养原	诂经精舍文集	2
车人彻广六尺辨	陈汉章	缀学堂初藁	1
令辟械解（考工记郑注）	傅维森	缺斋遗稿	1

　　清人笔记中也有关于《考工记》研究的条目。

　　戴震及其《考工记图》　戴震（图4-13），字东原，安徽休宁隆阜（今属屯溪市）人，清代著名的汉学家和思想家。

　　"汉学"是清初以后发展起来的一种训诂考据之学，分为吴、皖两派。吴派以吴县（今苏州）惠栋（1697—1758）为首，往往株守汉人通经家法。皖派以戴震为首，能跳出汉注的窠臼，反复参证，不主一家，学术贡献尤大。戴震是江永的弟子。江永字慎修，号慎斋，徽州府婺源（今江西

图4-13　戴震画像

省婺源县）江湾人，长于音韵、乐律、步算之学，深究《三礼》，博通古今，著述宏富。所著七卷《周礼疑义举要》的后两卷专论《考工记》，会通郑注，参与新说，阐发精核，戴震作《考工记图》获益良多。

戴震早年熟读经书，记忆力极强，据说能背诵《十三经注疏》中的《经》和《注》。20岁时，作《嬴旋车记》一文，完全是仿《考工记》的文风写成的。24岁时写出了著名的《考工记图》（一称《考工记图注》）初稿。其自序为：

> 立度辨方之文，图与《传注》相表里者也。自小学道湮，好古者靡所依据，凡《六经》中制度、礼仪，核之《传注》，既多违误，而为图者，又往往自成诘诎，异其本经，古制所以日就荒谬不闻也。
>
> 旧礼图有梁、郑、阮、张、夏侯诸家之学，失传已久，惟聂崇义《三礼图》二十卷见于世，于考工诸器物尤疏舛。
>
> 同学治古文辞，有苦《考工记》难读者，余语以诸工之事，非精究少广旁要，固不能推其制以尽文之奥曲。郑氏《注》善矣，兹为图，翼赞郑学，择其正论，补其未逮。图傅某工之下，俾学士显白观之。因一卷书，当知古六书、九数等，儒者结发从事，今或皓首未之闻，何也？

《考工记图》经过增订，于乾隆二十年（1755）冬刊行。纪昀（1724—1805）为其作序，赞为奇书，称："戴君深明古人小学，故其考证制度字义，为汉已降儒者所不能及。以是求之圣人遗经，发明独多。"纪昀曾将戴震之"补注"与昔儒旧训参互校核，在序中详列《考工记图》补正郑注的精审之处，得12例。对《考工记图》诸方面的学术成就亦有很高的评价。具体例子的比较自然是基于纪昀个人的认知而言，不无可议之处。但"是书之为治经所取益固巨"。①美国恒慕义（A. W. Hummel，1884—1975）主编的

---

① 《考工记图·纪昀序》。

《清代名人传略·戴震传》也说：“该书使戴震一举成名。”①洵非溢美之词。

　　戴震在《考工记图·后序》中自信地说：“执吾图以考之群经暨古人遗器，其必有合焉尔。”实际上，戴震的某些推测已被考古实物所否定，而有些真知灼见则为考古发现所证实。如他说：“当兔在舆下正中。”1980年冬，秦俑考古队在秦始皇陵封土西侧，发掘出了两乘大型彩绘铜车马。考古工作者对二号铜车马作了清理修复工作后发现当兔果然位于辀轴交会处。而且，伏兔的断面近似梯形，上面平以承舆，下凹以含轴（图4-14），其形与《考工记图》及阮元《考工记车制图解》的推测相似。戴、阮两氏的推测能与秦制不谋而合，即使与《考工记》时代的车制不尽相合，也算得上过人之见了。

图4-14　伏兔
（据戴震《考工记图》改绘）

　　《考工记图》中的大小诸图（参图4-15），共59幅，对于理解《考工记》中的名物制度极为有用，历来受人称赏。据今人研究，这些图的来源大致可考，系出自《三礼图》、陈祥道《礼书》、林希逸《考工记解》、朱载堉

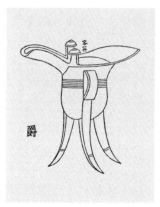

图4-15　爵
1. 戴震所拟爵图
2. 西周父辛爵，高18.5厘米（陕西省周原遗址出土）

---

① 杜文凯编《清代西人见闻录》，北京：中国人民大学出版社，1985年，第317页。

《乐律全书》、金石图籍、传入的西人天算书等。①因时代条件限制，这些原始资料未必符合《考工记》之制。二百多年来，尤其是近几十年来的考古发现和研究，已经显示戴震的图约有三分之一与考古实物不合，有些是明显的误解；其余的三分之二也有不少需要修正和充实。

《考工记图》有多种版本。如：1935年商务印书馆《万有文库》本。1955年，商务印书馆又依据清代乾隆中刊的《戴氏遗书》本和道光九年（1829）刊的《皇清经解》本，并参校《十三经注疏》《周礼正义》，加了断句，排成新本出版。凡原书之误，另用括弧加案夹注，以供参考。鉴于原书无目次，新本亦补列于前，以便查阅。台湾商务印书馆于1965年出版《万有文库荟要》本，1968年将《考工记图》《天工开物》《陶说》合刊，列入《国学基本丛书》出版。1990年上海古籍出版社、1994年黄山书社先后出版了《考工记图》。2014年，湖南科学技术出版社出版了陈殿校注的《〈考工记图〉校注》。

戴震知识渊博，在天算、地理、声韵、训诂、哲学等领域内均有精深的研究，然而仕途并不顺利。他40岁中举，此后六度参加会试，都未考中。乾隆三十八年（1773）由于纪昀等人的推荐，奉召任《四库全书》馆纂修官，校订天算地理等书。两年后，赐同进士出身，授翰林院庶吉士的虚衔，作出了许多实际贡献。他的著作加上纂校之书，近50种。其哲学代表作是《孟子字义疏证》。《考工记》研究方面，除《考工记图》外，还有《匠人沟洫之法考》《辨尚书考工记锾锊二字》《释车》《明堂考》及《辨〔正〕诗礼注帆轵轵轩四字》等论文。

程瑶田及其《考工创物小记》　程瑶田是和戴震气质、风格迥异的学者。如果说戴震资质聪颖，议论精辟，见解独到，年轻时即负盛名。那么程瑶田虽然生性鲁钝，可是好学深思，持之以恒，有时独能得其奥旨，晚年自成一家之言。他们的治学经验皆可供后人师法。

程瑶田，字易畴，安徽歙县人。他与戴震、金榜同为江永的得意门生。

---

① 陈殿《〈考工记图〉校注》，第12页。

程氏于乾隆三十五年（1770）中举，仅任过太仓州学正、嘉定教谕等低级官吏。他好学深思，数十年如一日刻苦钻研，颇有收获。《考工记》研究是他用力最勤，收获最丰的一个领域，撰著数种，其中以《考工创物小记》最为著名。嘉庆七年（1802），浙江巡抚阮元因程瑶田"曾于考工所记钟、磬、鼓三事，解说间字，辨论倨句之法，能正从来注家之误，征之来浙，而下问之"。[①]翌年，程氏已79岁，遂将平生著述20余种（其中属于《考工记》研究论文达60多篇）自编为《通艺录》刊行。《清史稿》说他"平生著述，长于旁搜曲证，不屑依傍传注"。戴震"自谓尚逊其精密"，[②]对这些评语，程瑶田是当之无愧的。

在研究方法上，程瑶田的最大贡献是开创了考古实物与文献记载相对照研究《考工记》的方法。

《考工创物小记》卷2《观古铜辖求知毂空外端轴末围径记》说："余疑郑氏贤軹之说，大小两穿，围径相悬。窃据《记》文，断以贤軹归于饰毂。然毂内端函轴之处，其径四寸四分，有其度矣。而毂外端轴末安辖处，既不凭注小穿之说，而于《记》别无明文，安能凭空立算而知其围径乎？灵山方补堂藏古铜器一事，戴以兽首，首下为柄，今尺厚二分，广三之，长九之（原注：今尺长一寸八分，于古尺为三寸）。首接柄处，面背并为偃月形。持以问余，余曰：'此车辖也。为偃月者，盖与轴凹凸相函者也。依其偃月规之，度以今尺径二寸二分，于古尺约三寸六分也，以为轴末安辖处之围径。虽与其四寸四分者有大小之殊，然与注所拟小穿之径，较宽一寸三分四厘矣。"

程氏的具体结论是否与《考工记》车制相符暂且不论，他的这种以考古实物证经文的方法是相当进步的。借助于这种方法，他根据20余件古戈正确考证了戈的形制；分析研究了十二把古铜剑，发现好几把"首、茎、

---

① 程瑶田《乐器三事能言·自序》。

② 《清史稿·程瑶田传》。

后、腊、身，无不与'桃氏'合"，得以"疏通而证明之"。[1]他还根据古钟、古爵、古斧、古矛等研究过《考工记》的有关记载。

郭沫若高度评价了程瑶田的杰出贡献，他在1930年说："清人程瑶田，中国近世考古学之前驱也。其学即主于就存世古物以追考古制，所得发明者特多。……良如程氏所云：'考订之事须得多见古物，以彼此错证而互明之。'故程氏所考之事物亦能力轶前人而别开生面。"[2]

程瑶田又是我国近世科技史研究的先驱。他独具只眼，发前人之所未发，首先发现了"车人之事"中的一整套几何角度定义，在《磬折古义》中作了详尽的论证；并指出"磬氏为磬，倨句一矩有半"应释为一个半直角。这是比郑玄、戴震等人高明之处。惜因未及见到周磬实物，无法解释"磬氏为磬，倨句一矩有半"与"车人之事"节"一柯有半谓之磬折"的矛盾，而将"一柯有半谓之磬折"臆改为"一矩有半谓之磬折"。[3]这种随意改动经文的做法并不可取。也正因为暂无实物可证，程氏在陈述自己的观点时小心翼翼地说："余之说倨句，岂敢以一人之谔，拒千人之诺？"他列举了几种新旧之说，"以俟阅者之论定"。[4]现在，完全可以给程瑶田的创见记上一功了。

此外，对于《考工记》中的井田沟洫之制，程瑶田在《沟洫疆理小记》中作了详细的分析，其附图比《考工记图》的相应插图要画得精细。昔年戴震以《考工记》"图注"扬名，后注意力转移；程瑶田比戴震小一岁，孜孜不倦于《考工记》研究，在某些方面比戴氏有过之无不及，难怪戴震要说自己还及不上这位学弟"精密"了。《考工创物小记》除收入《通艺录》之外，还列入阮元主编的《皇清经解》之中。两者卷数不同，内容实大同小异，后者只比前者略少。1995年上海古籍出版社出版《续修四库全书》，《考工创物小记》在第85册。《考工创物小记》也已收入2008年黄山书社

① 程瑶田《考工创物小记·桃氏为剑考》。

② 郭沫若《殷周青铜器铭文研究》，北京：科学出版社，1961年，第187—188页。

③ 程瑶田《考工创物小记·倨句矩法通例述》。

④ 程瑶田《磬折古义》。

出版的《程瑶田全集》、国家
图书馆出版社2015年出版的
《〈考工记〉研究文献辑刊》。

清代的车制研究 《考工
记》记载车制特详，但因缺乏
实物佐证，仍显得扑朔迷离，
故使清代经学家研究起来津津
有味，乐此不疲。江永《周礼
疑义举要》《乡党图考》开创

图4-16　戴震所拟车制

之后，戴震《考工记图》出（图4-16），时人评价甚高，以为毂辐轮舆之
制，辀衡轴軓之形，"各识厥职，毫厘有辨"。又有程瑶田著《考工创物小
记》，亦有不少发现。继而阮元作《考工记车制图解》2卷（1787），"图说
之备，尺度之详，皆远胜戴氏"。后有贵州郑珍（1806—1864）研究车制，
撰《轮舆私笺》3卷，"推求益密"，引人瞩目。王宗涑研读《考工记》轮、
舆、辀、车之文，兼综郑、戴、程、阮之说，佐以经典，作《考工记考辨》
8卷，颇为翔实。至于钱坫《车制考》、张象津《考工释车》、江藩《隶经
文》、徐养原《考工杂记》等，"用力固亦勤矣"。[1]清代学者对《考工记》
车制的研究，基本上确认了轸、式、轵、軨、较等木车部件的名称、位置
和尺寸，有助于后人在田野考古发掘工作中正确识别，[2]但也留下了不少争
议。由于时机未到，单凭《考工记》的文字记载是无法彻底弄清当年的车
制的，清代经学家们想象的车子形状与真正的古车颇有出入。

孙诒让及其《周礼正义》 孙诒让是我国近代学术史上的名家，对经
学、小学、诸子学、甲骨学、金石学、文献学、目录学、校勘学等均有研
究，成绩卓著。生前已刊定的著作有20余种，未刊行的尚有六、七种。他
的《周礼正义》和《墨子间诂》两部力作，同时在《考工记》和《墨经》

---

① 罗庸《模制考工记车制述略》。

② 李强《清儒对〈考工记〉车制的研究》，华觉明主编《中国科技典籍研究——第一届中国科技典
　籍国际会议论文集》，第98页。

研究领域内竖起了两座遥相呼应的丰碑。

《周礼正义》的写作始于同治初年，历时20余年，博取汉、唐、宋以来《周礼》注疏，兼采乾嘉学者考订训释的成果，以《尔雅》《说文》正其训诂，以《仪礼》《大戴礼记》《小戴礼记》证其制度，发挥郑注，补正贾疏，屡次易稿，最后于光绪二十五年（1899）成书，凡86卷（《考工记》部分为卷74—86，约30万字）。《周礼正义》是我国近代学术史上的一部名著。梁启超认为"仲容斯疏，当为清代新疏之冠"，"这部书可算清代经学家最后的一部书，也是最好的一部书"。[①]章太炎（1869—1936）在《孙诒让传》中赞他："发正郑、贾凡百余事，古今言《周礼》者，莫能先也。"

从《周礼正义》自序和凡例中，我们可以看到《周礼》学源流和孙诒让的一些治经方法。他远承永嘉学派遗风，讲求通经致用；近承乾嘉之学，读书敢于疑古。不囿于疏不破注之例，"唯以寻绎经文，博稽众家为主，注有牾违，辄为匡纠"。他还注意到："天算之学，古疏今密。……后世新法，古所未有，不可以释周《经》及汉《注》也。"[②]也就是说，不能把古代的科技知识随意拔高到今人的水平。这个原则至今仍有现实意义。

于古义古制疏通证明，论说周详，是《周礼正义》的优点；过于繁杂，则是缺点。未能以图辅说，偶有计算错误，[③]也是美中不足之处。

《周礼正义》是200余万字的鸿篇巨著，孙诒让的自定本于光绪乙巳（1905）年付梓，世称"乙巳本"，但排印粗劣错讹，孙诒让在一印本上作过批校。1907—1909年，湖北刻楚学社本，未付印。1931年，湖北籀湖精舍以楚学社本补刻覆校刊印，世称"楚本"。民国时出版过商务印书馆的《国学基本丛书》本、中华书局的《四部备要》本等。1987年，中华书局出版王文锦、陈玉霞点校的《周礼正义》，嘉惠学林，为文史研究者常用的版本。惜当时未见孙校本，尚有不少漏校失校及标点讹误之处，须予订补、

---

① 梁启超《中国近三百年学术史》，北京：中国书店，1985年，第201、187页。

② 孙诒让著、汪少华整理《周礼正义·略例十二凡》，第12页。

③ 孙诒让《周礼正义》卷85曰"一柯有半之磬折，则百五十一度八分度之一也"，诸本（包括孙诒让自校本）同。实当为"一柯有半之磬折，则百五十一度八分度之七也"。

考订。2015年，中华书局出版汪少华整理的《周礼正义》，为文史研究者提供了更好的版本。2017年，又出版颜春峰、汪少华合著的《〈周礼正义〉点校考订》，揭示孙诒让氏遗误、《周礼正义》重要版本异文及1987年版中华本可商之处达2 000多处。两书相辅而行，可供参取。

礼学家往往不专一经，通贯群经的礼学著作与《考工记》研究也有关系。黄以周（1828—1899）的《礼书通故》100卷是集清代礼学之大成的著作，他将三礼等内容重新分门编次，对于每项礼制都博征古说而下以判断。黄以周的老师俞樾（1821—1907）为其作序说："此书不墨守一家之学，综贯群经，博采众论，实事求是，惟善是从。……视秦氏《五经通考》，博或不及，精则过之。"[①] 梁启超认为，《礼书通故》可以与《周礼正义》并列为"清代经师殿后的两部名著"。[②] 今日之治《考工记》者，想对清代与之有关的经学研究有进一步的了解，可从这两部名著入手。

第四节　近世《考工记》研究

概况　近世《考工记》研究逐渐取得了重要的进展。20世纪初，该领域仍以乾嘉学派的名物考据为主。清末民初，福建闽侯鸿儒陈衍（1856—1937）刊行所著《石遗室丛书》，内有《考工记辨证》3卷及《考工记补疏》1卷。1915年，曹佐熙的短文《读考工记》发表于《船山学报》第1卷第4期，犹在讨论《考工记》虽为先秦之书，但可补经，批评割裂五官、《周礼》补亡之说。一个世纪以来，国内许多学者，先是考古学界和科技史界，继而相关学科的一批又一批生力军，前赴后继，耕耘着《考工记》研究的园地。突出的收获表现在下列几个方面：

（1）车制；（2）兵器；（3）科学史；（4）乐器；（5）城市规划建筑；

---

① 黄以周《礼书通故·俞樾序》，光绪癸巳（1893）黄氏试馆刻本。

② 梁启超《中国近三百年学术史》，第200页。

（6）水利；（7）纺织史；（8）礼玉；（9）设计与工艺美术；（10）国别和成书年代；（11）今注今译；（12）外译。

国外学者对《考工记》的研究，以日本为最：开展最早，投入的力量最多，成绩亦最大。西方的研究由欧洲的汉学界揭开序幕，尔后考古学和科技史界也来光顾。他们由于文化背景不同，观察问题的角度往往与国人不一样，因而在传播这一中华传统文化瑰宝的过程中既扩大了它的国际影响，又丰富了研究的内容。

近现代的研究成果，已就笔者管见所及酌情采入了《价值篇》；本书附录《〈考工记〉研究论著简目》从另一个角度反映《考工记》研究的动态。因此，下文仅选取车制、戈戟、金有六齐、编钟、台湾的研究、今注今译作一介绍。

车制研究　1924年9月，国立历史博物馆委派罗庸（1900—1950）监制三代古车、周代衣冠及汉晋古尺等模型。罗庸研究车制，遴选名工，按戴震《考工记图》和阮元《考工记车制图解》先后制成两种周代木车模型，以实物证戴、阮诸氏之正误，并发表《模制考工记车制记》（1926）和《模制考工记车制述略》（1928）以纪此事。英、德诸国的博物馆中存有罗庸所制的古车模型。抗战时，罗庸曾任西南联大中文系主任。据罗庸的学生们回忆，他对《考工记》车制有相当深入的研究，著有《考工记车制考》。[①]可惜在1941年因邻居失火，《考工记车制考》与其他书稿一起被焚。

吴承仕（1884—1939）受业于国学大师章太炎，专治经学、小学，对历代典章名物及文字音韵诸学有深入的研究，著述甚多。他曾作《经典释文序录疏证》，对南朝末年陆德明的《经典释文序录》作注，考证唐以前的经学源流。又有《释车》一文，以此讲学于北京各大学。其上篇详名物，1936年发表于《国学论衡》第7期，下篇详度数，未见刊行。

20世纪30年代，河南安阳殷墟和辉县的考古发掘中发现了古车遗迹。在辉县甲墓，得辖、釭、㬊、马衔、环、銮等车器100多件。郭豫才为之著

---

① 张书桂等《罗庸教授年谱》，《中国当代社会科学家》第六辑，书目文献出版社，1984年。

《说车器》一文，称："一俟车器出土者多，其制度自明。兹仅将此次出土车器，按其尺度，分别述之，借供异日之参考。"①

1950年，在辉县琉璃阁的考古发掘中解决了剥剔古车遗迹的技术问题，夏鼐居功甚伟。此次发掘成功地剥剔出十九辆完整程度不同的古车遗迹，根据木痕弄清楚了它们的形状和细部尺寸（图4-17）。

图4-17 河南辉县出土大型车复原模型
（据1950年河南辉县琉璃阁考古发掘的古车遗迹复原）

此后60多年来，我国已积累起商、西周、春秋、战国、秦、西汉等各个时代的独辀马车的大量材料，使人们对古车研究有了一定数量的可靠资料作凭借，《考工记》车制研究中一些长期悬而未决的问题迎刃而解。

现有的资料表明，先秦的马车都是独辕。马车车箱呈矩形，进深较浅。车轮的直径较大，轮毂较长。车辕前部一般向上昂起，后端压置在车箱下的车轴上，前端横置车衡，在衡上缚轭，用来驾两匹或四匹辕马。商周至战国，我国马车的系驾法是世界上独特的轭靷式。

多年来，不少人提出过古车复原方案。经过有关方面的不断努力，有

---

① 郭豫才《说车器》（辉县发掘报告之一）。

些博物馆复制展出了古车模型。1990年，为配合济青高速公路建设，山东省文物考古部门在临淄后李文化遗址发掘了一处春秋时代的大型殉车马坑，其规模之大、配套之齐全、马饰之精美、保存之完好，为一时之冠，被列为1990年全国十大考古新发现之一。1994年9月9日，当地辟建为中国古车博物馆，包括春秋车马展厅和中国古车陈列展厅两个部分（图4-18）。2004年7—9月，江苏淮安市清浦区运河村战国贵族墓葬出土一辆实用木质马车，木质构件保存较好，雕刻精美（图4-19），根据车舆木雕装饰板与建鼓组合的特征，被命名为"木雕鼓车"。[①]它既是研究古代车制的重要实物资料，又是研究古代美术史和雕塑史的重要资料（参见图2-26）。

　　近几十年来，考古发现捷报频传，研究《考工记》车制的论文和专著源源不断，从书末附录《〈考工记〉研究论著简目》可略见其盛。

　　戈戟形制的研究　关于戈的形制，自宋以降，没有多大异议；戟制则不然，汉代以来二千年，形制不明的情况没有多少改观。1929年6月，马衡（1881—1955）在《燕京学报》上发表《戈戟之研究》一文，根据出土的实物，对程瑶田的旧说进行了讨论。两年后，"颖悟天开"的郭沫若《说戟》一文，[②]大胆论证戟是戈矛的结合，矛即《考工记·冶氏》所说的"刺"（图4-20）。后被陆续出土的古戟实物所证实（图4-21），在考古学界传为佳话。20世纪三四十年代，胡肇春、郭宝钧、商承祚（1902—1991）、蒋大沂（1904—1981）等就戈戟、戈柲等形制发表过一系列文章，日本考古学界也进行了有关的研究。

　　近几十年来，有些考古发掘中出土了双戈或三戈的戟。特别是随县曾侯乙墓出土了三种不同形式的戟（三戈一矛式、三戈式和双戈式）以后，人们对戟的形制有了更全面的了解。郭德维在《考古》上著文提出："戟的本义，就应是多戈，有没有刺，不是戟的最主要特征，最主要的特征，是

---

① 淮安市博物馆《淮安运河村战国墓木雕鼓车保护与修复报告》，北京：文物出版社，2014年。王厚宇、刘振永《淮安运河村战国墓木雕鼓车的发掘和复制》，《淮阴师范学院学报》（哲学社会科学版）2009年第4期。

② 郭宝钧《教育部交管长沙古物之检讨》。

图4-18 《考工记》之车复原模型
（山东临淄中国古车博物馆展品）

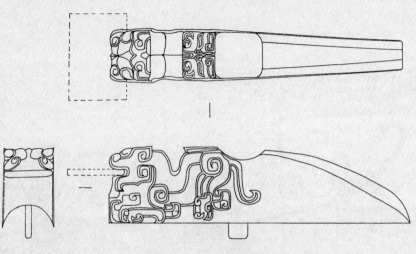

图4-19 伏兔实测图
（2004年江苏淮安战国墓出土）

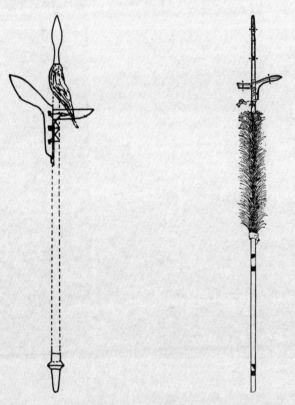

图4-20 郭沫若所拟戟图

图4-21 战国饰羽车戟
通长370厘米
（1987年湖北荆门包山二号墓出土）

枝兵。"①但不管怎么说，《考工记》所记载的，是一戈一矛（刺）式的戟。

金有六齐研究　科学史研究肇端于欧洲，自欧洲东渐日本，日本又影响中国。"金有六齐"首当其冲。1918至1919年间，日本理学博士近重真澄（1870—1941）通过中国古代铜器的化学分析，提出了有关"金有六齐"的观点："唐以前铜器之成分颇类六齐，而宋以降之铜器去《记》愈远，其品亦愈下。"②不久，梁冠宇、王琎（1888—1966）分别对中国古铜的化学成分作了分析。1920年，王琎在《科学》杂志上发表《中国古代金属原质之化学》，国内"金有六齐"的科学研究提上了议事日程。梁津在多年的化验和研究后，于1925年发表《周代合金成分考》，着力研讨了"金有六齐"的问题。"金有六齐"始终为国内外科技史界所关注，它的正确解释是一个悬案。张子高（1886—1976）的《六齐别解》（1958）和周始民的《〈考工记〉六齐成分的研究》（1978）等，认为《考工记》中金锡对举成文的"金"，概指单质的铜而不是青铜，获得较多支持，但不同的意见依然存在。近年来，研究样品大为丰富，研究手段日益进步，研究队伍不断壮大，研究内容更为深化，对"金有六齐"的认识和评价反趋复杂，仍在争论之中。

编钟研究　著名学者王国维曾作《观堂说钟》，1937年许敬参（1902—1984）发表《编钟编磬说》，1939年冯水刊出《钟攠钟隧考》，都已能利用出土古钟讨论与《考工记·凫氏》有关的问题。冯水说："余曾见三代之钟，攠隧皆在钟内，故知攠隧非如程（指程瑶田——笔者注）解之在钟外也。"③但他误把钲、舞部的槽孔视为"隧"。④这一阶段以研究古钟外形与"凫氏"记载的关系为主。此后，对其声学特性的研究亦渐次展开。

随着成套编钟不断出土，不少部门和个人利用现代科学技术对编钟实物进行了研究或复制。如1980年2月，中国科学院声学研究所对河南信阳

---

① 郭德维《戈戟之再辨》。

② 王琎等著《中国古代金属化学及金丹术》，北京：中国科学图书仪器公司，1955年，第6页。

③ 冯水《钟攠钟隧考》。

④ 华觉明、贾云福《先秦编钟设计制作的探讨》。

出土的一套十三枚春秋末期编钟的声学测量；[①]哈尔滨科技大学、中国科学院自然科学史研究所和河南省文物研究所对河南淅川楚墓编钟的复制等。最著名的例子是，1979年夏，在国家文物局的支持下，由湖北省博物馆、中国科学院自然科学史研究所、武汉机械工艺研究所、佛山球墨铸铁研究所、武汉工学院及哈尔滨科技大学组成了曾侯乙编钟复制研究组，进行多学科协作攻关，复制这一中华民族古老文明的象征。

我国考古学、科技史、物理学、金属学、铸造工程学界的专家们，经过五年半的艰苦探索，采用激光全息干涉、电镜扫描、X光探伤、化学定量分析等多种科学手段，结合《考工记》等历史文献的考证、分析，对编钟的设计规范、合金成分、冶铸工艺、金相组织、几何结构要素与特征、振动模式、复制和调音技术作了系统深入的研究，基本上揭示了它的技术奥秘，成功地复制了全套编钟和钟架。1984年9月，文化部成立了由31名专家组成的验收委员会，高度评价了这一重大成果。有人甚至称之为世界第八大奇迹。曾侯乙编磬也已复制成功。曾侯乙编钟编磬音乐会和编钟乐舞曾多次在国内外演出，激起良好的反响。

与此同时，闻人军《〈考工记〉中声学知识的数理诠释》（1982），华觉明、贾云福《先秦编钟设计制作的探讨》（1983），戴念祖《中国编钟的过去和现在的研究》（1984），李京华、华觉明《编钟的钟攠钟隧新考》（1985），刘海旺、李京华《三百余件先秦编钟结构制度的统计与分析——实物编钟与〈考工记〉中制度的对比与研究》（1998），华觉明《双音青铜编钟的研究、复制、仿制和创制》（2006）等，对《考工记》的有关记载均有所阐发和论证。

台湾学者的研究　台湾学术界也有相当一部分学者对《考工记》做过不同程度的研究。

在礼玉方面，以那志良（1908—1998）的研究成果为多。他在《大陆杂志》上发表过《镇圭桓圭信圭与躬圭》（1953）、《四圭有邸与两圭有邸》

---

① 《我国声学专家对春秋末期的古编钟进行声学测量有新发现》，《光明日报》1980年3月30日。

（1953）、《周礼考工记玉人新注》（1964）等文章，并于1980年出版《古玉鉴裁》一书。那氏对《考工记·玉人》的注释颇有心得。夏鼐曾说："《周礼》中有'四圭有邸'和'两圭有邸'（《典瑞》《玉人》）。这二者的意思，我同意那志良的说法。"①

在《考工记》成书年代问题上，史景成于1971年春发表《考工记之成书年代考》，②以"王后与夫人之称不别""五色之位""五等爵""明堂之记载"考证，认为《考工记》当作于战国晚期。刘广定自1991年起对《考工记》的部分内容和成书年代作了一系列探索，他用出土车轮、兵器和一些青铜器物的形制与《考工记》的记载作比较，认为《考工记》必定不是齐国官书。③"《考工记》一书可能乃秦始皇（秦王政）时期所编成"，史景成的"'作于阴阳五行说盛行之战国晚期'说应为上限，不会更早"。④

林尹（1909或1910—1983）的《周礼今注今译》一书，是《考工记》研究的一项重要成果。林尹，字景伊，浙江温州瑞安人，其祖父"以治《礼》《易》得举于卿"；父、叔"以治《礼》《易》教授太学"，"太学"指北京大学。林尹"幼承庭训，颇识途径，长而研求，益有所明"。⑤16岁时，进北平中国大学中文系学习。毕业后入北大研究所国学门深造。历任北平师范大学、河北大学、金陵女子大学、四川师范学院教授。1949年赴台。曾在台湾师范大学国文研究所等处工作。他擅长文字训诂，博通经史，兼及诸子，尤明音韵之理，著述甚丰。《周礼今注今译》于1972年由台北商务印书馆发行初版，1987年出至第五版，1992年作为《古籍今注今译》丛书之一出了新的第一版。1985和1988年，林尹的《周礼今注今译》先后由书目文献出版社和天津古籍出版社分别在北京和天津出版。

今注可明字义，今译则识大体。《周礼今注今译》不但有简明的注释，

① 夏鼐《商代玉器的分类、定名和用途》，《考古》1983年第5期。

② 此文的复印本系胡道静先生托其友人从美国芝加哥大学图书馆获得，转赠笔者。

③ 刘广定《〈考工记〉非齐国官书之证》。

④ 刘广定《再研〈考工记〉》。

⑤ 林尹《周礼今注今译·后记》。

而且第一次将《周礼》全文译成了现代汉语，颇便于学术界及文史爱好者阅读参考，具有重要的学术价值。然就其中的《考工记》部分而论，由于林尹基本上是作为一位经学家来注释这部古籍，缺乏近现代科学知识，看问题不够全面深入，解释与数字计算错误屡有出现；他对近几十年来的考古实物资料未及注意，因而有些见解因循陈说；至于排印中的错漏之处，亦为数不少。书目文献出版社重印时，对原版的排印错误缺漏已做了一些订补，但尚有大约半数的错漏未予订补。

例如：《周礼今注今译》第459页"磬氏"节"叁分其鼓博，去一以为鼓博"，应为"叁分其股博，去一以为鼓博"，这是正文之误。"叁分其鼓博，以其一为之厚"，"今译"译作"鼓的厚度为股阔的三分之一"，实际上应为"磬的厚度为鼓阔的三分之一"，这是译文之误。

《考工记》今注今译　将《考工记》译为现代汉语始自林尹的《周礼今注今译》（1972）。随后出现了闻人军的《考工记导读》（巴蜀书社，1988、1996）、《考工记导读》（中国国际广播出版社，2008、2011）、《考工记导读图译》（明文书局，1990）、《考工记译注》（上海古籍出版社，1993、2008、2021），张道一的《考工记注译》（陕西人民美术出版社，2004），刘道广、许旸、卿尚东的《图证〈考工记〉》（东南大学出版社，2012），关增建、赫尔曼的《考工记翻译与评注》（上海交通大学出版社，2014），徐峙立中译、王敬群英译的《考工记》（山东画报出版社，2018）等，均有《考工记》的今注今译。戴吾三的《考工记图说》（山东画报出版社，2003）和李亚明的《考工记名物图解》（中国广播影视出版社，2019），不作今译而多插图。汪少华的《〈考工记〉名物汇证》（上海教育出版社，2019）汇聚百家之言。林尹之后，因注译《周礼》兼而注译《考工记》的也有好几种本子：如许嘉璐注译《文白对照十三经》之《周礼》（广东教育出版社，1995），钱玄（1910—1999）、钱兴奇、王华宝、谢秉洪注译的《周礼》（岳麓书社，2001），杨天宇（1943—2011）《周礼译注》（上海古籍出版社，2004），吕友仁《周礼译注》（中州古籍出版社，2004），中华书局"中华经典名著全本全注全译丛书"中常佩雨译注的《周礼·考工记》（2014），曹海英译注的《周礼·仪礼》（北京文艺出版社，2013）等。上述诸书，水平不一而各有特色。取其所长，避其所短，谅对《考工记》的读者有所助益。令人遗憾的是，《考工记》热中出现了一些学术不端行为，俞婷编译的《考工记：古法今观——中国古代科技名著新编》（江苏凤凰科学技术出版社，2016）是一本明目张胆的剽窃之作。其《考工记》"注释"绝大部分抄袭闻人军的《考工记译注》（上海古籍出版社，2008），尤其是其《考工记》"译文"部分，从头至尾、逐字逐句抄袭上述《考工记译注》，完全相同者达99%以上。而《考工记：古法今观》的编译者居然在《前言》中自称"用简洁的文字，将此书深邃难懂的内容翻译成现代文"。如此剽窃行径，实属罕见，各种后果，咎由自取。当痛定思痛，引以为戒。

第五章 国 外 篇

引 言

历史上，《考工记》被国外学者认识、学习和研究，首先是作为经学著作《周礼》的一部分，输入朝鲜半岛，东渡日本，译介欧美。借着经学的光环，《考工记》早就有了日本和朝鲜刊本。以1583年西班牙传教士门多萨（J. G. de Mendoza）的《中华大帝国史》在罗马印行为标志，国际上的汉学（Sinology）至今已有四百多年的历史。19世纪，西方有了《周礼·考工记》的法文译本。20世纪，日本和西方汉学界、科技史界研究《考工记》的著作次第出现。70年代末有了《周礼·考工记》的日文译本。80年代初，《考工记》在科技文明史上的重要价值甚至引起了联合国教科文组织的注意。21世纪，《考工记》有了正式出版的英文和德文全译本。除《考工记》中文电子书外，法、英文电子书开始在西方学术界流传。《考工记》的流传和研究方兴未艾。

第一节 《考工记》的东传和西渐

过往3 000年来，东北亚存在着一个以汉字为主要纽带、以中华文化为源头，覆盖中国、日本和朝鲜半岛的汉字文化圈。

中日文化交流，源远流长。在6世纪末开始的大约1 000年的汉学时代中，日本以中国为师，不断地移植、吸收、传播中国文化和科技知识。自7世纪初起，日本朝廷开始派遣使团到隋唐，买求内外典籍。一直到9世纪末，先后由官方组织派遣了20多次遣隋、唐使团，包括《周礼》在内的儒家经典，经由文化交流管道，或曰"中日书籍之路"，传入日本列岛。唐朝有日本留学生，他们所用的教材及学习的时间与中国学生相同，其中《周礼》的学制是两年。701年，日本制定《大宝律令》，次年全面施行。其《学令》规定郑玄注《周礼》十二卷为教材之一，"《易经》《书经》《周礼》《仪礼》《礼（记）》，各为一经，《孝经》《论语》学者兼习之"。[①]平安时代日本公卿的读书讲习会，包括《周礼》在内的儒家经典是讲习的主要汉籍。陆德明的《经典释文》含《周礼》2卷，国内唐抄本早已失传，日本则藏有唐代写本《经典释文》。京都帝国大学文学部辑有《唐钞本丛书》，1935年影印了第2集，其中有《经典释文》残卷（损坏第31页）。日本所藏《经典释文》唐抄本是现存最早的含有大量《考工记》经注词语的文献，在《考工记》研究上也很有价值。

宋元时期官方文化交流处于低潮，宋元刻版经由僧侣、商贾等民间渠道流进日本。约自明代起，《周礼》有了日本开版本。明清之交，林罗山（1583—1657）自幼勤读强记，以至"于天下书无不读"，[②]是日本著名的儒学家。其晚年点检藏书称："我家藏书一万卷，或誊写，或中华、朝鲜本，或日本开板本，或抄纂，或墨点朱句。共是六十余年间所畜收也。"[③]将汉字汉文用日语理解的行为叫作"训读"。在汉字文本中添加各种训读汉文的标点（乎古止点、返点、送假名、振假名等），叫作"训点"。林罗山经手训点的汉籍极多。其1623年所作《周礼注疏跋》曰："《周礼》郑注贾疏陆音一览了，粗为朱句，便于再考。"1627年所作《周礼跋》曰："《周礼》经全部为之训点讫，它日宜校雠之。"[④]他训点《周礼》、给《周礼注疏》加句读等，亦是不自觉地进行着整理和传播《考工记》的工作。

相当于明清时代的《周礼注疏》日本刻本回流中国，现在国内的图书

---

① 窪美昌保《大宝令新解》，东京：目黑甚七，1916年，第64页。

② 原念斋《先哲丛谈》卷1。转引自俞樾编，曹昇之、归青点校《东瀛诗选》卷1，北京：中华书局，2016年，正文第1页。

③ 京都史迹会编纂《林罗山诗集》卷第32，东京：ぺりかん社，1979年，第360—361页。

④ 京都史迹会编纂《林罗山文集》卷第54，第629页。

馆中藏有多种。如：《周礼注疏》6卷宽永（1624—1643）刊本，《周礼注疏》42卷宽延二年（1749）皇都书肆大和屋伊兵卫刊本，《周礼注疏》文化（1804—1817）刊本等。

清代输往日本的汉籍很多，如《通志堂经解》于吉宗时东渡；《古今图书集成》至明和元年（1764）赏往全部10 000卷，藏于江户城的文库；《皇清经解》编成后6年，即天保六年（1835）舶日。这些书籍不但影响到日本的出版业、著述界，而且使乾嘉之学风行于近世日本，对日本的《考工记》研究也产生了重大的影响。

至迟在18世纪，《考工记》研究开始从《周礼》中独立出来。井口文炳（号兰雪，1719—1771）据其老师上野义刚（号海门，1686—1744）遗著《三礼名物解》，撰成上野义刚著述、井口文炳订补的日文《考工记管籥》，由平安的唐本屋吉左卫门于宝历二年（1752）刻行（图5-1），对《考工记》的用语、器物的用途、形状、尺寸引经据典详细解释。乾隆二十年（1755）冬，戴震的《考工记图》在中国刊行，该书使戴震一举成名。1767年，唐本屋吉左卫门又刊行了上野义刚著、井口文炳订补的《考工记管籥》卷上、卷下，以及井口文炳所著《考工记管籥图》1卷、《考工记管籥续编》1卷、《考工记管籥续编图汇》1卷。井口文炳还著有《考工记国字解》2卷。程朱学派的桃世明（号西河，1748—1810）则著有《周礼窥》6卷、《考工记图考》等。

中华大地上的新生事物，往往波及朝鲜朝野。雕版经传始于五代，后周广顺三年（953）刻成《五代监本九经》。高丽成宗朝（995—997）曾遣使向宋朝求得国子监版本《九经》，内含《周礼》。文宗十年（1056）西京留守建议"京内进士、明经等诸业举人，所业书籍率皆传写，字多乖错，请分赐秘阁所藏《九经》《汉、晋、唐书》《论语》《孝经》，子、史、诸家文集，医卜、地理、律算诸书，置于诸学院，命所司各印一本，送之"。[①]自此有了《周礼》朝鲜刻本。11世纪朝鲜还翻刻过宋本《三礼图》。在中国

---

① 洪凤汉、李万运、朴容大《增补文献备考》卷242《艺文考》，弘文馆，1908年。

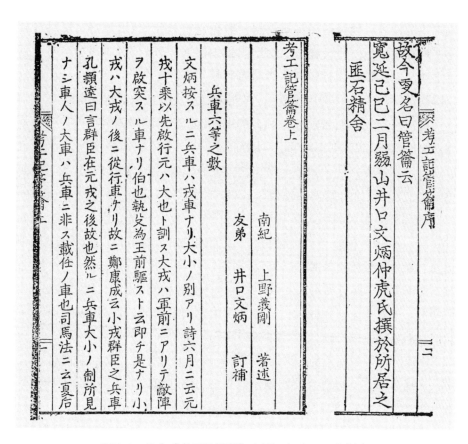

图5-1　日本《考工记管籥》宝历二年（1752）刻本
（京都大学图书馆藏）

发明活字印刷术之后，13世纪初朝鲜创铸字印书法。15世纪初，李朝开始大规模铸铜活字，印经、史、子、集诸书，促进了朝鲜的汉学研究。至成化年间（1465—1487），"以所藏铸本"大事刻印包括《纂图互注周礼》12卷在内的著作。[①]

　　明末清初，西学东渐的欧风西雨吹过一衣带水，在朝鲜半岛撒下了西学天文历算的种子。清代频繁而庞大的朝鲜燕行使团是中朝文化交流的又

———————————

[①]《纂图互注周礼》金宗直跋，崇祯后五年朝鲜刊本，杭州大学图书馆藏。

一批得力使者。朝鲜使团多次入燕，细观中华文物，大开眼界。又与乾嘉学派近距离接触，见识戴震《考工记图》、阮元《考工记车制图解》等乾嘉奇书硕果。从朝鲜燕行使臣的活动和达城名门望族徐氏集团身上，我们可以看到，《考工记》不时闪亮登场，在中朝文化交流中扮演特种角色。

　　1778年，北学派名家朴齐家（1750—1805）随朝鲜陈奏使入燕，纵观城郭室庐车舆器用，叹曰："此皇明之制度，又《周礼》之制度也。"凡遇可以通行于朝鲜者，他"熟视而窃识之，或有未解，复博访以释其疑，归而笔之于书，为《北学议》内外篇"。1782年徐命膺（1716—1787）为其作序说："城郭室庐车舆器用，莫不有自然之数法。得之则坚完悠久，失之则朝设夕弊，害民国不细。今观《周礼》，涂广有轨，堂修有尺，车毂三其辐则不泥，屋葺一其峻则易溜，以至金锡之剂量，韦革之缓急，丝之沤漆之鬃，莫不谨书该载。此可见圣人之识广大精微，包括万有之数法，各造其极。"①徐命膺，字君受，号保晚斋，以象数学为学问的基础，兼受中西之学，主张"自然数法"。徐命膺之子徐浩修（1736—1799）为著名天文历算家，曾两次以进贺使团副使的身份出访清朝。乾隆五十五年（1790），乾隆帝80大寿，徐浩修第二次以进贺使团副使的身份来京，随员中有朴齐家、历史学者柳得恭（1748—1807）等。柳得恭在其《滦阳录》中记述衍圣公孔宪培赠其戴震《考工记图》2卷、《声韵考》4卷等书。一次偶然的机会，阮元、刘镮之（1760—1821）与柳得恭同车到使臣下榻之玉河馆，被柳氏邀至炕上叙谈。柳得恭提到纪昀曾向朝方亟称阮著《考工记车制图解》"考据精详"，柳氏能"举而言之"，阮元十分高兴。为此柳得恭有诗云：

车制新编考据该，
已令先辈叹奇才。
玉河无一桃花片，

---

① 朴齐家《贞蕤集：附北学议》北学议徐命膺序，探求堂，1971年，第381页。

　　那引天台二客来。①

"天台二客"指时任翰林编修阮元、翰林检讨刘镮之。

　　徐有本（1762—1822）、徐有榘（1764—1845）为徐浩修的长子和次子，家学渊源，又深受北学派和清朝考证学派的影响，多有建树。

　　徐有本，字混原，号左苏山人。1777年小青年徐有本随父亲到燕京，居留四十天，纵观城郭街巷，结识造访友人。1816年左右，学者柳僖（原名柳儆，1773—1837）从徐有本处获得戴震的《考工记图》，作了《考工记图补注补说》，书成之后送徐有本订正。两人书信往返，讨论过嘉量鬴、土圭和度数之学等问题。

　　徐有榘，字准平，号枫石，在朝廷内外历任高官，官至大提学。一生著述颇丰。叔父徐滢修（1749—1824）为徐有榘《枫石鼓箧集》作序曰："枫石子未弱冠，从余读五经四子唐宋八家文。""忆余尝在明皋精舍，与枫石子讲《礼》之《考工记》。时灯火青荧，秋声砰湃在楚间。枫石子朗诵数遍，拍案而起曰：'大丈夫为文，不当如是耶。'余笑而颔之。"②《考工记》对徐有榘学术思想深有影响，他晚年编撰的《林园经济志》多达253万字（113卷54册），被后人评价为朝鲜规模最大的实用百科辞典。

　　朴齐家有一个得意弟子金正喜（1786—1856），出身两班贵族，天资聪颖。嘉庆十四年（1809）十月，其父金鲁敬（1766—1837）任朝鲜冬至兼谢恩使副使，金正喜以子弟军官的身份同行，来到燕京，留驻近6个月。在此期间，金正喜造访鸿儒翁方纲（1733—1818）、阮元，甚获器重。阮元赠他《十三经注疏校勘记》《经籍籑诂》等书，谈及《考工记》辀制。他们结下长久的友谊，互有赠答。③金正喜有《考工记车制图解》一册，亦阮元所赠。道光九年（1829）九月，阮元主编的《皇清经解》在广东刻成。大约

---

① 柳得恭《滦阳录·刘阮二太史》。

② 徐有榘《枫石全集·枫石鼓箧集序》。

③ 尹任植《韩中学术与艺术交流的使者金正喜》，首都师范大学硕士学位论文，2002年，第14页。

两年后，金正喜收到阮家所赠远道而来的皇皇巨制《皇清经解》，其中一些《考工记》研究著作也一起传到了朝鲜。

欧洲传教士和学者认识《周礼·考工记》应可上溯到明末清初的第一次西学东渐。最初的西方传教士一方面向非基督教国家输出教义，同时从对象国获取信息和情报。1688年由于法国国王路易十四（1638—1715）的介入，法国耶稣会士大举来华，也向欧洲输送了大量关于中国的信息和书籍，"成为17世纪末18世纪初中西文化交流的主流"。[①]1731年8月30日，汉学家兼传教士马若瑟（Joseph de Prémare，1666—1736？）写信给法国皇家文库（或称国王图书馆）中文图书管理员傅尔蒙（Etienne Fourmont，1683—1745）说："在北京可以获得两套重要的系列藏书。一套包括所有的道家著作，另一套则涵盖了儒家最优的作品。……在我看来，上述书籍将用来装点和丰富世界上最伟大的国王的图书。"不到两年，他就采购了这套涵盖了儒家最优作品的《十三经注疏》。法国传教士、汉学家钱德明（Jean-Joseph-Marie Amiot，1718—1793）是《孙子兵法》的法译者。他长期居住北京，从1766年受托搜购汉籍起，曾把他所搜集到的大量中文满文书籍，包括半部雍正四年铜活字本《钦定古今图书集成》，陆续寄给了法国皇家图书馆。[②]1789年皇家文库被收归国有。1792年，更名为法国国家图书馆。后因政权更迭，曾几经更名。19世纪法译《周礼》的底本，即清方苞（1668—1749）编的《钦定周官义疏》，可能也在18世纪来到法国。

第二节　国外的"金有六齐"研究

对中国古代青铜器成分作化学分析，进而讨论《考工记》"金有六齐"诸问题，一直受到国内外研究者的重视，早已是东西方涉及《考工记》的

① 韩琦《17、18世纪欧洲和中国的科学关系——以英国皇家学会和在华耶稣会士的交流为例》，《自然辩证法通讯》1997年第3期。

② 陈恒新《法国国家图书馆藏汉籍研究》，山东大学博士学位论文，2018年，第8—10页。

一个研究热点。

在日本，古铜器分析研究的先驱者是曾留学德国的京都大学教授、精通汉文的化学家近重真澄。因为周代试样太难获得，近重真澄遂收集了很多汉代铜器作化学分析。他认为《考工记》是周代的著作，其中的"金有六齐"是世界最早的合金规律。自1918年起，发表《东洋古铜器の化学的研究》（1918）、《东洋古代文化之化学观》（1919）、《东洋古铜器的化学成分》（*The Composition of Ancient Eastern Bronze*，1920）等论文。他曾设想"金有六齐"各配比中的金为青铜，后来改释为红铜，而非青铜，并认为除鉴燧之齐外，六齐之说是很合理的，而且同汉代试样的成分相符合。

近重真澄之后，日本东亚考古学的领衔学者，京都大学教授梅原末治（1893—1983）从研究古坟、铜镜出发，进而全面地研究以青铜器为中心的东亚古代文化，成果丰硕。其中不乏与《考工记》研究有关者，如：《支那古铜器的化学分析》（1927），《关于支那古代の铜利器》（1931），《关于支那古铜器の化学的研究》（1933），《关于支那古铜利器の成分之考古学的考察》（1940），讨论了金有六齐和由此反映的《考工记》的年代。

此外，道野鹤松（1905—1976）于1932—1938年在《日本化学会志》发表《东洋古代金属器的化学的研究》系列报告，1934年在《日本化学会简报》发表《古代支那之纯铜器时代》，以"金有六齐"各配比中之"金"为红铜解释"金有六齐"。

日本中国科技史研究的领军人物是薮内清。他对"金有六齐"也作过综合研究，认为释金为红铜比较接近实际情况，又认为根据原文，似乎该释金为青铜。[①]1995年岛尾永康（1920—2015）的《中国化学史》将近现代学者对"金有六齐"的研究和再认识作了概括介绍，他认为《考工记》称六职、六齐等，是数字形式主义的表现。"金有六齐"的配比用六、五、

①［日］薮内清著，梁策、赵炜宏译，《中国·科学·文明》，台北：淑馨出版社，1989年，第26—28页。

四、三、二整齐的数字表示，乃是拘泥于一种形式美。[①]

在西方，开风气之先者是英国著名汉学家叶兹（W. Perceval Yetts，1878—1957）。他曾担任世界上第一个中国艺术考古系（伦敦大学中国艺术考古系）的第一任教授，着力研究中国古籍和利用当时少量的青铜器化学分析资料，于1929年发表《中国古代的青铜铸造技术》（*The technique of bronze casting in ancient China*），1932年作《青铜铸造技术》（*Techniques of Bronze Casting, Eumorfopoulos Catalogue*）。在西方汉学界，他是最早研究"金有六齐"的铜锡配比的学者。

巴纳（Noel Barnard，1922—2016）出生于新西兰，1953年获澳大利亚国立大学首批博士奖学金，攻读中国史博士学位。随后在澳大利亚国立大学执教，在此度过了50多年的学术生涯，成为世界级中国早期历史和考古学权威，精于金文。他利用中文、日文和西文资料，对过往40年间发表的传世和出土的350多件中国古代青铜器，就范铸技术及合金成分配制进行了较系统的科学分析和研究，1961年发表专著《中国古代的青铜铸造和合金》（*Bronze Casting and Bronze Alloys in Ancient China*）。2014年92岁高龄时，巴纳还从堪培拉寓所亲自到惠灵顿，接受了母校维多利亚大学的名誉文学博士学位。

盖顿斯（Rutherford J. Gettens，1900—1974）是美国化学家和文物保护专家。1951年受聘从哈佛的福格艺术博物馆来到华盛顿的弗利尔美术馆，创建技术实验室以应东方艺术和考古研究之需。他曾对弗利尔美术馆所藏的120件中国青铜器，逐个进行X光透视、化学分析、金相检验，研究造型材料和范铸技术。其结晶是1969年弗利尔美术馆出版的《弗利尔中国青铜器》卷2《技术研究》（*The Freer Chinese Bronzes*，vol. II *Technical Studies*）。

切斯（William T. Chase）1940年生，曾与盖顿斯共事。继盖顿斯之后，切斯任技术实验室的首席保护专家。他称"金有六齐"为"周礼配方"（*Zhou Li formula*），于1983年作《中国青铜铸造技术简史》（*Bronze casting*

---

① ［日］岛尾永康《中国化学史》，东京：朝仓书店，1995年，第80—85页。

in China: A short technical history ），收入了 G. Kuwayama 所编的《伟大的中国青铜时代：专题讨论》（*The Great Bronze Age of China, a symposium*）。切斯发展了盖顿斯的工作，他曾多次来华进行交流。

第三节 近现代日本的《考工记》研究

日本是国外《考工记》研究的主力军。近现代日本学者不再满足于走传统经学的老路，不失时机地引入考古学和科技史研究，开辟出《考工记》研究的新天地，取得了引人瞩目的成就。

科技史方面可以薮内清及其学生吉田光邦为代表。薮内清毕业于日本京都大学理学部，曾任京都大学教授、京都大学人文科学研究所所长。他致力于中国科学技术史的研究，"并一直努力使广大的日本人民知道，在科学技术的历史上中国曾取得了怎样伟大的成就"。[①]他是日本《世界大百科事典》（1974）《周礼·考工记》的撰稿人。薮内清认为"由于是中国最古的技术书，《考工记》是研究古代物质文化不可或缺的文献"。

吉田光邦（1921—1991）系京都大学人文科学研究所教授，1984年出任研究所所长。他对《考工记》作过一系列的研究，先后发表《弓和弩》（1953）、《中国古代の金属技术》（1959）、《周礼考工记の一考察》（1959）等论文，1972年收入其《中国科学技术史论集》，由日本放送出版协会出版，此书是他的代表作之一。

自19世纪末起，日本即开始关注中国的考古发掘和研究。1928年，矢岛恭介在《考古学杂志》发表《支那古代の车制》。20世纪50年代初，辉县战国车马坑古车轮缚等考古发现激起了东西方学术界研究车制的热情。1959年《东方学报》京都第29册和第30册先后刊登了林巳奈夫（1925—2006）的《中国先秦时代の马车》和《周礼考工记の车制》。1969—1973

---

① ［日］薮内清著，梁策、赵炜宏译，《中国·科学·文明》中文译本序言，第4页。

年，高田克己（1905—1989）在《大手前女子大学论集》发表《规矩考——"周礼考工记"的考察》及其续篇和补遗，探讨当时的规矩，并根据《考工记》的记载，绘成车制的复原图。[①]20世纪70年代，林巳奈夫根据金文和考古资料制成了西周车子的复原模型。[②]

林巳奈夫曾担任京都大学教授、名誉教授，他利用现代考古的类型学理论对铜器、玉器进行分析，并与甲骨、金文及中国古代文献相互参证，取得了一系列具有国际影响力的研究成果。如《中国古代の祭玉、瑞玉》（1969）、《中国殷周时代の武器》（1972）、《关于中国古代的玉器、琮》（1988）、《春秋战国时代青铜器の研究》（1989）等。1991年他将玉器研究的主要论文以《中国古玉の研究》为名结集出版，收录1969—1989之间的7篇论文。度量衡研究方面，林巳奈夫还发表过一篇《战国时代の重量单位》（1968）。计量史家新井宏于1997年发表《论考工记的尺度》，[③]继续吴大澂、闻人军等的研究，通过《考工记》和出土文物的比较，证明存在一种略小于汉尺（23.1厘米）的周尺（约20厘米）。

原田淑人（1885—1974）曾任东京帝国大学教授和日本考古学会会长，是"日本近代东洋考古学先驱"之一。20世纪20年代，曾来中国参加"东亚考古学会"的活动，1930年做过北京大学教授。由于原田的汉学家传渊源，加上后来在东京帝国大学曾专攻过文献学，因而重视将汉文典籍与考古遗物结合研究。1932年与驹井和爱（1905—1971）合辑的《支那古器图考（兵器篇）》由东方文化学院东京研究所出版。1936年发表《周官考工记の考古学的检讨》，晚年还有《关于周官考工记的性质及其制作年代》（1967）问世。东京大学教授驹井和爱是原田淑人的学生，发表过《戈戟考》（1940）、《支那战国时代の兵器》（1941）等相关文章。京都大学教授水野清一（1905—1971）先有《玉璧考》（1931）、《支那古铜容器の一考

---

① ［日］工藤卓司《近百年来日本学者〈三礼〉之研究》，台北：万卷楼图书股份有限公司，2016年，第114页。

② ［日］林巳奈夫《西周金文に现れる车马关系语汇》，［日］《甲骨学》第十一期，1976年。

③ ［日］新井宏《考工记の尺度について》，《计量史研究》19（1），1997年，第1—15页。

察》（1933）、《桃氏の青铜剑》（1940）等论文，1959年出版论文集《殷周青铜器和玉》。田中淡（1946—2012）于1980年发表《先秦时代宫室建筑序说》，1989年收入其《中国建筑史の研究》，由弘文堂出版。该书第一篇第一章是《〈考工记〉匠人营国及其解释》。

　　国内的重要考古发现，亦为日本的《考工记》研究者所关注，使《考工记》研究与时俱进。例如：与《考工记》年代相近的随县曾侯乙墓出土编钟举世瞩目。东京大学东洋文化研究所教授平势隆郎（1954—　　）在任教九州大学时，将出土资料、复制实验数据和《考工记》的记载结合起来研究，1988年11月赴武汉参加曾侯乙编钟国际学术研讨会，在会上发表了《编钟的设计与尺寸以及三分损益法》一文。[①]1974年3月秦始皇陵兵马俑坑单辕双轮木质战车出土，申英秀参考林巳奈夫、吉田光邦的研究，以及《云梦睡虎地秦墓·法律答问》等资料，复原《考工记》的车制，与秦战车实物比较，论述得失。他于1987年9月在《史观》发表《中国古代战车考——〈周礼〉考工记の战车和秦の战车》一文，认为在先秦时代秦战车的性能最优秀。[②]2011年中国学者赵海洲的《东周秦汉时期车马埋葬研究》由科学出版社出版，对当时已发现的东周秦汉时期有关车马埋葬的遗迹、遗物进行了系统梳理，并对马车结构以及车马器具的演变规律作了一些探讨。石谷慎、菊地大树将之译成日文，已于2014年由科学出版社东京株式会社出版。诸如此类，不一而足。

　　此外，传统经学研究仍不容忽视。除本田二郎的《周礼通释》外（详见本章第六节），1978—1979年，三上顺在《たまゆら》上发表《周礼考工记匠人释稿（1）》（第8号，1978年）和《周礼考工记匠人释稿（2）》（第9号，1979年）。系以孙诒让《周礼正义》为底本，译为日文（日语书下文和现代语译），加以注释，还附有图版。[③]加籐虎之亮（1879—1958）的

① ［日］平势隆郎《编钟的设计与尺寸以及三分损益法》，载湖北省博物馆等编《曾侯乙编钟研究》，武汉：湖北人民出版社，1992年，第232—262页。
② ［日］工藤卓司《近百年來日本学者〈三礼〉之研究》，第114页。
③ ［日］工藤卓司《近百年來日本学者〈三礼〉之研究》，第70—71页。

《周礼经注疏音义校勘记》（上、下），积三十余年之功，网罗《周礼注疏》的主要版本，先后于1957年和1958年在东京出版。此书所收中日韩版本资料相当丰富，颇具学术价值，对《考工记》研究亦有影响。

第四节　西方汉学界的《考工记》研究

法国华文收藏曾富甲一方，造就了雷慕沙（J. P. A. Rémusat，1788—1832）这样的汉学大师。他没有到过中国，仅从书本学习而成功地掌握了有关中国的深广知识，26岁时便担任了法兰西学院主持"汉文与鞑靼文、满文语言文学讲座"的教授。1816年他受命为法国皇家图书馆的中文书籍编纂书目，名为《关于皇家图书馆的中文藏书》，于1818年出版。1832年雷慕沙44岁英年早逝后，由他的学生儒莲（Stanislas Julien）接替，引领法国汉学约半个世纪之久。

瑞典最有影响的汉学家高本汉（Klas Bernhard Johannes Karlgren，1889—1978），运用欧洲比较语言学的方法，探讨古今汉语语音和汉字的演变，颇有创获。他于1931年发表《早期文献中的周礼和左传》，[①]揭示《毛诗》《尔雅》等早期文献，已引用《周礼》《考工记》和《左传》，证明《周礼》《考工记》和《左传》至迟在公元前2世纪中叶早已有之，它们不是伪书，研究中可以放心引用。

劳弗尔（Berthold Laufer，1874—1934）出生于德国科隆的一个犹太家庭，1897年在莱比锡大学获博士学位，通晓多国文字。移居美国后，先后领导并参加了4次远东探险活动，长期担任美国芝加哥菲尔德自然史博物馆（The Field Museum）人类学馆馆长，是20世纪初西方最著名的东方学家之一，也是美国早期的汉学权威，著述甚丰。他的《说玉：中国考古学和宗

[①] Klas Bernhard Johannes Karlgren, *The Early History of the Chou Li and Tso Chuan Texts, BMFEA* 3, 1931, pp.1–59.

教的研究》（*Jade: Study in Chinese Archaeology and Religion*）一书，1912年2月由芝加哥菲尔德自然史博物馆出版，系劳弗尔中国研究代表作之一。全书分作12部分，还有两个附录。在第5章"玉的宗教崇拜——宇宙神玉器"中，他将《周礼·春官·典瑞》和《考工记·玉人》的不少段落译成了英文，加以引用。夏鼐指出："美国人劳佛（B. Laufer）的《说玉：中国考古学和宗教的研究》（1912年英文本）在西方是被认为第一部关于中国古玉的考古研究划时代的专著。实际上这书的考证部分几乎全部抄袭吴大澂的研究成果，有些地方也沿袭了吴氏的错误论断。但是他这书的考古学研究方面，确是远胜于布什尔（S. W. Bushell）等的《H. R. 毕沙普（Bishop）收藏玉器的调查和研究》（1906年）一书。"[①]

1932年马衡作《隋书律历志十·五等尺》，福开森（John Calvin Ferguson，1866—1945）把它译成英文（*The Fifteen Different Classes of Measures as Given in the "Lü Li Chih" of the Sui Dynasty History*）。翌年，洛阳金村古墓周尺出土，福开森得之于怀履光（William Charles White，1873—1960），作双语的《得周尺记》（*Chou Dynasty Foot Measure*）。这两种双语著作当年由私家印制，北京的法国书店有售。1941年，福开森的《中国的尺度》（*Chinese Foot Measure*）发表在德国的国际性汉学刊物《华裔学志》（*Monumenta Serica*）上，文中有洛阳金村周尺和新莽嘉量的照片。福开森指出：洛阳金村"周尺是中国现代考古研究中最有价值的发现之一"。1934年，福开森将自己数十年的上千件收藏全部无偿地捐赠给了金陵大学（其前身是福开森创办的汇文书院），其中多为名贵文物，包括该周尺。

长期生活在台湾的法国神父雷焕章（Jean A. Lefeuvre，1922—2010）是世界第一流的甲骨文、金文专家。雷神父曾撰写《兕试释》和英文《商代晚期黄河以北地区的犀牛和水牛——从甲骨文中的𠭯和兕字谈起》，[②]引用

---

① 夏鼐《有关安阳殷墟玉器的几个问题》，载中国社会科学院考古研究所编著《殷墟玉器》，北京：文物出版社，1982年，第2页。

② Jean A. Lefeuvre, *Rhinoceros and Wild Buffaloes North of the Yellow River at the End of The Shang Dynasty: Some Remarks on the Graph and the Character* 兕, *Monumenta Serica*, 39, 1990–1991.

考古发现、甲骨文、金文和许多文献（包括《考工记》函人）资料，考定甲骨文"兕"字是指野生圣水牛（*Bubalus*）。他认为自殷商至东晋，"兕"字均指野生圣水牛。"检视从《诗经》到东晋古籍中的兕，唯有当它是野水牛，我们才能对这些古籍做合理的解释"。[1]学术界对这一观点有争议，对《考工记》函人中的兕为何种动物，也存在几种不同的理解。

　　建于1928年的哈佛燕京学社是美国研究中国问题的重要中心。该社引得编纂处先后编纂经、史、子、集各种引得64种81册，包括《周礼引得附注疏引书引得》，为科学利用我国古典文献作出了贡献。就郭沫若对《考工记》的年代和国别的考证，哈佛大学中国史教授杨联陞（1914—1990）补充了3条齐国方言，他认为郭氏将《考工记》定为春秋时期似乎太早。[2]

　　哈佛大学教授张光直（1931—2001）的高足罗泰（Lothar von Falkenhausen），出生于德国，曾先后求学于德国波恩大学、美国哈佛大学、北京大学、日本京都大学。现为美国加州大学洛杉矶分校教授，以中国考古学研究著称。1993年，罗泰的《乐悬：编钟和中国青铜时代文化》一书由加州大学出版社出版，书中对《考工记》"凫氏为钟"节作了深入探讨。《考工记》"锺氏染羽"和"凫氏为钟"名实之辨悬疑已久。罗泰指出：鉴于《周礼》制度以职事命工官；西汉负责制造青铜器、铸钱的职官叫"锺官"；"锺官"应与《考工记》中的锺氏有关。他认为"如果《考工记》有原始文本的话，本该是'锺氏为钟'和'凫氏染羽'"。[3]

　　汉学界对《考工记》弓矢的研究，首推谢肃方（Stephen Selby）。1970—1974年间，谢肃方在爱丁堡大学攻读中国语言文学；1978—2011年间，曾任香港特区政府行政主任。谢肃方是一个有长期实践经验的射箭手

---

① 雷焕章《兕试释》，《中国文字》新第8期，台北：艺文印书馆，1983年，第84—110页。

② Lien-Sheng Yang, *Studies in Chinese Institutional History*, Cambridge：Harvard University Press, 1963, p.103.

③ Lothar von Falkenhausen, *Suspended Music: Chime Bells in the Culture of Bronze Age China*, Berkeley, Los Angeles, Oxford: University of California Press, 1993, p. 65.

和汉学家，著有英文《中国射艺》(*Chinese Archery*)。[1]此书以英汉对照的方式介绍了中国古典文献中的射艺资料，包括《考工记》"弓人为弓""矢人为矢"和"梓人为侯"三节。北宋沈括《梦溪笔谈》中有一段关于"弓有六善"的精彩文字，在明代衍入了唐王琚《射经》。谢肃方在译述唐王琚《射经》时，也译介了误入其中的"弓有六善"。

第五节　科技史界的《考工记》研究

将《考工记》作为科学文明史上的重要文献加以研究，是从李约瑟博士开始的。李约瑟及其《中国科学技术史》合作团队，主要利用毕瓯法译《周礼》中的《考工记》，也有不少学者能直接阅读中文，对《考工记》作了多方面的研究。

1954年，《中国科学技术史》第一卷（导论）出版。李约瑟指出：河间献王为后人保存下了重要的技术文献《周礼·考工记》。1956年，《中国科学技术史》第二卷（科学思想史）出版，李约瑟关注《周礼·考工记》注疏中有关《易经》的注释。

1958年2月，第九届国际科学史大会在西班牙巴塞罗那和马德里举行。李约瑟提交了会议论文：《中国古代的轮和齿轮》(*Wheels and Gear-Wheels in Ancient China*)。薮内清与李约瑟的首次会晤也发生在这次大会上。1959年，《中国科学技术史》第3卷（数学、天学和地学）出版，引用了《考工记》"匠人建国"测量术、"玉人"圭璧祭祀日月星辰等资料。鲁桂珍（1904—1991）、萨拉曼（Raphael A. Salaman，1906—1993）和李约瑟合作的《中国古代的造车技术》(*The Wheelwright's Art in Ancient China*)一文，1959年发表于《自然》(*Physis*)。此论文分作两部分。第I部分为《轮缠的发明》(*The Invention of "Dishing"*)，将《考工记》的《轮人为轮》节译成

① Stephen Selby, *Chinese Archery*，香港：香港大学出版社，2000年。

了英文；根据考古发现的河南辉县战国车马坑第16号车的轮缫，结合《考工记》的记载，作了中欧比较研究。第 II 部分是《作坊实况》（*Scenes in the Workshop*），分析研究了汉制车轮画像石以及多种木轮的实物形象资料。

随着《中国科学技术史》后续卷册的出版，对《考工记》的研究逐渐展开。第4卷的3个分册，集中体现了李约瑟研究《考工记》的水平。在第4卷第1分册（物理学）中，涉及栗氏为量、轮人为轮、金有六齐、凫氏为钟、匠人测量等。李约瑟等对《考工记》的研究，以第4卷第2分册（机械工程）为代表，他称《考工记》为"研究中国古代技术史的最重要的文献"。不但把《考工记》的"总叙"译成了英文，而且对《考工记》制轮制车技术作了比较详尽的研究。第4卷第3分册（土木工程和航海技术）探讨了"匠人营国"的水利技术，也涉及市政规划。

此外，如第5卷第6分册（军事技术：抛射武器和攻守城技术）的作者叶山（Robin D. S. Yates）对弓箭等冷兵器的研究，第5卷第12分册（陶瓷技术）的作者克尔（Rose Kerr）与伍德（Nigel Wood）对陶人、旊人的论述。第6卷第1分册（生物学）引"梓人"的大兽小虫分类法，第2分册（农业）的作者白馥兰（Francesca Bray）对"匠人""车人"中农具的阐述，也涉及《考工记》研究。总之，书中议题凡是能在《考工记》中找到源流的，一般都不会错过。这套《中国科学技术史》历时50多年，至今尚未全部出齐，参与撰写的合作者众多，观点也不可能始终一致。如对《考工记》的成书年代的看法，就吸收了中国科技史界的研究成果，前后出现过几种不同的说法。

1982年，上海古籍出版社为祝贺李约瑟博士80寿辰出版多语种纪念论文集《中国科技史探索》（1986年出版中文版），荷兰格罗宁根大学的应用物理学教授史四维（A. W. Sleeswyk）为此作《木轮形式和作用的演变》一文。他以为《周礼》的定本完成于公元前2世纪，文中对《周礼·考工记》"轮人为轮"条"望而眂其轮，欲其幎尔而下迤也"一句提出了一种独特的解释，以为这句话指的是莫氏干涉效应。他还讨论了辉县战车上同时发现的轮缫和夹辅，把两者的工作原理相联系，用以解释轮缫和准直径撑（即夹辅）的功用。

伦敦大学的古克礼（Christopher Cullen）1996年发表《中国古代的天文数学：周髀算经》，这本英译和研究《周髀算经》的著作，援引了《考工记》辀人的轸方盖圆所反映的盖天说，磬氏、车人中与矩有关的一系列角度定义，以及匠人的测量术。[①]古克礼曾任李约瑟研究所所长，2014年起为名誉所长。

芝加哥大学东亚语言文化学系教授钱存训（1909—2015）曾长期担任该校远东图书馆馆长。由于钱存训等华裔汉学家的努力，芝加哥大学成为哈佛大学之外的另一个美国汉学研究重镇。他是李约瑟《中国科学技术史》系列第5卷第1分册（纸和印刷）的作者，该书1985年出版。早在1961年，钱存训曾发表《汉代书刀考》一文，[②]由《考工记》"筑氏为削"及其郑玄注入手，展开了长达数万言的研究考证。次年，其名著《书于竹帛：中国古代的文字记录》问世，[③]引用了《南齐书·文惠太子传》所提到的科斗书《考工记》竹简这则史料。

加州大学圣迭戈分校物理系教授程贞一，1933年生于南京。1961年获美国圣母大学（Notre Dame University）物理化学专业博士学位。先由化学家改行为物理学家，后来又兼为科技史家。自1980年起在该校中国研究计划开设自然科学史课程。1988年发表《曾侯乙编钟在声学史中的意义》，[④]曾主编英文《曾侯乙双音编钟》（*Two-Tone Set-Bells of Marquis Yi*，1994），出版英文《中华早期自然科学之再研讨》，[⑤]中文《黄钟大吕：中国古代和十六世纪声学成就》等论著，将《考工记》中含声学、力学知识的一些段落英译并加以研究。《中国科学技术史》第4卷第1分册（物理学）中的声学部

---

① Christopher Cullen, *Astronomy and Mathematics in Ancient China: The Zhou Bi Suan Jing.* Cambridge; New York: Cambridge University Press, 1996.

② 钱存训《汉代书刀考》，《"中研院"历史语言研究所集刊》外编，第4号，下册，1961年。

③ Tsuen-Hsuin Tsien, *Written on Bamboo and Silk: The Beginnings of Chinese Books and Inscriptions,* Chicago: University of Chicago Press, 1962.

④ 程贞一《曾侯乙编钟在声学史中的意义》，载《曾侯乙编钟研究》，武汉：湖北人民出版社，1992年。

⑤ Joseph C.Y. Chen, *Early Chinese Work in Natural Science*, Hong Kong：Hong Kong University Press, 1996.

分由李约瑟和鲁宾逊（Kenneth Robinson）合撰，他们将"金有六齐"一系列配比中的"金"释为青铜，得到铜含量的一系列比率，再与纯律的谐率数据比较，误以为谐率数据出现在"金有六齐"中，是中国古代铸造工匠误用了谐率知识。程贞一通过详细考证，指出李约瑟和鲁宾逊之误，"金有六齐"实与乐律学的谐率无关。[①]

第一届中国科技典籍国际会议1996年在山东淄博举行，这届会议以《考工记》为主题，研究《考工记》的论文有20多篇，绝大多数由国内学者提交。德国柏林工业大学的维快（Welf H. Schnell）在会上发表《〈考工记〉和 De Architectura——两本古籍中的不同技术观点》，[②]将《考工记》和西方唯一传世的古建筑学书籍，即维多（Vitruv）的《建筑学十书》（De Architectura libri decem，约公元前33年）作比较研究，认为两书代表了截然不同的技术观。

第六节　《考工记》的外译

1980年前后，联合国教科文组织计划将《考工记》先译成现代汉语，再译成英、法、俄、西班牙和阿拉伯文，从而形成联合国通用的六种工作语言的《考工记》，以广流传和研究。当时国务院将译《考工记》为现代汉语的任务层层下达，最后落实到上海博物馆的考古学家蒋大沂。1981年蒋氏不幸身故，未完成的译稿不知下落。迄今为止，《考工记》已有多种现代汉语译本。外语全译本已有法文、日文、英文和德文四种。概述如次：

《周礼》的法译者是法国工程师和汉学家毕瓯（Édouard Constant Biot，1803—1850）。他是儒莲的得意门生，曾参加里昂与圣艾蒂安之间的法

---

① 程贞一著、王翼勋译《黄钟大吕：中国古代和十六世纪声学成就》，上海：上海科技教育出版社，2007年，第65—67页。

② 维快（Welf H. Schnell）《〈考工记〉和 De Architectura——两本古籍中的不同技术观点》，华觉明主编《中国科技典籍研究——第一届中国科技典籍国际会议论文集》。

国铁路第二线的建设，具有工程技术背景。毕瓯关于中华文明的著述大多发表于《亚洲丛刊》（*Journal Asiatique*），其中包括1841年的《周髀算经》法译本，这是《周髀算经》的第一个西文译本。此外，他也是《中华帝国地理辞典》和《中国学校铨选史》的作者。他最著名的学术成就是法译《周礼》（*Le Tcheou-li ou Rites des Tcheou*）（图5-2），底本是方苞的《钦定周官义疏》，除翻译经文外，也译述了不少《周礼》注释的内容。可惜他享年不永，未及全部完成。留下的扫尾部分由导师儒莲和父亲 J. B. 毕瓯（Jean-Baptiste Biot，1774—1862）帮助完成。定稿分作2卷，于

图5-2 法文《周礼》

1851年在巴黎由法国国立出版社（Imprimerie Nationale）出版，这是《周礼》的第一部，是迄今为止唯一的西文全译本，也是《考工记》的第一个西文全译本。西方学术界常加以引用。毕瓯作为雷慕沙的再传弟子，继承师门法译中国典籍的传统，又有工程技术背景，故能翻译包括《考工记》在内的《周礼》。书中自认翻译《周礼》的"业绩不在发掘巴比伦、亚述之下"。①

迄今为止，《周礼》尚无英文全译本，但已有节译本。清代福建长溪学者胡必相（字梦占）以南宋叶时《礼经会元》为基础，作《周礼贯珠》2卷，于1797年刻于及修家塾。《周礼贯珠》将《周礼》摘编为56节，其中含《考工记》原文的主要有建国、染采、车旗、百工、农事、市政、梓栗陶旊、声乐、弓矢、甲革、戈戟、祭祀玉器等12节。英人金执尔（William

---

① 李学勤《从金文看〈周礼〉》，《寻根》1996年第1期，第4—5页。

R. Gingell）于1842年乘运兵船自印度抵南京，数年后任英国驻福州领事馆翻译。1849年请华人林高怀为其讲解胡必相的《周礼贯珠》。经过8个月，三易其稿，于1850年完成了英译《周礼贯珠》。那时他已代理福州领事。1852年，英译本以《〈周礼贯珠〉所见公元前1121年中国人的礼仪》（*The Ceremonial Usages of The Chinese，B.C. 1121. As Prescribed in The Institutes of The Chow Dynasty Strung As Pearls*）为名在伦敦由Smith，Elder，& Co.出版。该书除译文外，也有少量必要的注释，西方学术界将其视为《周礼》的英文节译本。从某种意义上说，也可视为《考工记》的英文节译本。

　　《周礼》涉及的名物众多，译释不易，古代日本儒者敬而远之。20世纪70年代始有《周礼》的日译本，译者是1939年出生的本田二郎。他于昭和四十六年（1971）进入大东文化大学大学院，根据郑注、贾疏，参考孙诒让《周礼正义》、林尹《周礼今注今译》，花6年时间独力翻译《周礼通释》上、下卷。经大东文化大学教授原田种成（1911—1995）校阅，1977、1979年相继在东京由株式会社秀英出版。《考工记》部分在《周礼通释》下卷第404页到第627页，每段内容包括：汉字本文、日语书下文、语释（注释）、通释（现代日语译文）、郑注（有郑注者译出，无郑注者省略）书下文。《周礼通释》获日本学界高度评价，至今仍是《周礼》也是《考工记》唯一的日文全译本（图5-3）。

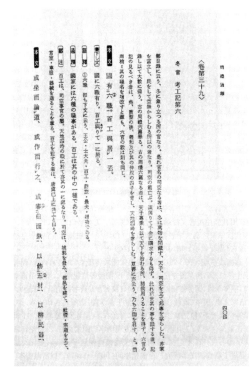

图5-3　日文《周礼》

加拿大的阿勒斯顿（Frederick Scott Allerston）是多伦多大学东亚研究系的硕士研究生，他将《考工记》的英文译注（*The K'ao Kung Chi: A Translation and Annotation*）作为学位论文，于1968年4月完成。阿勒斯顿在前言中指出："《考工记》是最早和最全面的技术著作，研究古代中国物质文化和社会状况的首要资源。而且，在世界上不同文化圈之间的比较技术史研究中，它有非凡的文献价值。"这篇用英文打字机打印的学位论文，共109页，现收藏于多伦多大学图书馆档案部，未正式发表。

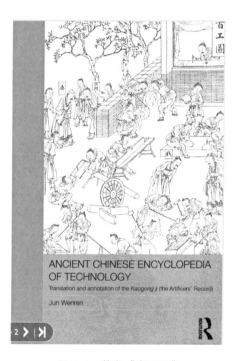

2013年初，英国的劳特利奇（Routledge）出版社在伦敦和纽约出版了闻人军的《中国古代技术百科全书——考工记译注》[*Ancient Chinese Encyclopedia of Technology—Translation and annotation of the Kaogong ji (the Artificers' Record)*]（图5-4），这是国内外第一部正式出版的《考工记》英文全译本，系劳特利奇出版社"亚洲古代史研究丛书"之一。2014和2017年，该社又先后发行了电子书和平装本。

2014年，《考工记》也有了德文全译本。赫尔曼（Konrad Herrmann，1945— ）是一位计量学家兼汉学家，曾任德国联邦测绘技术部主

图5-4 英文《考工记》

任，并将几部中文书籍从现代或古代汉语译成了德语。科技史方面，有节译《梦溪笔谈》（*Pinselunterhaltungen am Traumbach: Das gesamte Wissen des Alten China*，1997）和德译《天工开物》（*Erschließung der himmlischen Schätze*，2004）。2014年11月，上海交通大学出版社出版了关增建、赫尔曼译注的《考工记——翻译与评注》，此书包括关增建的白话文译注评，

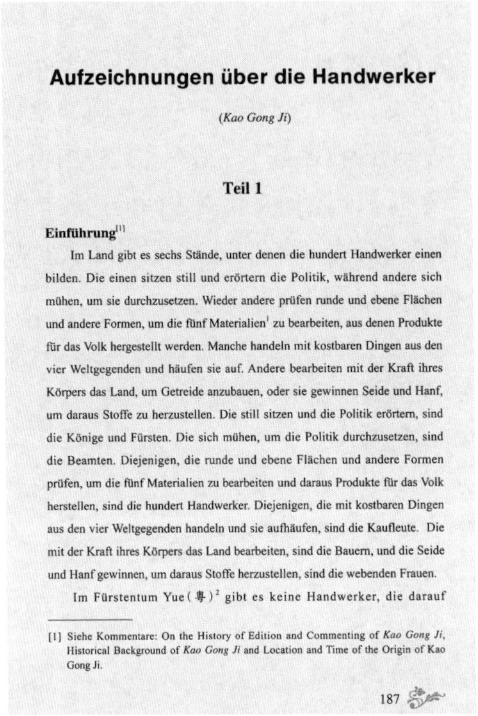

Aufzeichnungen über die Handwerker

(*Kao Gong Ji*)

Teil 1

Einführung[1]

Im Land gibt es sechs Stände, unter denen die hundert Handwerker einen bilden. Die einen sitzen still und erörtern die Politik, während andere sich mühen, um sie durchzusetzen. Wieder andere prüfen runde und ebene Flächen und andere Formen, um die fünf Materialien[1] zu bearbeiten, aus denen Produkte für das Volk hergestellt werden. Manche handeln mit kostbaren Dingen aus den vier Weltgegenden und häufen sie auf. Andere bearbeiten mit der Kraft ihres Körpers das Land, um Getreide anzubauen, oder sie gewinnen Seide und Hanf, um daraus Stoffe zu herzustellen. Die still sitzen und die Politik erörtern, sind die Könige und Fürsten. Die sich mühen, um die Politik durchzusetzen, sind die Beamten. Diejenigen, die runde und ebene Flächen und andere Formen prüfen, um die fünf Materialien zu bearbeiten und daraus Produkte für das Volk herstellen, sind die hundert Handwerker. Diejenigen, die mit kostbaren Dingen aus den vier Weltgegenden handeln und sie aufhäufen, sind die Kaufleute. Die mit der Kraft ihres Körpers das Land bearbeiten, sind die Bauern, und die Seide und Hanf gewinnen, um daraus Stoffe herzustellen, sind die webenden Frauen.

Im Fürstentum Yue (粵)[2] gibt es keine Handwerker, die darauf

[1] Siehe Kommentare: On the History of Edition and Commenting of *Kao Gong Ji*, Historical Background of *Kao Gong Ji* and Location and Time of the Origin of Kao Gong Ji.

187

图5-5　德文《考工记》

Matthew Klopfenstein的英文译注和英文评论，赫尔曼的德文译注，《考工记》研究著述汇录等。这是《考工记》的第一部德译本（图5-5）。

俄罗斯汉学家库切拉（C. Кучеры，1928—2020）受业于北京大学教授、《周礼》研究专家张政烺，为纪念他的导师，库切拉曾计划将《周礼》全书译为俄文[*Установления династии Чжоу*：(*Чжоу ли*)]，2010年由莫斯科东方文学出版社出版了第一册，内容仅覆盖《天官》的上半部分。未见后续消息，不知库氏生前是否完成《考工记》俄译。

2018年9月，山东画报出版社出版了《考工记：中英对照版》，由徐峙立译为现代汉语，王敬群译为英语。同年12月，燕山大学吴文秀的翻译硕士学位论文《基于文本类型理论的〈考工记〉翻译实践报告》对《考工记》原典全文进行了英译实践。

新世纪中华文化要籍外译成风。2009年启动了“《五经》研究与翻译”国际汉学项目。可以预期，包括《考工记》在内的中华典籍将与越来越多的国外读者见面。

第六章　方　法　篇

引　言

关于研读经籍的治学经验、治学之道，前辈学者们已有不少精辟的论述。如周予同（1898—1981）的《怎样研究经学》，[1] 吕思勉（1884—1957）的《研究先秦诸子之法》等，[2] 都有点拨之功。本书"源流篇"中介绍的古今中外学者对《考工记》的研究，亦有程度不等的借鉴作用。

一代有一代的学风和任务。"一时代之学术，必有其新材料与新问题。取用此材料，以研求问题，则为此时代学术之新潮流"。[3] 我们应当怎样治学，才能适应新潮流，以期超越前人？拙见以为，当此之世，欲在《考工记》学领域内更上一层楼，需要建立最佳知识结构（包括先秦文化史、经学史、古汉语、传世和出土文献、科技史、文物考古、互联网和科技基本知识等），继承和发展传统方法，努力采用各种有用的新方法，注意吸收各方面新的研究成果，开展多学科的交叉研究，不断开拓新领域。鉴于本书篇幅有限，我们拟围绕《考工记》的研读，提出几点参考意见。

第一节　过语言文字关

语言文字关　在《考工记》研究领域内，传统方法依然大有用武之地，

---

① 朱维铮编《周予同经学史论著选集》，上海：上海人民出版社，1983年。

② 吕思勉《先秦学术概论》，北京：中国大百科全书出版社，1985年。

③ 陈寅恪《金明馆丛稿二编》，上海：上海古籍出版社，1980年，第236页。

新的科学方法的前景更为诱人。然而无论是采用传统方法，还是引进新方法，都必须掌握语言工具，过好语言文字关。

对于《考工记》这样素来受人重视的古籍，假如仅以浏览为目的，手头有《辞源》《辞海》等综合性词典，已大致可敷应用了。

《考工记》中虚词的用法不算复杂，如有必要，可以参考有关的工具书，如杨树达（1885—1956）《词诠》（中华书局，1965，2004）、裴学海（1899—1970）《古书虚字集释》（中华书局，1954，2004）、杨伯峻（1909—1992）《文言虚词》（中华书局，1965）等。

对于有志于《考工记》研究的诸君来说，经文正读是解释经义的基础，文字、声韵、训诂方面的素养恐怕是必不可少的条件了。

《辞源》和《辞海》之利用　《辞源》自1915年问世，至今已有一百多年历史。1979—1983年的修订本长期通行，是一部阅读古籍必备的工具书和文史研究工作者的参考书，现在不少人仍在使用。2010年商务印书馆在《辞源》修订本的基础上，将原来的铅排改为激光照排，根据已发现的问题作了一定的修改，以重排版的形式出版。经过重新修订，2015年10月商务印书馆出版了《辞源》第三版，定位为一部兼收古汉语普通词语和百科词语的大型综合性词典。除纸质版外，网络版、优盘版也同步出版。《辞源》第三版综合了古代字书、韵书、类书和近现代辞书的成果，收单字14 210个、复音词92 646个、插图1 000余幅，共1 200万字。《辞源》以传世古典文献（下限至鸦片战争）所用字作为阐释对象，《考工记》中出现的字、词绝大部分均能在《辞源》内查到。由于种种原因，特别是修订者的释古能力（包括形音义、文献、文化等专业知识）往往有各种不同的局限，故虽然经过两次大的修订，新出的第三版中缺点错误仍然难以避免。如书证文字仍有不少错误，释义遗漏，甚至误释之处也时有发现，研读《考工记》时不宜盲目搬用《辞源》的解释。下面略举几例。

引文有误的：如"栈车"条释文引《周礼·春官·巾车》郑玄注误"鞶"为"軜"，"潃"条释文误"帆"为"轨"，"牝服"条释文误"车箱"为"连箱"，等等。

标点有误的：如"鬲"条释文引《周礼·考工记·车人》作"凡为辕三，……鬲长六尺"。按文意当点为："凡为辕，三其轮崇，……鬲长六尺"。

释义不全的：如"庾"条释义2："量名。十六斗为一庾。《左传·昭二六年》：'粟五千庾。'"而《考工记·陶人》说："庾实二觳。"据推算，此庾的容量应为二斗四升，《辞源》第三版未收录。

释义欠妥的，如"朕"条释义3："旋盏。通'辁'。陶土工具。《周礼·考工记·瓬人》：'器中朕……朕崇四尺，方四寸。'注：'朕读如"车辁"之辁。既捖泥而转其均，劅朕其侧，以拟度端其器也。'"显然误解了郑玄之注。郑玄注："朕读如'车辁'之辁。既捖泥而转其均，劅朕其侧，以拟度端其器也。"盏是钵的异体字，旋钵意指制陶的转轮（陶均）而非树于其侧之朕。"车辁"即"辁车"，是一种载棺柩的车，与记文"朕"义无涉。郑注只是拟其音而已。[①]

又如"妢胡"条释文因袭旧说，断定它是"古国名。在今安徽阜阳市城区一带。……《左传·襄二八年》记胡子朝于晋，即指妢胡之君"。其实是值得商榷的。不过，古书疑义很多，不能设想在编《辞源》时毕其功于一役。上面列举了《辞源》的一些缺点，旨在提醒读者不要以为上了工具书的全是对的，要善于独立思考，以便更好地利用这部工具书。

《辞海》是以字带词，兼有字典、语文词典和百科词典功能的大型综合性辞典。初版自1915年秋启动，1936年正式出版。历经修订。现行的《辞海》为第七版彩图本，2020年8月由上海辞书出版社出版，包括成语、典故、人物、著作、历史事件、古今地名、团体组织以及各学科的名词术语等，总词条近13万条，总字数约2 350万字。2021年5月已推出《辞海》网络版，用户可通过网页、手机应用和微信公众号三种途径，随时、随地、随手可查。

《辞海》解释词义用现代汉语，一般较准确而通俗易懂。例如"甑"条的释义，《辞源》作："陶制炊器。后世以竹木制者称蒸笼。字亦作'䰝'。

---

① 杨天宇《郑玄三礼注研究》，北京：中国社会科学出版社，2008年，第575页。

《孟子·滕文公上》：'许子以釜甑爨，以铁耕乎？'《周礼·考工记·陶人》：'甑实二鬴，厚半寸，唇寸，七穿。'"《辞海》作："中国古代炊器。底部有许多透蒸汽的孔格，置于鬲或镬上蒸煮，如同现代的蒸锅。也有无底另外加箅的。新石器时代晚期已有陶甑，商周时代又有青铜铸成的。《孟子·滕文公上》：'许子以釜甑爨，以铁耕乎？'"关于"甑"的解释，《辞海》略胜于《辞源》。但关于"釜"的释义，《辞海》"釜"字条第二义项说："亦称'鬴'。中国古代量器。春秋战国时流行于齐国。春秋时齐的'公量'，以四升为豆，四豆为区（瓯），四区为釜（即六斗四升为釜），十釜为钟。陈氏（即田氏）的'家量'，以五升为豆，四豆为区，四区为釜，十釜为钟。"而《辞源》"鬴"字条说："古量器。同'釜'。《周礼·考工记·栗氏》：'量之以为鬴。深尺，内方尺而圜其外，其实一鬴。'注：'四升曰豆，四豆曰区，四区曰鬴，鬴六斗四升也。鬴十则锺。'"《辞源》"釜"字条第二义项说："容量名。亦量器名。《左传》昭三年：'齐旧四量，豆、区、釜、锺。四升为豆，各自其四，以登于釜，釜十则锺。陈氏三量皆登一焉，锺乃大矣。'"可见《辞源》的释义侧重学术性，《辞海》则注重普及性，两者分工不同，各有千秋，并不能相互替代。一般而言，《辞海》中古义引得少，古代的名物制度收得少。比如"牝服"见于《辞源》而《辞海》未收。但《辞源》将"牝服"解释为"古车两壁作木方格称轛，方格上驾木称较，较底凿孔纳方格之条称牝服"，源自贾公彦疏，并非的解。其实"牝服"是一种牛车，意谓适合于牝牛之车。它比大车略小，驾车之牛，既可用牡牛，也可用牝牛。[1]研读《考工记》时，《辞源》《辞海》两书可以配合使用，有条件的话，还可参阅《康熙字典》《中华大字典》以及《汉语大字典》等工具书。当然，这类工具书也可能有各种疏失，如从《考工记》看，《汉语大字典》有义项漏略和释义失误之瑕，[2]需要具体问题具体分析。

文字学初阶　朱自清（1898—1948）曾经指出："研究文字的形音义的，

[1]　闻人军《〈考工记·车人〉"牝服"考释》。
[2]　汪少华《从〈考工记〉看〈汉语大字典〉的义项漏略》《从〈考工记〉再看〈汉语大字典〉的义项漏略》《从〈考工记〉看〈汉语大字典〉的释义失误》。

以前叫'小学'，现在叫文字学。从前学问限于经典，所以说研究学问必须从小学入手；现在学问的范围是广了，但要研究古典、古史、古文化，也还得从文字学入手。"[1]

中国古文字几乎与青铜时代同步发展。陶文、甲骨文、金文、简帛，我国文字流变到战国时代，已经相当丰富，渐次归纳出造字和用字的六个条例，即"六书"（象形、指事、会意、形声、转注、假借）。

东汉时，出现了我国第一部系统地分析字形和考究字源的文字学著作——《说文解字》。该书系东汉经学家兼文字学家许慎（约58—约147）所著，原本已佚，今存宋初徐铉校定本。全书分为十四篇，以小篆为主体，兼收古文、籀文等异体重文；收字9 353个，重文1 163个。该书按字形偏旁构造分列540部，依据"六书"条例，解说文字，分析造字的含义和字形的结构，并以读若法注音。《说文解字》旨在帮助人通读古书，不但于研究字形、字义十分有用，而且对研究字音也大有助益。可以说它是文字学的古典，又是一切古典的工具或门径。

《后汉书·许慎传》曰："许慎字叔重，汝南召陵人也。性淳笃，少博学经籍，马融常推敬之。时人为之语曰：'《五经》无双许叔重。'"《考工记》的绝大部分用字，自然被收入了《说文解字》。对于打算研读《考工记》的人来说，《说文解字》的价值是不言自明的。现在，就让我们看两个例子。

《考工记·玉人》说："大圭长三尺，杼上终葵首，天子服之。"郑玄注："终葵，椎也，为椎于其杼上，明无所屈也。"郑玄没有交代这种解释的根据。今查《说文·木部》："椎，击也，齐谓之终葵。"原来郑玄此说本于《说文》，我们还发现把"椎"叫作"终葵"是齐地方言。

再如《考工记·庐人》节说："句兵欲无弹。"郑玄注："弹，谓掉也。"在汉代这种注释的含义已十分明确，意指勾杀用的兵器的柄不宜摇摆和转动，可是今人的反应未必如此。如果参考《说文·手部》的解说："掉，摇也。"这层意思便清楚了。郑玄注《三礼》时对《说文解字》多有引用，阅

---

[1] 朱自清《经典常谈》，北京：三联书店，1981年，第4页。

读郑注也得借助于《说文解字》。

　　清代学者整理国故成绩卓著，《说文》学也在清代臻于极盛。专家们认为，读《说文》不宜只读本文，宜参阅段玉裁（1735—1815）的《说文解字注》三十卷。此外，桂馥（1736—1805）的《说文解字义证》、朱骏声（1788—1858）的《说文通训定声》、王筠（1784—1854）的《说文释例》和《说文句读》均是清代《说文》学的重要著作，各有特色，可供参考。如：《考工记》"轮人为盖"曰："良盖弗冒弗纮，殷亩而驰，不队，谓之国工。"《说文·系部》："维，车盖维也。"段玉裁《说文解字注》以为："车盖之制，详于《考工记》，而其维无考。"但桂馥《说文解字义证》曰："维，谓系盖之绳也。"朱骏声《说文通训定声》曰："维，车盖系也。"许慎《说文·系部》："纲，维，纮，绳也。"可见"轮人为盖"中的"纮"即"维"，乃系盖之绳。

　　近代以降，战国文字研究取得了新的进展。首先获得卓异成就的是王国维。在《观堂集林》中，王氏提出，战国时代文字分成西土和东土两系，《说文解字》中的籀文即西土系文字，古文即东土系文字（六国古文），李学勤（1933—2019）称之为"凿破混沌的创见"。[①]近几十年来，新的战国古文字材料陆续出土，战国文字研究方兴未已。用古文字学的研究成果去研究《考工记》中流传的古文，可能会收到意想不到的效果。1985年中华书局出版了李学勤所著的《古文字学初阶》，这是一本很好的古文字学入门书。诸家研究《说文》古文的成果也可借鉴，如舒连景（1906—1966）的《说文古文疏证》（商务印书馆，1937年）、商承祚的《说文中之古文考》（上海古籍出版社，1983年）等。为了彻底弄懂《考工记》中的文字材料，应该不断关注新发现的材料及古文字学的新进展。

　　另外要附带说明，《考工记》中的用字情况相当复杂。除繁体字可以不论外，异体字、古体字、一字多义或一义多字，每每给阅读增添了困难。

　　如"栗氏"节中，"槩而不税"的"槩"，是"概"的异体字。"匠人营

---

① 李学勤《东周与秦代文明》，北京：文物出版社，1984年，第365页。

国"节中，"四旁两夹牕"的"牕"，是"窗"的异体字。"轮人为轮"节中，"进而眂之"的"眂"，是"视"的古体字（一说异体字）。"磬氏为磬"节中，"已下则摩其耑"的"耑"，是"端"的古体字。"弓人为弓"节中"挢干欲孰于火而无赢"的"孰"，是"熟"的古体字。"栗氏为量"的"栗"，《四部丛刊》本作槀，是栗的古体字。"栗氏为量"节中，"改煎金锡则不耗"的"耗"（见《十三经注疏》本），是"耗"的本字。"庐人为庐器"节"毄兵同强"之"毄"，同"击"；"弓人为弓"节"和弓毄摩"之"毄"，却有拂拭之义。此为一字多义的例子。而同取"击"义时，用字也有不同："庐人"节用"毄"字，"梓人为筍虡"节"是故击其所县而由其虡鸣"却用了"击（擊）"字。上述这类问题，借助于有关工具书是不难解决的。

声韵学初阶 古籍读音非常复杂，汉魏以前的古籍尤然。训诂学家认为，不明声韵之源，即无以通训诂之旨。古代文字多以声寄义，如果不会分析《考工记》中的语言现象，就难以真正读懂读通这部先秦古籍。

于省吾（1896—1984）的《甲骨文字释林·自序》说："古文字是客观存在的，有形可识，有音可读，有义可寻。其形、音、义之间是相互联系的。而且，任何古文字都不是孤立存在的。我们研究古文字，既应注意每字本身的形、音、义三方面的相互关系，又应注意每一个字和同时代其他字的横的关系，以及它们在不同时代的发生、发展和变化的纵的关系。"诚为经验之谈。

古今字音差别很大，古音的研究已是一门专门之学，如有兴趣学习，可阅读有关的概论性著作，王力（1900—1986）的《汉语音韵学》《汉语史稿》等就很适用。研读《考工记》时，懂得一些与古书读音有关的知识是很有用处的，下面举出几种《考工记》中常见的情况以供参考。

（1）"声训"，即某些词（或字）音近义通，可以通过读音的相同或相近来"因声求义"。如《考工记》"国有六职"节说"攻木之工"。《释名·释言语》曰：功，"攻也，功治之乃成也"。由此可以推求，"攻木之工"的"攻"就是"治"，取"功治之乃成"之意。《释名》共八卷，东汉刘熙撰，它以声训的原则去寻求语源，推论称名辨物之意。这种训释方法固然带有主观性，但这部书却可以作为考订古音的材料，所释器物亦可因以推求古代制度。

（2）假借，即音同或音近的字常可假借通用。如"国有六职"节"以饬五材"之"饬"，是整治的意思；而"饬力以长地财"之"饬"，是"敕"的假借。《尔雅·释诂》："敕，劳也。"《周礼正义》卷七四说："饬力则谓任力致极其勤劳。"又如"匠人建国"节"白盛"之"盛"，是"成就"之"成"的假借。"白盛"释为以白色的蜃灰垩墙，饰成宫室。若以假借的"盛"字读之，误以为盛衰之盛，则不能得其真意。

假借的辨别颇不容易。胡朴安（1878—1947）指出："假借之例，不外双声叠韵。吾人读古书而不能通，当以双声叠韵求之，而得其本字。本字既得，训诂易明，则书义了然矣。"[①]当然这里指的是古音，不能用现代的语音去理解古书中的通假。

（3）"读破"，即通过改变读音来区别词义和语法作用。如"轮人为轮"节："牙也者，以为固抱也。"郑众注："牙读如跛者讶跛者之讶。""牙"字按照本音读为平声yá；而在"轮人为轮"节中作轮圈解时，读成去声yà（讶）。又如"弓人为弓"节："今夫茭解中有变焉，故校。"郑玄注："玄谓茭读如齐人名手足掔（腕）为骹之骹。茭解，谓接中也。""茭"字作草根解时，读为去声xiào；而在"弓人为弓"节中作为近腕骨细之处解时，读为平声qiāo（骹）。

（4）方言。《考工记》中以通用的雅言为主，但掺杂了不少方言，如齐语、楚语、蜀语、关东语、关西语等。有的方言通用区域广，有的方言通用区域狭。战国时，齐语和楚语是最有势力的两大方言。汉以前的方言材料，赖《方言》一书得以保存。《方言》凡十三卷，旧题汉扬雄（前53—18）撰，晋郭璞（276—324）注。此书对于研究汉以前的古语极有价值，

---

① 胡朴安《中国训诂学史》，北京：中国书店，1983年，第278页。胡朴安先生生卒年系胡道静先生（朴安之侄）1986年4月22日来函所赐。

可惜的是不能将周、秦、汉之语作时间上的分别。就是空间的分别，亦稍嫌笼统。但后世释读《考工记》中的各地方言，主要得靠郑注及《方言》。

自汉代经师注释群经起，专明音义的书相继涌现。至陆德明集汉魏六朝音训之大成，作《经典释文》三十卷。第一卷为"序录"，第二至第三十卷，音释十四种书籍，《周礼音义》为其中之一。陆氏将经和注中的文字提出来，广搜汉魏六朝音切加以注音。他还兼采诸儒训诂，以各家的训诂来解释文义；对于各本文字异同亦多所考证。因此，《经典释文》对于研读《考工记》的字音和字义很有帮助。其"序录"部分，辨章学术，考镜源流，犹如一部袖珍经学史。初学者从中寻觅《考工记》自汉至唐的流传情况，颇称便利。欲知其详，可阅读近人吴承仕的《经典释文序录疏证》一书。

《经典释文》的传刻本甚多。民国时有商务印书馆的《四部丛刊初编》本（据《通志堂经解》本影印）、《丛书集成》本（据《抱经堂丛书》本影印，并附卢文弨《经典释文考证》十卷）等。现存最早的版本是宋刻宋元递修本，1985年由上海古籍出版社影印出版。1983年中华书局出版了黄焯（1902—1984）断句的《经典释文》；1980、2006年出版了黄氏所撰的《经典释文汇校》。

清人王念孙（1744—1832）的《广雅疏证》强调以声音通训诂的重要性，并把古音学说和语音转变理论用于训诂，可资借鉴。

朱骏声的《说文通训定声》凡十八卷，是清代《说文》研究的代表作之一，对古音研究也很有用处。其特点是以音系字，把古音相近的字编排在一起，使读者便于看出其间谐声和通转的关系；每个字下的训诂，也体现出音义之间的某种联系。当然，这部书也有缺点，主要是查阅不够方便。原来采用分十八部检韵，韵部划分较疏，韵部名称别出心裁。1983年武汉市古籍书店据临啸阁本影印，书末加了笔画检字索引。1984年中华书局也影印出版了《说文通训定声》（附索引及补遗）。

训诂学初阶　"训"是用通俗的词语去解释难懂的词语，也泛指一切解说。"诂"是用当代汉语去解释古代词语，或用通用语言去解释方言，使人易于通晓。"训诂"就是以通行易懂的语言解释前代文献中的难词难语。即使对同一个字，古代的训诂可能与现代的很不相同。要查明古书古义，古代的注释训诂书籍便成了主要的依据。

古代的训诂著作大体上分为两类。一类是专为解释某部著作而写的传、注、解、说等，譬如"源流篇"中提到的马融《周官传》、郑玄《周礼注》、徐光启《考工记解》之类。一类是从各方面搜集词语，分类编次，解释其意义的著作，如《尔雅》《方言》《经籍籑诂》《故训汇纂》等。古代的训诂书籍汗牛充栋，我们不便一一列举，姑且提出上面这四部书略作介绍。

《尔雅》，共十九篇，这是战国、秦至汉初学者从群经传注中汇集训诂、名物，分类编排的工具书，也是我国古代流传下来的第一部词典。它被列为十三经之一，可见古人对这第一部训诂书的重视。

《尔雅》的内容主要是以今言释古言。头三篇《释诂》《释言》《释训》是解说字义的。《释宫》《释器》《释乐》是记房屋器用的。《释草》《释木》《释虫》《释鱼》《释鸟》《释兽》《释畜》是录生物品名分类的。还有记自然现象的《释天》《释地》《释丘》《释山》《释水》，及谈亲属关系的《释亲》。

《尔雅》收集了许多古代的同义词，如《释言》中的"剂、翦，齐也""试、式，用也""作、造，为也"等等，均跟《考工记》的训诂有关。《释器》中说："木豆谓之豆，竹豆谓之笾，瓦豆谓之登。"由此可知，《考工记》"旊人"节的豆是瓦豆，"梓人为饮器"节的豆是木豆。

《方言》，前已提及，其全称是《輶（yóu 犹）轩使者绝代语释别国方言》，《方言》是其简称。东汉末年，《方言》已普遍流行。今本《方言》是晋代郭璞的注本，共13卷，有11 900多字，比汉末的本子多收了近3 000字。

《方言》的内容主要是以通语释方言，它所收录的方言殊语流行的区域极为广阔：北起燕赵（今辽宁、河北一带），南至沅湘九嶷（今湖南一带）；西自秦陇凉州（今陕西、甘肃一带），东达东齐海岱（今山东、河北一带）。《考工记》是流布甚广、夹杂了许多方言的先秦文献。解读它时，如果结合后人的注疏，将《尔雅》和《方言》配合使用，正可彼此补充，收左右逢源之效。如《尔雅·释器》说："金镞翦羽，谓之镞。"郭璞注："今之錍翦是也。"再查《方言》卷九说："箭，自关而东谓之矢，江淮之间谓之镞，关西曰箭。""凡箭镞，胡合嬴者，四镰，或曰钩肠。三镰者，谓之羊头，其广长而薄镰谓之錍。……"郭璞注："镰，棱也。"联系起来看，《考工记·矢人》中的"镞矢"之镞，可能就是"广长而薄镰"的三棱形箭镞。

《经籍籑诂》共106卷，是由清代学者阮元发凡起例、主持编集的。这部书把群书汇集在一起，可以说是我国古代训诂学资料的索引。王引之（1766—1834）的序文说该书"展一韵而众字毕备，检一字而诸训皆存，寻一训而原书可识"，确是的当之言。1982年，中华书局据阮氏琅嬛仙馆原刻本影印出版，书前附有笔画索引，以供检索。同年，成都市古籍书店也出了影印本。

《故训汇纂》是《经籍籑诂》的继承和发展，由武汉大学古籍所编写。1985年始编，历时18年，2003年由商务印书馆出版。[①]该书较全面地汇辑了从先秦至晚清的古籍文献中的注释材料，与《经籍籑诂》相比，各有所长。其编排和检索顾及现代使用者的习惯，颇具参考价值。但是也有失误，使用时需查检第一手资料。

国学大师章太炎说得好："训诂之学，善用之如李光弼入郭子仪军，壁垒一新；不善用之，如逢蒙学射，尽羿之道，于是杀羿。总之诠释旧文，不宜离已有之训诂，而臆造新解。至运用之方，全在于我。清儒之能昌明汉学，卓越前代者，不外乎此。"[②]这段话对如何利用各种训诂工具书很有指导意义。在实践中用心揣摩体会大师之言，学习清儒卓越前代的经验长处，利用新时代高科技的种种有利条件，使研究如虎添翼，在某些方面超越前人的成就，是可以而且应该办到的。

---

① 宗福邦、陈世铙、萧海波主编《故训汇纂》，北京：商务印书馆，2003年。

② 章太炎著，杨佩昌整理：《章太炎：在苏州国学讲习会的讲稿》，北京：中国画报出版社，2010年，第95页。

第二节　《考工记》注释导读

注释术语　历代学者对《考工记》的注释，已经融合为《考工记》学的有机组成部分，充分利用这些古注，对于读懂《考工记》正文极为有用。经籍的注释术语很多，错综复杂。现以郑玄的《周礼注》为例，大致说明有关注释术语的用法。诸家注释可用作参考，举一反三。

一、单纯解释词义

某，某也。或作：某者，某也；某，某；某者，某；某，言某也。这是注释的基本格式，意为某一词当解释为另一个词。如"国有六职"节"或作而行之"，郑玄注："作，起也。""轮人为轮"节"以其围之防捎其薮"，郑玄注："薮者，众辐之所趋也。""矢人为矢"节"桡之"，郑玄注："桡，搦其干。""匠人营国"节"周人明堂"，郑玄注："明堂者，明政教之堂。""冶氏为杀矢"节"倨句中矩"，郑玄注："三锋者胡直中矩，言正方也。"

谓之、曰、为。略等于现代汉语中的"叫作"，被释词往往放在这几个术语的后面。如"匠人营国"节"应门二彻叁个"，郑玄注："正门谓之应门，谓朝门也。""匠人为沟洫"节"一耦之伐，广尺，深尺，谓之畎"，郑玄注："其垄中曰畎，畎上曰伐。""舆人为车"节"叁分轵围，去一以为辀围"，郑司农注："立者为轵，横者为轵。"

谓。指明某一特定的事物，被释词放在"谓"的前面。如"轮人为盖"节"部广六寸"，郑玄注："广，谓径也。""匠人建国"节"夜考之极星"，郑玄注："极星，谓北辰。"

犹。大略相当于现代汉语的"等于说"，表示释者与被释者是同义或近义的关系。如"梓人为笱虡"节"必深其爪"，郑玄注："深，犹藏也。""舆人为车"节"轮崇、车广、衡长叁如一，谓之叁称"，郑玄注："称，犹等也。"

貌。约相当于现代汉语的"……的样子"。如"国有六职"节"欲其朴属而微至"，郑玄注："朴属，犹附著，坚固貌也。""轮人为轮"节"辐广而凿浅，则是以大扤"，郑玄注："扤，摇动貌。""梓人为筍虡"节"且其匪色必似鸣矣"，郑玄注："匪，采貌也。"

二、与读音有关的

之言，之为言。声训术语，解释者与被解释者在语音上有某种联系（如同音、双声、叠韵），一般用以解释词源。如"匠人为沟洫"节"一耦之伐"，郑玄注："伐之言发也。""庐人为庐器"节"酋矛常有四尺，夷矛三寻"，郑玄注："酋、夷，长短名。酋之言遒也，酋近夷长矣。"

读为，读曰。这两个术语是用本字来说明假借字。如"玉人之事"节"驵琮五寸"，郑玄注："驵，读为组，以组系之，因名焉。"组是本字，驵是假借字。又如"矢人为矢"节"以其笴厚为之羽深"，郑玄注："笴，读为稾，谓矢干，古文假借字。"

读如，读若，谓若。主要用于三种情况：（1）用本字来破假借字。如"慌氏湅丝"节"渥淳其帛"，郑玄注："渥，读如缯人渥菅之渥。""国有六职"节"栉、雕、矢、磬，"郑司农注："栉，读如巾栉之栉。"又如："玉人之事"节"天子圭中必"，郑玄注："必，读如鹿车縪之縪，谓以组约其中央，为执之以备失队（坠）。"縪、必古通用。"梓人为侯"节"上两个，与其身三，下两个，半之。"郑玄注："玄谓个读若'齐人撍干'之干。上个、下个，皆谓舌也。"（2）用于注音，即阮元《周礼注疏校勘记序》所说的"比拟其音"。如"国有六职"节"抟埴之工：陶、旊"，郑玄注："玄谓旊读如'放于此乎'之放。"（3）拟音兼释义。如"冶氏为杀矢"节"刃长寸，围寸，铤十之，重三垸"，郑玄注："铤读如'麦秀铤'之'铤'。郑司农云：'铤，箭足入稿中者也。'""栗氏为量"节"准之然后量之"，郑玄注："量读如量人之量。""量人"是《周礼·夏官》中的一职。此量用本义，为称量之量。"庐人"节"刺兵欲无蜎"，郑玄注："（故书）蜎或作绢……蜎亦掉也，谓若井中虫蜎之蜎。"其中"谓若"的功能是拟音兼释义。①

----

① 李玉平《论郑玄〈周礼注〉从泛时角度对字际关系的沟通》。

　　上面介绍的仅是一般规律，事实上总存在一些例外的情况，应掌握基本规律，灵活运用。况且汉注的音读不见得完全正确，段玉裁《周礼汉读考》多有辨正，含有不少创见，可供参考。但段氏为了使《周礼》的音读符合他的正读凡例，大量改动郑注，未必符合汉人原意。

三、假借字术语

　　郑玄注中有时指明"假借字"，如"匠人建国"节"置槷以县"，郑玄注："玄谓槷，古文臬，假借字。"郑玄所据今书为槷。又如"弓人"节"宽缓以荼"，郑玄注："荼，古文舒，假借字。"

四、误字及版本异同

　　当为。主要有两种情况：（1）指出因形近或声近而引起的字、声之误。如"凫氏为钟"节"两栾谓之铣"，郑玄注："故书栾（欒）作乐（樂）。杜子春云：当为栾。"这是字之误。"栗氏为量"节"其臀一寸"，郑玄注："故书臀作脣。杜子春云：当为臀。"这是声之误。又"梓人为饮器"节"勺一升，爵一升，觚三升。献以爵而酬以觚，一献而三酬，则豆矣"，郑玄以为："觚、豆，字、声之误。觚当为觯，豆当为斗。"（2）以本字易通假字。如"轮人为轮"节"眡其绠，欲其蚤之正也"，郑玄注："蚤当为爪，谓辐入牙中者也。"

　　书，故书。指《考工记》的不同版本。如"轮人为轮"节"萬之以眡其匡也"，郑玄注："故书萬作禹。郑司农云：读为萬，书或作矩。"

　　古文。郑玄注中"古文"的含义，学界存在分歧。除了有古本故书的意思，也可能是汉代"俗师或大师在识读中所产生的异文"。[①]

五、解释句子或段落意义

　　这一类所占的比重很大，字数多少不定。如"匠人为沟洫"节关于井田制的注释长达六百四十字，但多数较简短。"鞞人为皋陶"节"良鼓瑕如积环"，郑玄注："革调急也。"就十分简洁。

　　《周礼注疏》例解　　宋代以前，注和疏是分别印行的；至宋代，为便

---

① 虞万里《两汉经师传授文本寻踪——由郑玄〈周礼注〉引起的思考》，《文史》2018年第4期。

于阅读，才把注和疏合刻成一部书。《十三经注疏》中的《周礼注疏》，是流传很广的重要文献，研读《考工记》的人常常遇到它。现以《周礼注疏》卷39"轮人为轮"节中的一段为例，说明其注释的体例。

> 毂小而长则柞，大而短则挚▲。郑司农云："柞读为迫啮之啮，谓辐间柞狭也。挚▲读为蛰，谓辐危蛰也。"玄谓小而长则蓄中弱，大而短则毂▲末不坚。〇柞，庄百反。蛰，刘鱼列反，戚鱼结反。迫啮，庄百反。〔疏〕"毂小"至"则挚"〇释曰：此已下，论车须长短小大相称之事。〇注"郑司"至"不坚"〇释曰：先郑读"柞"为"迫啮"之啮者，依俗读之。以"挚"为"蛰"，后郑从而就足之。"玄谓小而长则蓄中弱"者，以毂小而长则辐间柞狭，故蓄中弱也。云"大而短则末不坚"者，谓毂大而短即毂末浅短，故毂末不得坚牢也。

"毂小"至"则挚"的大字是《考工记》的正文。"挚"旁的"▲"表示此字有阮元的校勘（列于卷末，下同）。"郑司农"至"末不坚"的小字，是郑玄的注释。其中的"郑司农云"至"辐危蛰也"，是郑玄引用郑众的旧注；"玄谓"至"末不坚"，是郑玄的新注。小圈（〇）后"柞，庄百反"至"迫啮，庄百反"的小字，取自陆德明的《经典释文·周礼音义》。就中"蛰"有异读。查《经典释文序录》知刘指刘昌宗，戚指戚衮。刘昌宗读为"鱼列反"，戚衮读为"鱼结反"。大字〔疏〕之后的小字是贾公彦的疏。其中，第一个小圈前的"'毂小'至'则挚'"，表示这个小圈后的"释曰"至第二个小圈是解释这段正文的。第二个小圈后的"注'郑司'至'不坚'"，表示第三个小圈后的"释曰"至"牢也"是疏解注文的意义的。

《周礼正义》的体例　读孙诒让的《周礼正义》，先要读卷前的序和凡例，了解这部著作所引材料的来源和写作体例，才容易读懂书中孙氏的注释。

《周礼正义》卷74至卷86是孙氏对《考工记》的注释，内容排列的次序是：《考工记》正文，郑玄注，一个黑底白字的"疏"字，对正文的疏，空一格，"注云"以下是对注文的疏。从中我们也可以看到，"正义"不但要解释正文，而且还得给前人的注解作注解，所以往往越来越长。为节省篇幅起见，本书就不作《周礼正义》的例解了。

第三节　文献参照与文物印证

历史文献之参照　我们考察《考工记》时，围绕《考工记》本身进行研究，自然十分必要。但《考工记》不是孤立地出现的，倘能参照与《考工记》有关的历史文献进行研究，效果就会更好。实际上，古代的经学家正是这样做的。我们现在重提这个问题，是要从不自觉的模仿变成自觉的行动，对先秦学术源流洞若观火，以便更好地理解《考工记》在我国文化史上的地位和作用。

先秦文献中，与《考工记》关系较密切的，首推《十三经》，除《孝经》外，其他经书都有涉猎。《周礼》天、地、春、夏、秋五官与《考工记》的关系最为特殊。可以充分利用《周礼》中与《考工记》相近、同源，甚至来自《考工记》的材料，收相互参证之效。然而，若将《考工记》与《周礼》前五官的字词作一番比较，可以发现这两部书在时代和作者风格上的差别，习惯用语也已不同。如"王后"一词在《周礼》中已习以为常，《考工记》中却只有"宗后"和"夫人"之称，未曾使用"王后"的称谓。"弩""徒""邦""政""卿""位"等字眼也常见于《周礼》，但没有在《考工记》中出现。《考工记》与《周礼》本为两书，研究时不宜混淆。

其他先秦著作（包括近年新出土的）和金文、陶文史料中，亦含有可供发掘的材料。比如说，对于"匠人"所载的周人营国制度，一些零星记载犹如吉光片羽散见于先秦文献及西周金文史料。《左传》和《逸周书·作雒》提到了城邑建设体制及规模，前朝后寝的规划制度见于《周书·顾命》和"小盂鼎"铭，后者还涉及三朝三门之制。又如《尚书·益稷》记载："予欲观古人之象，日、月、星辰、山、龙、华虫，作会（绘）；宗彝、藻、火、粉米、黼、黻、絺绣，以五采彰施于五色，作服。汝明。"最早而又全面地提到了十二章纹（图6-1），可供参考，以理解《考工记》"画缋之事"的纹饰之制。

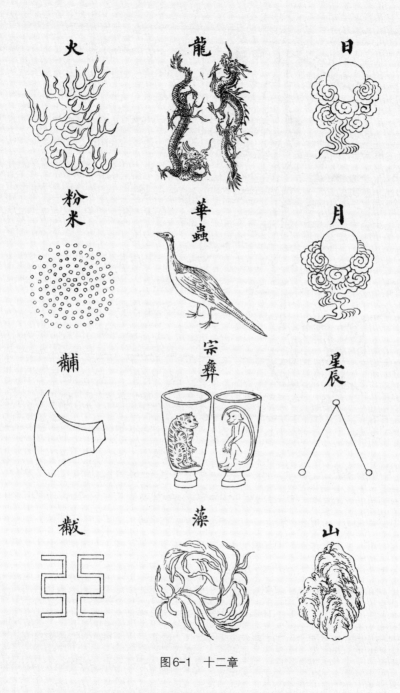

火　　龍　　日

粉米　　華蟲　　月

黼　　宗彝　　星辰

黻　　藻　　山

图6-1　十二章

图6-2　试弓定力图

秦汉及此后的记载，参考价值各不相同，有的较大，大多无关，应具体分析，有所筛选。如明代宋应星的《天工开物》虽然写作于17世纪，但保存了大量的传统手工艺技术资料，对理解《考工记》的某些内容（如冶铸、制弓等）颇有帮助（图6-2）。

无奈古书浩如烟海，倘要全面梳理一番，实难办到。即便单搞先秦文献，爬梳亦非易事。好在古代学者编集的许多类书和政书已把大量的资料分门别类地汇集在一起，后人可从中找到较有系统的材料。如果以此为线索去寻找和阅读原始资料，颇为便捷。

《古今图书集成》　类书是一种分类汇编各种材料以供检查之用的工具书，实质上就是我国古代的百科全书。《古今图书集成》于清代康熙、雍正年间由陈梦雷、蒋廷锡等编纂，长达1万卷，目录40卷。由于我国历史上最大的一部类书《永乐大典》历经劫难，大部分散佚，现存历史上最大的一部类书便非《古今图书集成》莫属了。

《古今图书集成》曾刊印6次。第四个印本是1934年上海中华书局出版的缩小的影印本，故称"中华书局版"或"中华版"，所据底本是雍正四年（1726）铜活字原印本及光绪二十年（1894）上海同文书局影印本新增的《考证》，全书共808册。第五版是精装本，1984—1988年由中华书局和巴蜀书社联合出版，重新影印1934年版，统一编页码，增附索引，共82册

（含考证、索引各一册）。第六版是线装本，2006年齐鲁书社与国家图书馆合作，用馆藏雍正铜活字版影印，仅出版50套。现在《古今图书集成》已经有电子书和网络索引版，堪称便利。

《古今图书集成》分历象、方舆、明伦、博物、理学、经济六汇编，乾象、岁功……祥刑、考工等32典，6109部。每部中先列汇考，次列总论，又有图表、列传、艺文、选句、纪事、杂录、外编等项，无者存缺。"汇考"辑录一事物的因革损益的源流、古今称谓、种类性情及其制造之法，"总论"收录经、史、子、集的论述，"图表"插图列表……"汇考"记其大事，"纪事"则将该事物琐细而可传者，酌情收录。上述几项与《考工记》的关系较多些。

《古今图书集成》辑录的各种内容，往往把原书整段、整篇甚至整部抄入，去取严谨，颇有条理。其中的引证，一一详注出处，标明书名、篇名和作者，便于读者查对。《考工记》的内容被全部引用，只字不遗，但分散插入了有关的部类中。

《考工记》的内容大多被编入《经济汇编·考工典》。如其第一卷"考工总部汇考一"《冬官考工记》下抄录"国有六职"至"周人上舆"的全部正文，并引有诸家注释。《考工典》中节录《考工记》的还有"木工部汇考""金工部汇考""陶工部汇考""染工部汇考""规矩准绳部汇考""度量权衡部汇考""城池部汇考""宫室总部汇考""宫殿部汇考""仓廪部汇考""窗牖部汇考""阶砌部汇考""车舆部汇考""爵部汇考""觚部汇考""勺部汇考""玉瓒部汇考""杂饮器部汇考""甗部汇考""鬲部汇考""甑部汇考""簠簋部汇考""笾豆部汇考""盆部汇考""几案部汇考""耒耜部汇考""锹锄部汇考"等。节录的内容多寡不等，少则一句，多则整段抄录。

《考工典》共155部，252卷，详尽记载了我国历代的百工之事，是考查我国古代科学技术、研究古代各项工艺制造、了解我国传统的物质生活的宝贵资料汇集。将《考工记》放在这一背景中来考察是饶有兴味的课题。

此外，《经济汇编·乐律典》"钟部汇考一"收录了《考工记》"凫氏"

节，"磬部汇考"收录了"磬氏"节，"筍虡部汇考"收录了"梓人为筍虡"节。《乐律典》的"鼓部汇考一"和《经济汇编·戎政典》的"金鼓部汇考"均收录了"韗人"节。在《考工记》引文的前后，可以发现许多其他文献的有关记载，不但有助于理解《考工记》的内容，而且可以发现其流变的线索。

如《乐律典》卷91至卷97专门辑录钟部的材料，"汇考""总论"的资料来源除《考工记》外，还包括《尚书》《诗经》《周礼》《礼记》《仪礼》《尔雅》《国语》《释名》《后汉书·礼仪志》《宋书·乐志》《隋书·音乐志》《唐书·礼乐志》《宋史·乐志》《三礼图》（聂崇义）《博古图》《乐书》（陈旸）《广川书跋》《绍兴古器评》《元史·乐志》《明会典·朝钟》《律吕精义》《续文献通考》《天工开物》等。"纪事"征引的书籍包括《山海经》《吕氏春秋》《管子》《说苑》《慎子》《左传》《晏子》《庄子》《尸子》《战国策》《韩非子》《国语》《淮南子》《三辅黄图》《水经注》等等。按图索骥，相当方便。

同理，《考工记·函人为甲》的背景材料可先到《经济汇编·戎政典》"甲胄部汇考"中去找，"辀人"节有关旌旗的背景材料可先查《戎政典》的"旌旗部汇考"。"弓人""矢人"和"梓人为侯"的背景材料可查《戎政典》的"弓矢部汇考"和"射部汇考"等。《戎政典》的"刀剑部汇考""槊戟部汇考""戈矛部汇考"和"椎棒部汇考"则提供了一些有关青铜兵器和庐器的背景材料。

《通典》《通志》和《文献通考》　政书是关于历代典章制度的工具书，也是一种资料汇编。文史界常用的政书有《十通》及各种《会要》，而与《考工记》有关的主要是《通典》《通志》和《文献通考》。

《通典》200卷，唐杜佑（735—812）撰，分食货、选举、职官、礼、乐、兵刑、州郡和边防八大类，对古代礼制记载特详。《通志》200卷，宋郑樵（1104—1162）撰，分为本纪、世家、年谱、列传及"二十略"。其"二十略"包括氏族、六书、七音、天文、地理、都邑、礼、谥法、器服、乐、职官、选举、刑法、食货、艺文、校雠、图谱、金石、灾祥、昆虫草木。《文献通考》348卷，元马端临（约1254—1323）撰，分为田赋、钱币、户口、职役、征榷、市籴、土贡、国用、选举、学校、职官、郊社、宗庙、王礼、乐、兵、刑、经籍、帝系、封建、象纬、物异、舆地、四裔等24考。

举例来说，当我们研究《考工记》的乐制时，可以参考《通典·乐类》《通志·乐略》及《文献通考·乐考》等。

《十三经索引·周礼索引》　燕京大学1940年曾出版燕京大学引得编纂处编的《周礼引得》（附注疏引书引得）（上海古籍出版社1983年重印），这是手工编的字词索引，有不少缺点错误。开明书店1934年出版叶圣陶（1894—1988）编的《十三经索引》（中华书局1983年重订），乃是句子索引，《考工记》部分也包括在内。

在古籍数字化以后，1997年出现了兼用手工和计算机编成的《十三经新索引》。[1]2003年有了分经、逐字索引的新编《十三经索引》，[2]底本是阮元编辑的《十三经注疏》。《考工记》在《周礼索引》内，与以往相比，更为便利。

考古文物之印证　王国维创立的"二重证据法"，即"纸上之材料"与"地下之新材料"相互印证的研究方法，对20世纪中国学术研究产生了巨大的影响。李学勤的《东周与秦代文明》指出："利用传世的典籍来探讨东周至秦这五个半世纪的历史文化，是多少代学者从事过的艰巨工作。不过这一时代的文献大都古奥费解，而且由于传流久远，难免后世窜易增删，有失真之处。为了揭示历史的真相，考古材料仍有其不可缺少的重要性。"[3]

"考古学是根据古代人类活动遗留下来的实物来研究人类古代情况的一门科学"。[4]考古文物资料不仅能印证《考工记》等历史文献的记载，而且能提供文献未载的信息。我们可以这样说，一部地下的文明史比历史文献

---

① 李波、李晓光、富金壁主编《十三经新索引》，北京：中国广播电视出版社，1997年。李波、李晓光、富金壁主编《十三经新索引》（修订版），北京：中国广播电视出版社，2003年。

② 栾贵明、田奕主编《十三经索引》，北京：中国社会科学出版社，2003年。

③ 李学勤《东周与秦代文明》，北京：文物出版社，1984年，第10页。

④ 夏鼐《什么是考古学》，《考古》1984年第10期。

所披露的还要丰富得多。因此，我们应当随时留意将考古学的新成果引入研究领域。

程瑶田的《考工创物小记》开了一个良好的先例，其后，考古学成果渐次引入《考工记》研究领域。郭宝钧曾经决心要搞《考工记》的综合研究，蒋大沂曾打算编著《〈考工记〉校证》，可惜未及如愿，先后谢世。

几十年来，我国考古学的发展，已经开启了它的黄金时代，新的考古发现接踵而至。20世纪50年代在洛阳、辉县、三门峡和长沙等地发掘过大批东周墓葬，成果卓著。70、80年代，湖北随县的曾侯乙墓、河南淅川和湖北江陵的楚墓、河北平山的中山王墓，墓葬规模之大和出土文物之精，更是空前。1977年河北平山出土的一组战国中期错金银青铜插座，包括错金银虎食鹿插座、错金银牛形插座、错金银犀形插座（图6-3），造型简明、纹饰华丽，可能是屏风的插座。犀的造型不失为当年野生犀牛出没中华大地的一个历史见证。而曾侯乙墓的编钟等乐器，春秋中期的淅川楚

图6-3　错金银犀形插座
战国中期，高22、长55.5厘米（1977年河北平山出土）

墓、曾侯乙墓出土的用"失腊法"铸造的青铜器，江陵楚墓所出的年代最早的锦绣衣物等文物，尤为珍贵。90年代，山东后李春秋车马坑、淄河店2号战国大墓及山西晋侯墓地，2002年枣阳九连墩楚墓等的发现和研究为《考工记》车制提供了丰富的研究资料。据不完全统计，迄2019年为止，已发掘的楚墓共6 000多座，以湖北、湖南、河南、安徽四省最多。其中以湖北荆州和湖南长沙两地最为集中，仅这两处已发掘的楚墓数量就近5 000座。相关文物在《考工记》研究中一再大显身手（图6-4、6-5、6-6、6-7、6-8、6-9）。

集中代表当时经济、文化发展状况的列国都城，如洛阳东周王城、山西侯马晋国都城、山东曲阜鲁国故城、山东临淄齐国故城、河南新郑的郑韩故城、陕西凤翔的秦都雍城、湖北江陵的楚纪南城、河北易县的燕下都、河北邯郸的赵国都城等，经过勘察，对其历史面貌和布局情况已有不同程度的揭示。不同地区社会经济、文化和礼制的变化情况，反映出春秋战国时期的确是我国历史上的大变革时期。

简牍帛书的大量发现和初步研究，是近几十年来考古学的重大发现和重要成果。如：1972年山东临沂银雀山一号汉墓的《孙子兵法》《孙膑兵法》等竹简兵书；1973年湖南长沙马王堆三号汉墓的帛书《周易》《老子》和竹木简；1975年湖北云梦睡虎地秦简；1977年安徽阜阳双古堆一号汉墓的《周易》《诗经》竹简；1983年湖北江陵张家山汉简；1993年湖北荆门郭店楚简等等。还有一些被盗墓者弄到海外又回流的著名竹简，包括1994年上海博物馆从香港收购回来的楚简（上博简），2008年7月清华大学校友捐赠的2 300多枚战国竹简（清华简），2009年初北京大学接受捐赠的3 300多枚西汉竹简（北大简），以及安徽大学从海外抢救回来2015年1月入藏的一批战国楚简（安大简，编为1167支）。这些竹简的部分研究成果已经问世，更多的还在研究中，将陆续发表。

虽然《考工记》简帛尚未露面，简牍帛书出土文献却与产生《考工记》的时代相去不远，为《考工记》研究提供了新的信息。假如有朝一日能发现《考工记》竹简，其价值现在还难以估量。

图6-4 战国云龙纹漆盾
高约63厘米（湖南长沙五里牌出土）

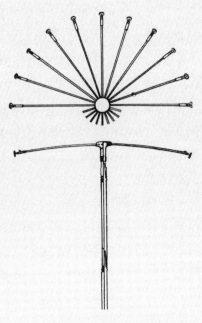

图6-5 盖弓与盖杠

图6-6 战国早期漆木豆
通高19.6厘米（1978年湖北随县出土）

图6-7 战国早期错金盖豆
通高19.2、口径17厘米
（1965年山西长治分水岭出土）

图6-8　带勺铜觯
觯：通高18.6、口径8×9.8厘米
勺：通长25、勺首高4.6、口径3厘米
（2011年湖北随州叶家山M27出土）

图6-9　父乙铜觚
通高26.8、口径14.1厘米
（2011年湖北随州叶家山M27出土）

借助于现代科学技术手段，科技考古和复制实验也积累了相当的经验。即使不能发现《考工记》竹简，从源源不断的考古学成果中汲取营养，《考工记》研究就会越来越深入。

为了便于读者利用考古学的成果，我们在此举出6本书供参阅：

（1）中国社会科学院考古研究所编《新中国的考古发现和研究》（文物出版社，1984年）。按历史时期综述新中国成立以来全国考古调查发掘和研究工作的收获。书中所用资料起于1950年，迄于1980年（个别到1981年）。该书分精装和简装两种本子，简装省去了精装本中的彩色和黑白图版。

（2）文物编辑委员会编《文物考古工作三十年（1949—1979）》（文物出版社，1979年），是概述1949至1979年间各省、自治区、直辖市文物考古工作主要成果的文集，分省叙述是其特点。

（3）文物编辑委员会编《文物考古工作十年（1979—1989）》（文物出版社，1991年），是《文物考古工作三十年（1949—1979）》的续编，全书正文32篇，分别介绍各省、自治区、直辖市的文物考古工作，全面反映了1979—1989年我国文物考古工作的主要发现和研究成果。

（4）国家文物局主编《中国考古60年 1949—2009》（文物出版社，2009年）。包括两部分。第一部分综论"中国考古研究60年"。第二部分是"中国考古工作60年"，分述1949至2009年间各省、自治区、直辖市考古工作主要成果。

（5）李学勤《东周与秦代文明》（文物出版社，1984年），是综述东周（包括春秋、战国）和秦代考古研究成果的著作。该书除国内出版外，还经美国哈佛大学张光直审译，由耶鲁大学出版社列为《中国早期文明丛书》之一出了英文版。

（6）汪少华《〈考工记〉名物汇证》（上海教育出版社，2019年）。梳理一个世纪尤其是近几十年来与《考工记》相关的数百种考古和科技史研究成果，在孙诒让《周礼正义》的基础上，替《考工记》名物及汉儒、清儒研究做了一次历史性的汇证。全书约110万字，大小示意图约880幅，2021年7月获得第五届中国出版政府奖。

第四节 新法研究举隅

科技史研究 科技史是利用文献资料结合考古实物去研究自然科学和应用科学史的一门边缘学科。我国的科技史研究开始于20世纪初，1957年中国科学院成立自然科学史研究室，1975年扩建为自然科学史研究所。1980年10月中国科学技术史学会在北京成立，此后高校中也形成了几个教学科研重镇。

《考工记》作为一本古典科技名著，理所当然地受到国内外科技史界的重视，《考工记》研究早已进入了科技史研究的视野。1982年，国人自己撰写的第一部中国科学技术史专著《中国科学技术史稿》由科学出版社出版，其中第3章第5节标题为"《考工记》——手工业技术规范的总汇"，综述了《考工记》研究的成果。在此前后，各种学科史领域内百花争艳。中国度量衡史、数学史、天文学史、化学史、冶金史、纺织史、陶瓷史、建筑史、水利史、机械史、兵器史、物理学史、农学史、工艺美术史的论著纷纷出现，《考工记》研究交织于其间，随着科技史研究一起进步。1996年8月，第一届中国科技典籍国际会议在山东淄博市举行，这次会议以《考工记》为主题，会后由大象出版社出了会议论文集，[①]其中有中外学者有关《考工记》和《管子》的研究论文22篇。2012年，《中国科学技术史稿》经过增订，由北京大学出版社出版了修订版。本书附录《〈考工记〉研究论著简目》从另一角度呈现了这时期的研究成果。充分借鉴科技史研究的成果和方法，将使《考工记》研究保持旺盛的生机。

科技史研究的方法主要有：

（1）历史文献科技史料（包括数字化古籍）的检索、整理和分析。

（2）文物考古资料的发现、分析、研究或复制。夏鼐的《考古学与科

---

① 华觉明主编《中国科技典籍研究——第一届中国科技典籍国际会议论文集》。

技史》是运用这种方法的楷模。

（3）古代遗制、传统工艺的调查研究或模拟实验。这是指对民间遗存的传统手工业或农业技术进行调查研究，或模拟古代的科学技术条件进行有关实验，以解决科技史研究中碰到的问题：如《考工记》中的冶铸术、制弓矢术、制车术、制陶术、乐器制造以及"铸金之状"的解释等。

（4）提取模型、科学计算。这种方法意指利用现代科学知识或科学方法论，为科技史研究中遇到的复杂系统建立模型，通过科学计算（现代往往借助于电子计算机），获得有关的认识。例如为了解释《考工记》中钟、鼓的声学特性，建立模型和科学计算，就比相应的模拟实验来得经济和便捷，也易于得出更一般性的结论。

（5）上述数种方法的结合，或借助AI等技术手段，综合运用。

《考工记》不仅是最早的技术文献，诸多器物直至都城宫室的设计造作规范，也是先秦古文中的一朵奇葩。可以预料，今后《考工记》的研究将综合科技与人文，在考古学、科技史与设计史之间左右逢源，节节前进。

古籍数字化　20世纪下半叶，人类社会借助于计算机技术，跨入了信息时代，互联网迅猛发展，储存和获取信息的方式经历了革命性的变化。1978年，美籍英裔信息科学家兰开斯特（F. W. Lancaster，1933—2013）在其《迈向无纸的信息系统》（*Toward Paperless Information Systems*）一书中正确预言：跨入21世纪，人类社会将进入"电子图书馆"时代。多年来，总部设在美国的 OCLC（Online Computer Library Center，即图书馆联机中心）和 RLIN（Research Libraries Information Network，即图书馆研究信息网）致力于研究和开发整套的联机计算机系统，以便在全球范围内实现数据库资源共享。网络资源、古籍数字化给《考工记》研究带来了前所未有的机遇。

中国大陆古籍数字化大约起步于上世纪末，1999年，文渊阁《四库全书》电子版问世。就文史研究有关的文献利用而言，目前主要有两种方式：对应于传统影印书籍的电子影印本和对应于传统排版书籍的电子植字本。前者中常用的是"中华古籍资源库"、《四库全书》电子版、"中华经典古籍库"、《四部丛刊》电子版等。中国国家图书馆的古籍数字化网站"中华古籍资源库",2019年初,善本古籍影像资源已超过3.2万部,供全文数字影像阅览。2014年起,中华书局以专家学者的研究成果为基础,推出整理本"中华经典古籍库"。现已发布3 000多种、15亿字的点校本古籍,但涵盖范围有限,美中不足。

日积月累,国内外汉语古籍电子文献海量增长,一些有识之士开始编纂工具书,为学界提供便利。如《汉语古籍电子文献知见录》(2015),对当时国内外近300种汉语古籍电子文献的建设情况以及电子化实践做了全面概览。[①]但变化日新月异,工具书需及时更新,使用者更需主动搜索,以便了解更多的可用汉语古籍电子文献资源。

经过整理的数字化古籍文本可提供全文检索、主题索引等多种功能。例如:2005年北京大学爱如生公司推出《中国基本古籍库》,现已收书1万种,既有古籍原版图像,又有可供检索的全文。首都师范大学在2003年就成立了电子文献研究所,其研制的大型中华古籍全文检索数据库——《国学宝典》与爱如生公司的《中国基本古籍库》、中华书局的《中华经典古籍库》鼎足而三,不断扩展。至2022年初,《国学宝典》2.0版(www.gxbd.com)收录经、史、子、集、丛书及通俗小说古籍已逾1万种,总字数达22亿字。2022年2月22日22点22分22秒,《国学宝典》2.0版正式上线,嘉惠学林。

由于底本选择不当、校本不善以及整理者水平参差不齐,现阶段数字化整理文本往往存在一些讹脱误衍,引用时需核对原文。已有所谓古籍电子定本工程,或古籍整理自动校勘,旨在实现古籍电子化的零差错率,使研究人员无需核查原书即可放心引用。近来,上海古籍出版社推出的"尚古汇典·古籍数字服务平台",旨在技术创新,已引起业界和学界关注。

划分字词、标点的正误、文字的订正、区别不同的义项、释文的取舍等智能性的工作,如何让计算机逐步代劳,任重道远。有关软硬件产品正

[①] 张三夕、毛建军主编《汉语古籍电子文献知见录》,广州:世界图书出版公司,2015年。

在研发中。虽然人工智能近期内还不能为人类包办一切，但也并非遥不可及。

研究专著和论文检索　为参考已有的研究成果计，本书附录提供了一个"《考工记》研究论著简目"，希望对读者有所帮助。但《考工记》研究资料之多，分布之广非此简明目录所能涵盖，未及收入的资料中谅有遗珠。好在日新月异的网络资源将源源不断地提供新的资讯。如中国知网（CNKI）、万方、维普等提供期刊论文，读秀等可以搜书。

以中国知网为例，1999年6月由清华大学、清华同方发起，现已建成世界上全文信息量规模最大的"CNKI数字图书馆"，其"中国知识资源总库"提供综合性、外文类、工业类、农业类、医药卫生类、经济类和教育类多种数据库。综合性数据库为中国期刊全文数据库、中国博士学位论文数据库、中国优秀硕士学位论文全文数据库、中国重要报纸全文数据库和中国重要会议论文全文数据库。

新技术不断变化，有些还无法预测。笔者所知有限，上文所述难免挂一漏万。但是不管数字化世界如何变幻，多么让人震撼，史家三长——"才、学、识"，依然决定一个研究者所能取得的成就之大小。

《考工记》研究的金钥匙　人类社会进入信息时代为时未久，一个无法预知结果的智能时代已经在向我们招手。迄今为止，《考工记》中尚有不少奥秘未被揭开。就像大多数令人振奋的科学成就一样，人们对它了解越多，就越希望确定它的真实价值及其在历史上的位置。我们相信，愈是后来的读者，愈容易逼近这个目标。这是因为，我们正站在一个新的综合、新的自然观念的起点上，未来社会科学和自然科学的多学科交叉将是打开《考工记》宝库的金钥匙。

第七章　注 译 篇

为方便读者阅读和熟悉点校计，本章将《考工记》全文重新点校，提供一种新的点校本，以供参考。

底本：《周礼》12卷（上海涵芬楼借长沙叶氏观古堂藏明翻宋岳氏相台本景印《四部丛刊》本），简称"《四部丛刊》本"。

参校本：台北故宫博物院藏南宋两浙东路茶盐司刊明初修补《周礼疏》50卷本，简称"故宫八行本"；唐石经《周礼》，简称"唐石经"；《周礼》42卷［民国十七年（1928）上海中华书局据明崇祯间永怀堂《十三经古注》原刻本校刊排印］，简称"《四部备要》本"；《十三经注疏》（1979年中华书局影印清嘉庆二十一年阮元校刻本），简称"《十三经注疏》本"；《周礼郑氏注》（黄丕烈《士礼居丛书》本），简称"《士礼居丛书》本"。

其他校勘资料：《经典释文·周礼音义》、戴震《考工记图》、阮元《周礼注疏校勘记》、孙诒让《周礼正义》、许慎《说文解字》、段玉裁《说文解字注》《周礼汉读考》等。"总叙"之称和诸工序号为笔者所加。

第一节　《考工记》卷上

总　叙

国有六职，百工与居一焉。或坐而论道；或作而行之；或审曲面埶，以饬五材，以辨民器；或通四方之珍异以资之；或饬力以长地财；或治丝麻以成之。坐而论道，谓之王公。作而行之，谓之士大夫。审曲面埶，以饬五材，以辨民器，谓之百工。通四方之珍异以资之，谓之商旅。饬力以长地财，谓之农夫。治丝麻以成之，谓之妇功。粤无镈，燕无函，秦无庐，胡无弓车。粤之无镈也，非无镈也，夫人而能为镈也；燕之无函也，非无函也，夫人而能为函也；秦之无庐也，非无庐也，夫人而能为庐也；胡之无弓车也，非无弓车也，夫人而能为弓车也。知者创物，巧者述之，守之世，谓之工。百工之事，皆圣人之作也。烁金以为刃，凝土以为器，作车以行陆，作舟以行水，此皆圣人之所作也。

天有时，地有气，材有美，工有巧，合此四者，然后可以为良。材美工巧，然而不良，则不时，不得地气也。橘逾淮而北为枳，鸜鹆不逾济，貉逾汶则死，此地气然也。郑之刀，宋之斤，鲁之削，吴粤之剑，迁乎其地而弗能为良，地气然也。燕之角，荆之干，妢胡[1]之笴[2]，吴粤之金锡，此材之美者也。天有时以生，有时以杀；草木有时以生，有时以死；石有时以泐；水有时以凝，有时以泽；此天时也[3]。

【注释】

[1] 妢胡：郑玄注引杜子春云："妢读为焚咸丘之焚，书或为邠。"当作"邠胡"。

[2] 笴：唐石经作"笴"。郑玄注："故书笴为筍。"段玉裁《周礼汉读考》："筍"作"笴"。

［3］天有时以生……此天时也：此处疑有前后错简。按文中天时、地气、材美、工巧的叙述顺序，"天有时以生，有时以杀；草木有时以生，有时以死；石有时以泐，水有时以凝，有时以泽，此天时也"，这段分述天时的文句应置于总述性的"材美工巧，然而不良，则不时，不得地气也"之后，分述地气的"橘逾淮而北为枳"之前。

【今译】

　　一国之内有六种职事，百工是其中之一。有的安坐议论政事；有的努力执行政务；有的审视考察材料的外在特征和内部特性，整治五材，制备民生器具；有的采办蓄积四方珍异的物品，流通有无；有的勤力耕作，种植庄稼；有的整治丝麻，织成衣物。安坐议论政事的，称为王公；努力执行政务的，称为士大夫；审视考察材料的外在特征和内部特性，整治五材，制备民生器具的，叫作百工；采办蓄积四方珍异的物品，流通有无的，叫作商旅；勤力耕作，种植庄稼的，叫作农夫；整治丝麻，织成衣物的，叫作妇功。粤地不设制镈的工匠，燕地不设函人，秦地不设庐人，胡境不设弓匠和车匠。粤地没有制镈的工匠，并不是说那里没有会制镈的人，而是成年男子都能够制镈。燕地没有函人，并不是说那里没有会制铠甲的人，而是成年男子都能够制作铠甲。秦地没有庐人，并不是说那里没有会制作庐器的人，而是成年男子都能够制作庐器。胡境没有弓匠、车匠，并不是说那里没有会制作弓、车的人，而是成年男子都能够制作弓和车。聪明、有创造才能的人创制器物，工巧的人加以传承，工匠世代遵循。百工制作的器物，都是圣人的创造发明。销熔金属制作兵刃利器，和合泥土烧制为陶器，制作车辆在陆地上行驶，制作舟船在水面上航行，这些都是由圣人创造发明的。

　　顺应天时，适应地气，材料上佳，技艺精巧，这四个条件加起来，才可以得到精良的器物。如果材料上佳，技艺精巧，然而制作出来的器物并不精良，那就是不顺应天时，不适应地气的缘故。橘树向北移栽，过了淮河就变成枳，鹳鹆从不［向北］飞越济水，貉如果［南渡］过汶水，那就活不长了。这些都是地气使然啊！郑国的刀，宋国的斤，鲁国的削，吴粤的剑［都是优质产品］，不是那些地方生产的就不会精良，这亦是地气使然！燕地的牛角，荆州的弓干，妢胡的箭杆，吴粤的铜锡，这些都是上好的原材料。天有时助万物生长，有时使万物凋零；草木有时欣欣向荣，有时枯萎零落；石有时顺其脉理而解裂；水有时凝固，有时消融；这些都是天时。

凡攻木之工七，攻金之工六，攻皮之工五，设色之工五，刮摩之工五，抟[1]埴之工二。攻木之工：轮、舆、弓、庐、匠、车、梓；攻金之工：筑、冶、凫、栗、段、桃；攻皮之工：函、鲍[2]、韗[3]、韦、裘；设色之工：画、缋、锺、筐、帴；刮摩之工：玉、榔、雕、矢、磬；抟埴之工：陶、瓬[4]。

【注释】

[1] 抟：原作"抟"（音 tuán 团），《四部备要》《经典释文》、唐石经、《十三经注疏》本同。故宫八行本作"搏"（音 bó 脖），阮元《周礼注疏校勘记》：余本、嘉靖本、闽、监、毛本"抟"作"搏"。郑玄注："搏之言拍也。"戴震《考工记图》、阮元《周礼注疏校勘记》、黄焯《经典释文汇校》均校改为"搏"。《经典释文》注两音："抟，李音团，刘音搏。"《老子》："挻埴以为器。"朱骏声《说文通训定声》云："凡柔和之物，引之使长，抟之使短，可析可合，可方可圆，谓之挻。"故"抟"字亦通，不改。下文"抟埴之工"同。

[2] 鲍：或作鞄。郑众注："鲍读为鲍鱼之鲍，书或为鞄。"《说文·革部》云："鞄，柔革工也，从革包声，读若朴。《周礼》曰：柔皮之工鲍氏。鞄即鲍也。"

[3] 韗：或作韗。《释文》："韗，况万反、刘音运，本或作韗。"《说文·革部》云："韗，攻皮治鼓工也，从革军声，读若运。韗，韗或从韦。"

[4] 凡攻木之工七……陶、瓬：这段文字总述三十个工种。其中凫氏与锺氏可能错置，详见所属之"为钟"和"染羽"节。

【今译】

　　所有的工官或工匠，治木的有七种，冶金的有六种，治皮的有五种，施色的有五种，琢磨的有五种，制陶的有两种。治木的工种是：轮人、舆人、弓人、庐人、匠人、车人、梓人。冶金的工种是：筑氏、冶氏、凫氏、栗氏、段氏、桃氏。治皮的工种是：函人、鲍人、韗人、韦氏、裘氏。施色的工种是：画、缋、锺氏、筐人、㡛氏。琢磨的工种是：玉人、栉人、雕人、矢人、磬氏。制陶的工种是：陶人、瓬人。

　　有虞氏上陶，夏后氏上匠，殷人上梓，周人上舆。故一器而工聚焉者，车为多。车有六等之数：车轸四尺，谓之一等；戈柲六尺有六寸，既建而迤，崇于轸四尺，谓之二等；人长八尺，崇于戈四尺，谓之三等；殳长寻有四尺，崇于人四尺，谓之四等；车戟常，崇于殳四尺，谓之五等；酋矛常有四尺，崇于戟四尺，谓之六等。车谓之六等之数。

　　凡察车之道，必自载于地者始也，是故察车自轮始。凡察车之道，欲其朴属而微至。不朴属，无以为完久也。不微至，无以为戚速也。轮已崇，则人不能登也；轮已庳，则于马终古登阤也。故兵车之轮六尺有六寸，田车之轮六尺有三寸，乘车之轮六尺有六寸。六尺有六寸之轮，轵[1]崇三尺有三寸也，加轸与轐焉，四尺也。人长八尺，登下以为节。

【注释】

[1] 轵（zhǐ）：戴震《考工记图》："轵当作軝。"他以为"故书本作軝，从车开声。"（《戴震文集》卷三《辨正〈诗〉〈礼〉注軝轵轵軧四字》，中华书局，1980年）

【今译】

　　有虞氏提倡制陶业，夏后氏提倡水利和营造业，殷人提倡礼乐器制造业，周人提倡车辆制造业。一种器物聚集数个工种的制作才能完成的，毕竟以车为最多。车有六等差数，车轸离地四尺，这是第一等。戈连柄长六尺六寸，斜插在车上，比轸高出四尺，这是第二等。人长八尺，比戈高四尺，这是第三等。殳长一寻又四尺，比人高四尺，这是第四等。车戟长一常，高出殳四尺，这是第五等。酋矛长一常又四尺，比戟高出四尺，这是第六等。所以说车有六等差数。

　　考核车子的要领，必定先从地面的荷载开始，所以考核车子先要从轮子着手。考核车子的要领，要注意它的结构是否缜密坚固，着地是否微至。如果轮子不缜密坚固，那就不能坚固耐用，轮子着地的面积若不微少，那就不会运转快捷。轮子太高的话，人不容易登车；轮子太低的话，那马就十分费力，好比常处于爬坡状态一样，所以兵车的轮子高六尺六寸，田车的轮子高六尺三寸，乘车的轮子高六尺六寸。六尺六寸的车轮，轵高三尺三寸，加上轸与轐，一共四尺。人长八尺，以上下车时高低恰到好处为度。

一、轮　人

　　轮人为轮。斩三材必以其时。三材既具，巧者和之。毂也者，以为利转也。辐也者，以为直指[1]也。牙也者，以为固抱也。轮敝，三材不失职，谓之完。望而眡其轮，欲其帱尔而下迤也。进而眡之，欲其微至也。无所取之，取诸圜也。望其辐[2]，欲其掣尔而纤也。进而眡之，欲其肉称也。无所取之，取诸易直也。望其毂，欲其眼[3]也，进而眡之，欲其帱之廉也。无所取之，取诸急也。眡其绠[4]，欲其蚤之正也，察其菑蚤不齵，则轮虽敝不匡。

【注释】

[1] 指：于鬯《香草校书》卷二十四："指当为揩（zhī）。"

[2] 辐：原作"幅"，据故宫八行本、《四部备要》《十三经注疏》等本改。

[3] 眼：《考工记图》："眼当作辊。"《说文·车部》云："辊，毂齐等貌，从车昆声。《周礼》曰：'望其毂，欲其辊。'"

[4] 绠（bǐng）：原作"缏"。据故宫八行本、《四部备要》《十三经注疏》

等本改。

【今译】

轮人制作车轮。伐取三材必须适时，三种材料都已具备，用精巧的工艺进行加工。毂，是灵活转动的部件；辐，是笔直支撑的部件；牙，是坚固合抱的部件。轮子虽然用得破旧了，而毂、辐、牙三材没有丧失功能，这才完美。远望轮子，要注意轮圈转动是否周而复始地均致地触地；近看轮子，要注意它着地面积是否很小，无非是要求轮子正圆。远望辐条，要注意它是否像人臂一样由粗渐细；近看辐条，要注意它是否光滑均好，无非是要求辐条滑致挺直。远望车毂，要注意它是否匀整光洁；近看车毂，要注意裹革的地方是否隐起棱角，无非是要求裹得紧固。细看轮綆，要注意辐端插入［毂和］牙中是否齐正。发现蛰蚤都是齐正的话，那么轮子即使破旧了也不会变形。

凡斩毂之道，必矩其阴阳。阳也者，积理而坚；阴也者，疏理而柔。是故以火养其阴，而齐诸其阳，则毂虽敝不蔽。毂小而长则柞，大而短则挚[1]。是故六分其轮崇，以其一为之牙围，叁分其牙围而漆其二。椁其漆内而中诎之，以为之毂长，以其长为之围。以其围之防捎其薮：五分其毂之长，去一以为贤[2]，去三以为轵。容毂必直，陈篆必正，施胶必厚，施筋必数，帱必负干。既摩，革色青白，谓之毂之善。叁分其毂长，二在外，一在内，以置其辐。凡辐，量其凿深以为辐广。辐广而凿浅，则是以大扤，虽有良工，莫之能固。凿深而辐小，则是固有余而强不足也。故竑其辐广，以为之弱，则虽有重任，毂不折。叁分其辐之长而杀其一，则虽有深泥，亦弗之溓也。叁分其股围，去一以为骹围。揉辐必齐，平沉必均。直以指牙，牙得，则无鐷而固；不得，则有鐷必足见也。六尺有六寸之轮，綆叁分寸之二，谓之轮之固。

凡为轮，行泽者欲杼，行山者欲侔。杼以行泽，则是刀以割涂也，是故涂不附。侔以行山，则是抟以行石也，是故轮虽敝不甐于凿。凡揉牙，外不廉[3]而内不挫，旁不肿，谓之用火之善。是故规之，以眡其圜也；萭^[4]之，以眡其匡也；县之，以眡其辐之直也；水之，以眡其平沉之均也；量其薮以黍，以眡其同也；权之，以眡其轻重之侔也。故可规、可萭、可水、可县、可量、可权也，谓之国工。

轮人为盖。达常围三寸。桯围倍之，六寸。信其桯围以为部广，部广六寸。部长二尺。桯长倍之，四尺者二。十分寸之一谓之枚。部尊一枚，弓凿广四枚，凿上二枚，凿下四枚。凿深二寸有半，下直二枚，凿端一枚。弓长六尺谓之庇轵，五尺谓之庇轮，四尺谓之庇轸。叁分弓长而揉其一。叁分其股围，去一以为蚤围。叁分弓长，以其一为之尊。上欲尊而宇欲卑。上尊而宇卑，则吐水疾而霤远。盖已崇，则难为门也；盖也卑，是蔽目也。是故盖崇十尺。良盖弗冒弗纮，殷亩而驰，不队^[5]，谓之国工。

【注释】

［1］摰（niè）：原作"摯"，故宫八行本、唐石经、《四部备要》本同。据《十三经注疏》本改。

［2］贤：《唐石经》诸本同。《说文·目部》云："瞖，大目也，从目臤声。""贤"当作"瞖"。

［3］廉：阮元《周礼注疏校勘记》："廉本作爈。"《说文·火部》云："爈，火燥车网绝也，从火兼声。《周礼》曰：'燥牙外不爈。'"

［4］萭（jǔ）：或作"禹""矩"。郑玄注："故书萭作禹。郑司农云：'读为禹，书或作矩。'"

［5］队（zhuì）：诸本同，唐石经作"坠"，古今字。

【今译】

伐取毂材的要领，必须先刻识阴阳记号；木材向阳的部分，文理致密而坚实；背阴的部分，文理疏松而柔弱。所以要用火烘烤背阴的部分，使其与向阳的部分性能一致［然后作毂］，那么毂虽然用得破旧了，也不会因变形而不平。如果毂小而长，辐间就太狭窄；如果毂大而短，辐菑就不坚牢，会摇动不安。所以牙围取轮子高度的六分之一，其内侧的三分之二髹漆。量度轮子髹漆部外缘圆内接正方形的边长，折半作为毂的长度，毂的周长等于毂长。按毂长的某种分数来剜除木心成薮：即以毂长的五分之四作为贤［的周长］，毂长的五分之二作为轵［的周长］。整治毂的形状必定要使它内外同轴，设篆一定要均等平正，敷胶一定要厚，缠筋必定要密，所施的胶筋与毂体紧密地结合在一起，［以石］打磨平后，篆部革色青白相间，这就是好的毂了。［扣去辐广］三分毂长，二分在外，一分在内，这样来定辐条入毂的位置。所有的辐条，辐菑入孔的深度等于辐的宽度。如果辐宽而菑孔太浅，那就极易动摇，即使优秀的工匠也不能使它牢固。如果菑孔深而辐菑狭小，那么牢固有余而强度不足［容易折断］。所以一定要量度辐条的宽度作为菑孔深度，这样，车子虽然荷载很重，毂也不会损坏。削细辐条近牙的三分之一，车行时就是有深的烂泥也不会黏住。以股的周长的三分之二作为骹的周长。揉制辐条必定要使它们齐直，［将它们放在水中，］浮沉的深浅也要相同。辐条笔直地插在牙上，菑牙相称，就是不用楔，也很牢固。如果菑牙不相称，就要用楔，楔的端部一定会露出来的。六尺六寸的轮子，辐绠取三分之二寸，这样轮子就牢固。

凡制作车轮，行驶于泽地的，轮缘要削薄；行驶于山地的，牙厚上下要相等。轮缘削薄了，在泽地中行驶，就像刀子割泥一样，所以泥就不会黏附。轮子牙厚上下相等，行驶于山地，因圆厚的轮牙滚在山石上，虽然轮子用得破旧了，也不会影响凿菑而使辐条松动。凡用火揉牙，牙的外侧不［因拉伸而］伤材断裂，内侧不焦灼挫折，旁侧不曝裂臃肿，这是善于用火揉牙的表现。所以，用圆规来检验，看轮圈是否很圆；用萭来检验，看轮圈两侧是否规整；悬绳检验上下两辐是否对直；浮在水上观测浮沉的深浅是否均等；用黍测量两毂中空之处看其大小［容积］是否相同；用天平衡量两轮的重量是否相等。如果制造出来的轮子能够圆中规，平中萭，直中绳，浮沉深浅同，黍米测量同，权衡轻重同，可以称为国家一流的工匠了。

轮人制作车盖。上柄周长三寸，下柄周长多一倍，合六寸。展开下柄的周长作为盖斗的直径，盖斗的直径是六寸。上柄连盖斗的长度为二尺。

下柄［有两截，每截］比上柄长一倍，［为四尺，］两截共八尺。十分之一寸叫作枚。盖斗上端隆起的高度为一枚。盖斗周围嵌入盖弓的凿孔宽四枚，孔上方有二枚，孔下方有四枚。凿孔深二寸半，下平，［渐收，］凿孔的内端高二枚，宽一枚。盖弓长六尺的，遮盖两轵；长五尺的，遮盖两轮；长四尺的，遮盖两轸。盖弓［近盖斗］三分之一处揉曲。以股的周长的三分之二作为蚤的周长。盖斗与弓末的高差为弓长的三分之一，盖弓近盖斗的上平部较高，而远离盖斗的宇部要低，上平部高而宇部低，泻水很快，斜流必远。车盖太高的话，［一般的城］门就通不过去；车盖太低的话，要遮住乘车者的视线，所以车盖的高度定为十尺。好的车盖，即使盖弓上不蒙幕，不缀绳，随车横驰于颠簸不平的垄上，盖弓也不会脱落。［有这种技艺的，］可以称为国家一流的工匠了。

二、舆　人

舆人为车。轮崇、车广、衡长，叁如一，谓之叁称。叁分车广，去一以为隧。叁分其隧，一在前，二在后，以揉其式。以其广之半，为之式崇；以其隧之半，为之较崇。六分其广，以一为之轸围；叁分轸围，去一以为式围；叁分式围，去一以为较围；叁分较围，去一以为轵围；叁分轵围，去一以为轛围。圜者中规，方者中矩，立者中县，衡者中水，直者如生焉，继者如附焉。凡居材，大与小无并，大倚小则摧，引之则绝。栈车欲弇，饰车欲侈。

【今译】

舆人制作车厢。车轮的高度，车厢的宽度，车衡的长度，三者相等，称为叁称。以车厢宽度的三分之二作为车厢之长。将车厢长度三等分，三分之一在前，三分之二在后，将轼揉曲到这个位置。以车厢宽度的二分之一作为轼的高度，以车厢长度的二分之一作为较的高度。以车厢宽度的六分之一作为轸的周长，以轸的周长的三分之二作为轼的周长，以轼的周长的三分之二作为较的周长，以较的周长的三分之二作为轵的周长，以轵的周长的三分之二作为輮的周长。圆的合乎圆规，方的合乎曲尺，直立的合乎悬绳，横放的与水面平行；直立的好像从地上生出来一样，交相连缀的如枝附干一般。凡处理制车的材料，大与小［不相称］不能装配。如小件支撑大件，就要摧折；如小件牵引大件，则易断裂。栈车应简便狭小一些，饰车要考究宽敞一些。

三、辀　人

辀人[1]为辀。辀有三度，轴有三理。国马之辀，深四尺有七寸；田马之辀，深四尺；驽马之辀，深三尺有三寸。轴有三理：一者，以为娭也；二者，以为久也；三者，以为利也。軓前十尺，而策半之。凡任木，任正者，十分其辀之长，以其一为之围。衡任者，五分其长，以其一为之围。小于度，谓之无任。五分其轸间，以其一为之轴围。十分其辀之长，以其一为之当兔之围。叁分其兔围，去一以为颈围。五分其颈围，去一以为踵围。

凡揉辀，欲其孙而无弧深。今夫大车之辕挚，其登又难；既克其登，其覆车也必易。此无故，唯辕直且无桡也。是故大车平地既节轩挚之任，及其登阤，不伏其辕，必缢其牛。此无故，唯辕直且无桡也。故登阤者，倍任者也，犹能以登。及其下阤也，不援其邸，必绋其牛后。此无故，唯辕直且无桡也，是故辀欲颀典。辀深则折，浅则负。辀注则利，准（利准）则久，和则安[2]。辀欲弧而无折，经而无绝，进则与马谋，退则与人谋。终日驰骋，左不楗；行数千里，马不契需[3]；终岁御，衣衽不敝，此唯辀之和也。劝登马力，马力既竭，辀犹能一取焉。良辀环灂，自伏兔不至軓七寸[4]……軓中有灂，谓之国辀。

轸之方也，以象地也；盖之圜也，以象天也。轮辐三十，以象日月也；盖弓二十有八，以象星也。龙旂九斿，以象大火也；鸟旟七斿，以象鹑火也；熊旗六斿，以象伐也；龟蛇[5]四斿，以象营室也；弧旌枉矢，以象弧也。

【注释】

[1] 辀（zhōu）人："辀人"之名未列于《考工记》开首的三十工之内。

[2] 辀注则利，准（利准）则久，和则安：原文为"辀注则利准利准则久和则安"，郑玄注、《黄侃手批白文十三经》等认为后面的"利准"两字是衍文，今删。

[3] 需：段玉裁《周礼汉读考》：需"乃乱反，当是'㲉'字，同"软"。

[4] 七寸："七寸"之后疑有脱文。

[5] 龟蛇：《太平御览》兵部卷七十二引《考工记》作"龟旐四斿，以象营室"。今本《考工记》之"龟蛇"疑是"龟旐（zhào）"之误。

【今译】

辀人制辀。辀有三种深浅不同的弧度，轴有三项质量指标。国马的辀，深四尺七寸；田马的辀，深四尺；驽马的辀，深三尺三寸。轴有三项指标，第一是木理均匀无节目，第二是木质坚韧，第三是轴与毂配合得既滑又密。辀在軓前的长度为十尺，竹策的长度为它的一半。凡车上用以担荷的木材，车厢下承受重压的，以辀长的十分之一作为周长。两轵之间的衡，以它的长度的五分之一作为周长。小于这个标准，就不能胜任负载。以两轸之间距离的五分之一作为轴的周长。以辀长的十分之一作为当兔的周长，以当兔周长的三分之二作为辀颈的周长，以辀颈周长的五分之四作为辀踵的周长。

凡用火揉辀，要顺木理，不要过于弯曲。现在大车的直辕较低，上斜坡就比较困难，就是能爬上坡，也容易翻车，这没有别的缘故，只是因为大车的车辕平直而不桡曲罢了。所以大车在平地上行驶，前后轻重均匀，高低相称，适于任载。到上坡时，如果没有人压伏前辕，就要勒住牛的头颈，这没有别的缘故，只是因为大车的车辕平直而不桡曲罢了。上斜坡时，虽然加倍费力，倒还是可以爬上去的；到它下坡时，如果没有人拉住车尾，缰必勒赶牛的后身，这没有别的缘故，只是因为大车的车辕平直而不桡曲罢了。所以辀要坚韧，桡曲适度。辀的弯曲过分，容易折断；弯曲不足，车体必上仰。辀[的前段弯曲]，形如"注星"的连线，行驶利落；

辀［的后段］水平，经久耐用；曲直协调，必能安稳。辀要弯曲适度而无断纹，顺木理而无裂纹，配合人马进退自如，一天到晚驰骋不息，左边的骖马不会感到疲倦。即使行了数千里路，马不会伤蹄怯行。一年到头驾车驰驱，也不会磨破衣裳。这就是辀的曲直调和的缘故啊！［良好的辀］有利于马力的发挥，马不拉了，车还能顺势前进一小段路。良好的辀，漆纹如环，辀的后段自伏兔至离轵七寸，……若軓下辀上的漆纹长久完好如环，可以称为国家第一流的辀了。

軫的方形，象征大地；车盖的圆形，象征上天。轮辐三十条，象征每月三十日；盖弓二十八条，象征二十八宿。龙旂饰九斿，象征大火星；鸟旟饰七斿，象征鹑火星；熊旗饰六斿，象征伐星；龟旐饰四斿，象征营室星；弧旌饰枉矢，象征弧星。

四、攻 金 之 工

攻金之工，筑氏执下齐，冶氏执上齐，凫氏[1]为声，栗氏为量，段氏为镈器，桃氏为刃。金有六齐：六分其金而锡居一，谓之钟鼎之齐；五分其金而锡居一，谓之斧斤之齐；四分其金而锡居一，谓之戈戟之齐；三分其金而锡居一，谓之大刃之齐；五分其金而锡居二，谓之削杀矢之齐；金、锡半，谓之鉴燧之齐。

【注释】

[1]凫氏："凫（fú）氏"疑是"锺氏"之误，详见"凫氏为钟"节校记[1]。

【今译】

冶金的工官：筑氏掌管下齐，冶氏掌管上齐，凫氏制作乐器，栗氏制造量器，段氏制作农具，桃氏制造兵刃。青铜有六齐，金（铜）与锡的比例为六比一的，叫作钟鼎之齐；五比一的，叫作斧斤之齐；四比一的，叫作戈戟之齐；三比一的，叫作大刃之齐；五比二的，叫作削、杀矢之齐；二比一的，叫作鉴燧之齐。

五、筑　氏

筑氏为削。长尺博寸，合六而成规。欲新而无穷，敝尽而无恶。

【今译】

筑氏制削。长一尺，阔一寸，六把削恰好围成一个正圆形。要锋利得永远像新的一样，虽然锋锷磨损到头了，[材质依然如故，]不见缺损，不卷刃。

六、冶　氏

冶氏为杀矢。刃长寸，围寸，铤十之，重三垸[1]。戈广二寸，内倍之，胡三之，援四之。已倨则不入，已句则不决。长内则折前，短内则不疾。是故倨句外博。重三锊。戟广寸有半寸，内三之，胡四之，援五之。倨句中矩。与刺重三锊。

【注释】

[1]冶氏为杀矢。刃长寸，围寸，铤十之，重三垸：此处杀矢"刃长寸，围寸，铤十之，重三垸"与"矢人为矢"节同一句重出。"冶氏为杀矢"郑玄注："杀矢与戈戟异齐而同其工，似补脱，误在此也。"《周礼汉读考》说："郑意补脱者，当补入于筑氏职，而在此是为误也。"如将"冶氏"节的"杀矢，刃长寸，围寸，铤十之，重三垸"移于"筑氏"节后、"冶氏"节前，正与"筑氏执下齐，冶氏执上齐"，以及"四分其金而锡居一，谓之戈戟之齐；……五分其金而锡居二，谓之削杀矢之齐"相合。

【今译】

冶氏制杀矢。箭镞长一寸，周长一寸，铤一尺，重三垸。

冶氏制戈，宽二寸，内长是它的二倍，[即四寸，]胡长是它的三倍，

[即六寸，]援长是它的四倍[，即八寸]。援和胡之间的角度太钝，战斗时不易啄人；这个角度太锐，实战时不易割断目标；内加长的话，则容易折断援；内太短的话，使用起来攻势不猛；所以援应横出微斜向上。戈重三锊。戟宽一寸半，内长是它的三倍，[即四寸半，]胡长是它的四倍，[即六寸，]援长是它的五倍，[即七寸半。]援与胡纵横成直角。包括[头上的]刺在内，全戟共重三锊。

七、桃　氏

　　桃氏为剑，腊广二寸有半寸，两从半之。以其腊广为之茎围，长倍之，中其茎，设其后。叁分其腊广，去一以为首广而围之。身长五其茎长，重九锊，谓之上制，上士服之。身长四其茎长，重七锊，谓之中制，中士服之。身长三其茎长，重五锊，谓之下制，下士服之。

【今译】

　　桃氏制剑，两边刃间阔二寸半，自中央隆起的剑脊至两刃的距离相等，各为一又四分之一寸。以两边刃间的阔作为剑柄的周长，剑柄的长度是其周长的两倍，凸起的后分布在剑柄中部。以两边刃间阔的三分之二作为圆形剑首的直径。剑身的长度是柄长的五倍，剑重九锊，称为上制剑，供上士佩用。剑身的长度是柄长的四倍，剑重七锊，称为中制剑，供中士佩用。剑身的长度是柄长的三倍，剑重五锊，称为下制剑，供下士佩用。

八、凫　氏

　　凫氏为钟[1]。两栾谓之铣，铣间谓之于，于上谓之鼓，鼓上谓之钲，钲上谓之舞，舞上谓之甬，甬上谓之衡，钟县谓之旋，旋虫谓之干[2]，钟带谓之篆，篆间谓之枚，枚谓之景，于上之攠谓之隧。十分其铣，去二以为钲。以其钲为之铣间，去二分以为之鼓间。以其鼓间为之舞修，去二分以为舞广。以其钲之长为之甬长，以其甬长为之围。叁分其围，去一以为衡围。叁分其甬长，二在上，一在下，以设其旋。薄厚之所震动，清浊之所由出，佮鏄之所由兴，有说。钟已厚则石，已薄则播，佮则柞，鏄则郁，长甬则震。是故大钟十分其鼓间，以其一为之厚；小钟十分其钲间，以其一为之厚。钟大而短，则其声疾而短闻；钟小而长，则其声舒而远闻。为遂，六分其厚，以其一为之深而圜之。

【注释】

[1] 凫氏为钟：凫氏可能为锺氏之误。1993年罗泰（Lothar von Falkenhausen）指出"凫氏"和"锺氏"可能彼此错置，论点新颖，惜论据不足（参见 Lothar von Falkenhausen: *Suspended Music: Chime Bells in the Culture of Bronze Age China*, Berkeley, Los Angeles, Oxford: University of California Press, 1993, p.65）。笔者认为前有伶人（乐官）锺氏和伶人铸钟，后有铸钟的秦汉"乐府锺官"，在承前启后的《考工记》时代，与"磬氏为磬"对应的是"锺氏为钟"。凫为野鸭，在卜辞中为地名，金文和战国文字中有凫氏。染色凫羽用于装饰，"凫氏染羽"较为合理。"锺氏染羽"和"凫氏为钟"很可能是一对错简，应校改为"锺氏为钟"和"凫氏染羽"。详见闻人军《〈考工记〉"锺氏""凫氏"错简论考》（《经学文献研究集刊》第二十五辑，2021年）。

[2] 幹（guǎn）：程瑶田《考工创物小记·凫氏为钟图说》："幹当为斡。"王引之《经义述闻》卷九"幹当为斡"，意即"管"。

【今译】

　　凫氏制钟。两栾称为铣，铣间的钟唇叫作于，于上受击的地方叫作鼓，鼓上的钟体称为钲，钲上的钟顶叫作舞，舞上的钟柄叫作甬，甬的上端面叫作衡，悬钟的环状物叫作旋，旋上的钟纽叫作幹，钲上的纹饰叫作篆，篆间的钟乳叫作枚，枚又叫作景。于上磨错的部位叫作隧。以钟体铣长的五分之四作为钲长，以钲长作为两铣之间的距离。以钲长的五分之四作为两鼓之间的距离。以两鼓之间的距离作为舞的纵长，以舞长的五分之四作为舞的横宽。以钲长作为甬长，以甬长作为它的周长，以甬的周长的三分之二作为衡的周长。在甬部近下端的三分之一处设置钟环。钟的厚薄，与振动频率有关；钟声清浊，产生的缘由；钟口的侈大或弇狭，它的一系列影响；这些是可以解释的。钟壁过厚，犹如击石，声音不易发出；钟壁太薄，钟声响而播散；若钟口侈大，则声音大而外传，有喧哗之感；若钟口弇狭，声音就抑郁不扬。如果钟甬太长，钟声发颤。所以大钟以钟口两鼓之间距离的十分之一作为壁厚，小钟以钟顶两钲之间距离的十分之一作为壁厚。钟体大而短，钟声急疾消竭，传播距离近；钟体小而长，发声舒缓难息，传播距离远。作隧，当为弧形，深度等于壁厚的六分之一。

九、栗　氏

栗氏为量。改煎金、锡则不耗，不耗然后权之，权之然后准之，准之然后量之，量之以为鬴。深尺，内方尺而圜其外，其实一鬴。其臀一寸，其实一豆。其耳三寸，其实一升。重一钧。其声中黄钟之宫。槩而不税。其铭曰："时文思索，允臻其极，嘉量既成，以观四国，永启厥后，兹器维则。"凡铸金之状，金与锡，黑浊之气竭，黄白次之；黄白之气竭，青白次之；青白之气竭，青气次之，然后可铸也。

【今译】

栗氏制造量器。更番冶炼铜、锡，直到［杂质去尽，十分精纯］不再耗减为止。然后称出所需数量的铜、锡，再依次经过"准之"和"量之"两个工艺过程，铸成为鬴。鬴的主体是一个圆筒形，深一尺，底面是边长为一尺的正方形的外接圆，它的容积是一鬴。圈足深一寸，它的容积是一豆。两侧的鬴耳，深三寸，它的容积是一升。鬴重一钧，它的声律与黄钟宫相符。以概平鬴，用途在于校准量器而非收税。鬴上的铭文说："时文思索，允臻其极。嘉量既成，以观四国。永启厥后，兹器维则。"（文德之君，为民思索，创制量器，信用卓著。标准量器，制造成功，颁示四方，仿制

使用。永传后世，教训子孙，遵行此器，守为法则。）冶铸青铜的情状：以
铜与锡为原料，初炼时会冒出黑浊之气；黑浊之气没有了，接着冒出黄白
之气；黄白之气不见了，接着冒出青白之气；青白之气没有了，剩下的全
是青气，这时就可以开始浇铸了。

十、段氏（阙）

段氏（阙）

十一、函　人

　　函人为甲。犀甲七属，兕甲六属，合甲五属。犀甲寿百年，兕
甲寿二百年，合甲寿三百年。凡为甲，必先为容，然后制革。权其
上旅与其下旅，而重若一。以其长为之围。凡甲，锻不挚则不坚，
已敝则桡。凡察革之道：眂其钻空，欲其惌也；眂其里，欲其易
也；眂其朕，欲其直也；橐之，欲其约也；举而眂之，欲其丰也；
衣之，欲其无齘也。眂其钻空而惌，则革坚也；眂其里而易，则材
更也；眂其朕而直，则制善也。橐之而约，则周也；举之而丰，则
明也；衣之无齘，则变也。

【今译】

　　函人制造皮甲。犀甲以七组革片连缀而成，兕甲以六组革片连缀而成，
合甲以五组革片连缀而成。犀甲可以用一百年，兕甲可以用二百年，合甲
可以用三百年之久。凡制甲，必先量度人的体形，制作模型和模具，然后
裁剪、压制革片，要使上身和下身革片的重量一致，以甲长作为腰围。甲
的革片如果敲打不细致，那就不坚牢，敲打过度，革理敝伤，那就会桡曲。
观察革甲的要领是：看看连缀革片穿线的针孔，愈小愈好。看看革片里子，
以修治滑润细致为佳。看看缝合的甲缝，一定要顺直。卷束放入甲囊内时，
要易于收放体积小；提举在手里看时，要显得宽大；穿到身上，要整齐合
身。看起来连缀革片所穿的针孔小，革片一定很坚牢。革里滑润细致，品

质一定很优良。甲缝笔直，那么做工必定很考究。卷放在甲囊里易于收放体积小，甲一定很顺妥密致。提举在手里看起来宽大丰满，甲一定做得好、有光泽。穿着合身，举止一定很便利。

十二、鲍　人

　　鲍人之事。望而眂之，欲其荼白也；进而握之，欲其柔而滑也；卷而抟之，欲其无迆也；眂其著，欲其浅也；察其线，欲其藏也。革欲其荼白而疾澣之，则坚；欲其柔滑而腥脂之，则需。引而信之，欲其直也[1]。信之而直，则取材正也；信之而枉，则是一方缓、一方急也。若苟一方缓、一方急，则及其用之也，必自其急者先裂。若苟自急者先裂，则是以博为帴也。卷而抟之而不迆，则厚薄序也；眂其著而浅，则革信也；察其线而藏，则虽敝不甐。

【注释】

[1] 引而信（shēn）之，欲其直也：此8字系错简，当前移44字，紧接在"欲其柔而滑也"之后。

【今译】

　　鲍人的工作。[鲍人鞣治的韦革，]远看颜色要荼白；走近用手握捏要觉得柔软、平滑；把它拉伸开来要平直；把它卷紧，两边要齐正不斜；再看两皮相缝合的地方，一定要浅狭；察看缝合的线，一定要藏而不露。韦革的颜色要呈荼白，富有弹性，适当渗进鞣剂，那就会很坚牢的了。韦革要十分柔滑、润泽、涂上足够的油脂，那就会很柔软的了。伸展开来很平直，那是裁取的革理齐正之故。如果伸展开来歪斜而不平直，必定是一边太松，一边太紧。如果一边太松，一边太紧，那么到了使用的时候，一定从绷得太紧的地方先发生断裂。如果从太紧的地方先发生断裂，[不得不剪除，]这样阔革只能当狭革使用了。把革卷紧而不歪斜，它的厚薄就是均匀的。看上去两皮缝合的地方浅狭，革就不易伸缩变形。细看时接合韦革的缝线不露出来，韦革虽然用得破旧了，缝线也不会损伤。

十三、韗　人

韗人为皋陶[1]。长六尺有六寸，左、右端广六寸，中尺，厚三寸，穹者三之一，上三正。鼓长八尺，鼓四尺，中围加三之一，谓之鼖鼓。为皋鼓，长寻有四尺，鼓四尺，倨句磬折。凡冒鼓，必以启蛰之日。良鼓瑕如积环。鼓大而短，则其声疾而短闻；鼓小而长，则其声舒而远闻。

【注释】

[1] 皋陶："皋（gāo）陶"之后疑有脱文。

【今译】

韗人制鼓。[……鼓，每条鼓木]长六尺六寸，左右两端阔六寸，当中阔一尺，板厚三寸，中央穹窿的高度为鼓面直径的三分之一，将鼓木平分为三段，每段板面平直。鼓长八尺，鼓面直径四尺，鼓腹直径比鼓面直径多三分之一，称为鼖鼓。制作皋鼓，长一丈二尺，鼓面直径四尺，鼓腹向两端屈曲所成的钝角等于一磬折。凡蒙鼓，必定要在启蛰那天。制作精良的鼓，鼓皮上的纹理呈很多[同心]环形。鼓大而短，声调高而急促，传得不远。鼓小而长，声调低而舒缓，传得较远。

十四、韦氏（阙）

韦氏（阙）

十五、裘氏（阙）

裘氏（阙）

十六、画　缋

画缋[1]之事。杂五色。东方谓之青，南方谓之赤，西方谓之白，北方谓之黑，天谓之玄，地谓之黄。青与白相次也，赤与黑相次也，玄与黄相次也。青与赤谓之文，赤与白谓之章，白与黑谓之

黼，黑与青谓之黻，五采备谓之绣。土以黄，其象方，天时变，火
以圜，山以章，水以龙，鸟兽蛇。杂四时五色之位以章之，谓之
巧。凡画缋之事，后素功。

【注释】

［1］画缋（huì）：按《考工记》开首三十工的分工，画、缋应为五个设色之
工中的两个工种，疑因残缺，整理者在此将两工合并。

【今译】

　　画缋的工作。调配五方正色。东方是青色，南方是赤色，西方是白色，
北方是黑色，代表天的是玄色，代表地的是黄色。青色与白色相呼应，赤
色与黑色相呼应，玄色与黄色相呼应。青色与赤色相间的纹饰，叫作文；
赤色与白色相间的纹饰，叫作章；白色与黑色相间的纹饰，叫作黼；黑色
与青色相间的纹饰，叫作黻。五彩齐备，叫作绣。画土用黄色，用方形作
为地的象征，画天随时节变化而施布不同的彩色。画大火星以圆弧作为象
征，画山用獐的犬齿作为象征，画水以龙为象征，兼具鸟、兽、蛇特征的
雉也是画缋所用的纹饰。适当地调配四时五色使彩色鲜明，这才叫作技巧
高超。凡画缋的事情，必须先上彩色，然后再施白粉之饰，以衬托画面之
光鲜。

十七、锺　氏

　　锺氏[1]染羽。以朱湛丹秫，三月而炽之，淳而渍之。三入为
纁，五入为緅，七入为缁。

【注释】

［1］锺氏："锺氏"疑为"凫氏"之误。参见闻人军《〈考工记〉"锺氏""凫
氏"错简论考》（《经学文献研究集刊》第二十五辑，2021年）。

【今译】

　　锺氏染羽毛。将朱草浸泡液和丹砂一起加工，三个月后，用火炊蒸，

浇淋，直到得到稠厚的染浆，再浸染羽毛。［染缯之法，］浸染三次，颜色成纁；浸染五次，颜色成緅；浸染七次，颜色成缁。

十八、筐人（阙）

筐人（阙）

十九、幌　氏

幌氏湅丝。以涚水沤其丝，七日。去地尺暴之。昼暴诸日，夜宿诸井，七日七夜，是谓水湅。湅帛。以栏为灰，渥淳其帛。实诸泽器，淫之以蜃，清其灰而盈之，而挥之，而沃之，而盈之，而涂之，而宿之，明日沃而盈之。昼暴诸日，夜宿诸井，七日七夜，是谓水湅。

【今译】

　　幌氏练丝。把丝浸入和了草木灰汁的水中，七日以后，在高于地面一尺处将丝暴晒。每日白天将丝暴晒于阳光下，夜里将丝悬挂在井水里，这样经过七日七夜，叫作水练。练帛，以楝叶烧成灰，制成楝叶灰汁，将帛浇透浸透。放在光滑的容器里，用大量的蚌壳灰水浸泡，沉淀污物。取帛滤去水，抖去污物，再浇水，滤去水，而后涂上蚌壳灰，静置过夜。第二天再在帛上浇水，滤去水［，叫作灰练］。然后，白天暴晒于阳光下，夜晚悬挂于井水中，这样经过七日七夜，叫作水练。

第二节　《考工记》卷下

二十、玉　人

　　玉人之事，镇圭尺有二寸，天子守之。命圭九寸，谓之桓圭，公守之。命圭七寸，谓之信圭，侯守之。命圭七寸，谓之躬圭，伯守之。……天子执冒四寸，以朝诸侯。天子用全，上公用龙[1]，侯用瓒，伯用将[2]……继子男执皮帛[3]。天子圭中必。四圭尺有二寸，以祀天。大圭长三尺，杼上，终葵首，天子服之。土圭尺有五寸，以致日，以土地。裸圭尺有二寸，有瓒，以祀庙。琬圭九寸而缲，以象德。琰圭九寸，判规，以除慝，以易行。璧羡度尺，好三寸，以为度。圭璧五寸，以祀日月星辰。璧琮九寸，诸侯以飨[4]天子。谷圭七寸，天子以聘女。

【注释】

[1] 龙：郑众云："龙当为尨（máng），尨谓杂色。"《说文·玉部》云："上公用珑（máng），四玉一石。"龙当作尨（máng）。

[2] 将：《唐石经》诸本同。《说文·玉部》云："伯用埒（liè），玉石半相埒也。""将"当作"埒"。

[3] 继子男执皮帛：此句之前疑有脱文。

[4] 飨：故宫八行本、《四部备要》《十三经注疏》等作"享"，段玉裁《说文解字注·食部》：飨为同音通假字。

【今译】

玉人的工作。镇圭长一尺二寸，天子执守；长九寸的命圭，叫作桓圭，公执守；长七寸的命圭，叫作信圭，侯执守；长七寸的命圭，叫作躬圭，伯执守……天子所执的瑁，长四寸，在接受诸侯的朝觐时使用。天子用纯色的玉，上公用杂色的玉石（玉石之比为四比一），侯用质地不纯的玉石（玉石之比为三比二），伯用玉和石各占一半的玉石。……［上公的孤］跟在子男之后觐见，执持皮饰的束帛。天子的圭，系带穿孔在其中央。四圭各长一尺二寸，用以祀天。［天子所摚的］大圭长三尺，自中部向上逐渐削薄，其首形如方椎，天子服用。土圭长一尺五寸，用以测量日影，度量地域。裸礼用的圭瓒长一尺二寸，用以祭祀宗庙。琬圭长九寸，用垫板，［使者执持］用以传达王命、赐有德诸侯。琰圭长九寸，作"判规"状，用以诛逆除恶，改易诸侯的恶行。璧外径长一尺，内孔直径三寸，用作尺的长度标准。圭［长］璧［径］五寸，用以祭祀日月星辰。璧［径］琮［长］九寸，诸侯用以供献天子。谷圭长七寸，天子用以聘女。

　　大璋、中璋九寸，边璋七寸，射四寸，厚寸。黄金勺，青金外，朱中，鼻寸，衡四寸，有缲。天子以巡守，宗祝以前马。大璋亦如之，诸侯以聘女[1]。瑑圭璋八寸，璧琮八寸，以覜聘。牙璋、中璋[2]七寸，射二寸，厚寸，以起军旅，以治兵守。驵琮五寸，宗后以为权。大琮十有二寸，射四寸，厚寸，是谓内镇，宗后守之。驵琮七寸，鼻寸有半寸，天子以为权。两圭五寸有邸，以祀地，以旅四望。瑑琮八寸，诸侯以享夫人。案十有二寸，枣、栗十有二列，诸侯纯九，大夫纯五，夫人以劳诸侯。璋邸射素功，以祀山川，以致稍饩。

【注释】

［1］大璋亦如之，诸侯以聘女：陈祥道《礼书》以为错简在此，当前移44字，接在"谷圭七寸，天子以聘女"之后。

［2］中璋：那志良《周礼考工记玉人新注》："'中璋'二字在此，可能是衍文。"

【今译】

　　大璋、中璋长九寸，边璋长七寸，［尖的］射占四寸，厚一寸。［璋瓒］以黄金［铜］作勺，外镶绿松石，内髹朱漆，瓒鼻长一寸，勺体部分直径四寸，有垫板。天子巡狩时，由大祝杀马祭山川之前，行灌礼用。大璋也一样，诸侯用以聘女。瑑圭、瑑璋长八寸，璧［径］琮［长］八寸，供覜聘之用。牙璋、中璋长七寸，［尖的］射占二寸，厚一寸，用以发兵，调动号令守卫的军队。驵琮长五寸，王后用作权。［内宫的］大琮长一尺二寸，牙状的射占四寸，自口至肩厚一寸，是所谓内镇之物，由王后执守。驵琮长七寸，鼻纽一寸半，天子作为权。各长五寸的两圭，底部相向，［中间隔以一琮，］用以祀地和旅祭四方。瑑琮长八寸，诸侯用以供献国君的夫人。

玉案的高度一尺二寸，各盛枣、栗，并列十二对，诸侯皆并列九对，大夫皆并列五对，夫人用以慰劳诸侯等。璋自基部剡出，没有雕饰的，用以祭祀山川，用作［给宾客］送食物饔饩的瑞玉。

二一、椰人（阙）

椰人（阙）

二二、雕人（阙）

雕人（阙）

二三、磬　氏

磬氏为磬。倨句一矩有半，其博为一，股为二，鼓为三。叁分其股博，去一以为鼓博。叁分其鼓博，以其一为之厚。已上，则摩其旁；已下，则摩其耑。

【今译】

磬氏制磬。顶角的倨句为一矩半（一百三十五度）。取股宽为一个单位长度，则股长为两个单位长度，鼓长为三个单位长度。鼓宽是股宽的三分之二，以鼓宽的三分之一作为磬的厚度。磬声太清，就摩两旁调音；磬声太浊，则摩端部调音。

二四、矢　人

矢人为矢。镞矢，叁分。茀矢[1]，叁分，一在前，二在后。兵矢、田矢，五分，二在前，三在后。杀矢[2]，七分，三在前，四在后。叁分其长，而杀[3]其一。五分其长，而羽其一。以其笴[4]厚为之羽深。水之，以辨[5]其阴阳。夹其阴阳，以设其比；夹其比，以设其羽；叁分其羽，以设其刃。则虽有疾风，亦弗之能惮矣。刃长寸，围寸，铤十之，重三垸。前弱则俛，后弱则翔，中弱则纡，中强则扬。羽丰则迟，羽杀则趞。是故夹而摇之，以眡其丰杀之节也；桡之，以眡其鸿杀之称也。凡相笴，欲生而抟。同抟，欲重；同重，节欲疏；同疏，欲栗。

【注释】

[1] 茀（bó）矢：郑玄注："茀矢"当为"杀矢"。

[2] 杀矢：郑玄认为"杀矢"当为"茀矢"。

[3] 杀：故宫八行本同，《四部备要》本作"稀（shài）"。黄焯《经典释文汇校》以为"稀"即籀文"杀"之隶变。

[4] 笴：《周礼汉读考》以为"笴"当作"笴"，下文"凡相笴"同。

[5] 辨：原作"辩"，据故宫八行本、《四部备要》《十三经注疏》等本改。

【今译】

矢人制矢。镞矢、杀矢，箭前部的三分之一与后部的三分之二轻重相等；兵矢、田矢，箭前部的五分之二与后部的五分之三轻重相等；茀矢，箭前部的七分之三与后部的七分之四轻重相等。箭杆前部三分之一自后向前逐渐削细 [，至于镞径相齐]。箭杆后部的五分之一装设箭羽，羽毛进入箭杆的深度与箭杆的厚度相等。将箭杆浮于水面，识别 [上] 阴、[下] 阳；垂直平分阴、阳面，设置箭括；平分箭括，上下、左右对称设置箭羽；箭镞长度为羽长的三分之一，即使有强风，也不会受到它的影响。[杀矢] 镞长一寸，其周长一寸，铤长一尺，重三垸。如果箭杆前部柔弱，箭行轨道较正常情况为低；如果箭杆后部柔弱，箭行轨道较正常情况为高；如果箭杆中部柔弱，箭行偏侧纤曲；如果箭杆中部刚强，箭将倾斜而出。若箭羽过大，箭行迟缓；若箭羽过少或零落不齐，飞行时容易摇晃偏斜。所以用手指夹住箭杆摆动运行，用以检验箭羽的大小是否适当；桡曲箭杆，用以检验箭杆的粗细强弱是否匀称。凡选择箭杆之材，它的形状要天生浑圆；同是天生浑圆的，以致密较重的为佳；同是致密较重的，以节间长、节目疏少的为佳；同是节间长、节目疏少的，以坚实且颜色如栗的为佳。

二五、陶 人

陶人为甗，实二鬴，厚半寸，唇寸。盆实二鬴，厚半寸，唇寸。甑实二鬴，厚半寸，唇寸，七穿。鬲实五觳，厚半寸，唇寸。庾实二觳，厚半寸，唇寸。

【今译】

陶人制甗，容积二鬴，壁厚半寸，唇厚一寸。盆的容积为二鬴，壁厚半寸，唇厚一寸。甑的容积为二鬴，壁厚半寸，唇厚一寸，底有七个小孔。鬲的容积为五觳，壁厚半寸，唇厚一寸。庾的容积为二觳，壁厚半寸，唇厚一寸。

二六、㠭 人

㠭人为簋，实一觳，崇尺，厚半寸，唇寸。豆实三而成觳，崇尺。凡陶㠭之事，髻垦薜[1]暴不入市。器中膊，豆中县，膞[2]崇四尺，方四寸。

【注释】

[1] 薜（bì）：原作"薜"，据故宫八行本、唐石经、《十三经注疏》等本改。
[2] 膞（zhuān）：原作"膞"，据故宫八行本、《四部备要》《十三经注疏》等本改。

【今译】

㠭人制簋，容积一觳，高度为一尺，壁厚半寸，唇厚一寸。豆的容量是觳的三分之一，高度为一尺。凡陶人、㠭人所制的器具，形体歪斜、顿伤、破裂、突起不平的都不能进入官市交易。陶器要用膞校正，豆柄要直立中绳。膞的高度为四尺，[横截面]二寸见方。

二七、梓 人

梓人为筍虡。天下之大兽五：脂者、膏者、蠃者、羽者、鳞者。宗庙之事，脂者、膏者以为牲。赢者、羽者、鳞者以为笋虡。外骨，内骨，却行，仄行，连行，纤行，以脰鸣者，以注鸣者，以旁鸣者，以翼鸣者，以股鸣者，以胸[1]鸣者，谓之小虫之属，以为雕琢。厚唇弇口，出目短耳，大胸燿后，大体短脰，若是者谓之赢属。恒有力而不能走，其声大而宏。有力而不能走，则于任重宜；大声[2]而宏，则于钟宜。若是者以为钟虡，是故击其所县而由其虡鸣。锐喙决吻，数目顅脰，小体骞腹，若是者谓之羽属。恒无力而轻，其声清阳而远闻。无力而轻，则于任轻宜；其声清阳而远闻，则于磬宜。若是者以为磬虡，故击其所县而由其虡鸣。小首而长，抟身而鸿，若是者谓之鳞属，以为笋。凡攫杀援噬之类，必深其爪，出其目，作其鳞之而。深其爪，出其目，作其鳞之而，则于眂必拨尔而怒。苟拨尔而怒，则于任重宜，且其匪色必似鸣矣。爪不深，目不出，鳞之而不作，则必颓尔如委矣。苟颓尔如委，则加任焉，则必如将废措，其匪色必似不[3]鸣矣。

【注释】

[1] 胸：《释文》："胸鸣，本亦作骨，又作胷，干本作骨……贾马作胃……沈云作胷，为得亦所未详，聂音胃，刘本作胷，音卤。"

[2] 大声：原倒作"声大"，据故宫八行本、《四部备要》《十三经注疏》等本乙正。

[3] 似不：唐石经、诸本同。《周礼汉读考》：此节本云"其匪色必不似鸣"，今本"似不鸣"误。

【今译】

梓人制造笋虡。天下的大兽有五类：脂类，膏类，赢类，羽类，鳞类。宗庙祭祀，用脂类、膏类的兽为牺牲。赢类、羽类、鳞类，用来作为笋或虡的造型。骨在体表的，骨在体内的，可以倒退走的，侧身走的，连贯走的，屈曲走的，用颈项发声的，用嘴发声的，以腹侧发声的，以翅膀发声的，以腿节发声的，以胸部发声的，称为小虫之类，用来作为雕琢装饰的造型。嘴唇厚实，口狭而深，眼珠突出，耳朵短小，前胸阔大，后身颀小，体大颈短，像这样形状的称为赢类。它们常显得威武有力而不能疾走，声音宏大。威武有力而不能疾走，则适宜于负重；声音宏大，则与钟相宜。所以，这类动物作为钟虡的造型，敲击悬钟时，好像钟虡发出声音似的。嘴巴尖锐，口唇张开，眼睛细小，颈项细长，躯体小而腹部不发达，像这样形状的称为羽类。它们常显出轻捷而力气不大的样子，声音清阳而远播。力气不大而轻捷，则适宜于较轻的负载，声音清阳而远播，与磬相宜。所以，这类动物作为磬虡的造型，敲击悬磬时，好像磬虡发出声音来似的。头小而长，身圆而前后均匀，像这样形状的称为鳞类，用作筍的造型。凡扑杀他物，援持啮噬的动物，必定拳曲脚爪，突出眼睛，振起鳞片和颊毛，那么看上去必像勃然发怒的样子。如果勃然发怒，则适宜于荷重，并且它的采貌必像鸣的样子。脚爪不拳曲，眼睛不突出，鳞片和颊毛不振起，那就一定像萎靡不振的样子了。如果萎靡不振加以重任，一定会委顿的，它们的采貌也一定不像是鸣的样子了。

梓人为饮器，勺一升，爵一升，觚[1]三升。献以爵而酬以觚[2]，一献而三酬，则一豆矣。食一豆肉，饮一豆酒，中人之食也。凡试梓饮器，乡衡而实不尽，梓师罪之。

【注释】

［1］觚（gū）：郑玄注："觚，当为觯（zhì，又读zhī）。"《考工记图》补注："凡觞，一升曰爵，二升曰觚，三升曰觯（《说文》："觯，礼经觯。"），四升曰角，五升曰散（本《韩诗》说）。"郑、戴以为觚、觯（觯）乃形近之误。下同。

［2］献以爵而酬以觚：据上注，此句当为"献以爵而酬以觯"。

【今译】

梓人制作饮器。勺的容量是一升，爵的容量是一升，觯的容量是三升。爵用以献，觯用以酬，献一升而酬三升，加起来就等于一豆了。吃一豆的肉，饮一豆的酒，这是胃口中等的人的食量。凡检验梓人所制的饮器，举爵饮酒，两柱向眉，爵中尚有余沥未尽，梓师就要处罚制器的梓人。

　　梓人为侯，广与崇方；参分其广，而鹄居一焉。上两个，与其身三；下两个，半之。上纲与下纲出舌寻，缜寸焉。张皮侯而栖鹄，则春以功；张五采之侯，则远国属；张兽侯，则王以息燕。祭侯之礼，以酒、脯、醢。其辞曰：“惟若宁侯，毋或若女不宁侯，不属于王所，故抗而射女。强饮强食，诒女曾孙诸侯百福。”

【今译】

　　梓人制侯。侯身的宽度与高度相等，鹄的宽度为侯身宽度的三分之一。上面两侧所张之臂，与侯身等宽，总宽是侯身的三倍。下面两侧之足，伸展出上臂的一半。两侧的上纲与下纲各比臂长出八尺，缜的直径是一寸。陈设皮侯，缀鹄于它的中央，春天［行大射礼］，比较诸侯群臣之功。陈设五采之侯，诸侯朝会时行宾射礼。陈设兽侯，王与群臣宴饮时行燕射礼。祭侯的礼，用酒、脯、醢。祭辞说：“惟若宁侯，毋或若女不宁侯，不属于王所，故抗而射女。强饮强食，诒女曾孙诸侯百福。”（只以安顺而有功德的诸侯为榜样，切莫迷惑，像你们这些不安顺的诸侯，不朝会于王所居之处，不顺从盟会，所以张举起来用箭射你们。安顺的诸侯们，尽情享用饮食，遗福你们的子孙，世世代代永享诸侯之福。）

二八、庐　人

　　庐人为庐器。戈柲[1]六尺有六寸，殳长寻有四尺，车戟常，酋矛常有四尺，夷矛三寻。凡兵无过三其身。过三其身，弗能用也，而无已，又以害人。故攻国之兵欲短，守国之兵欲长。攻国之人众，行地远，食饮饥，且涉山林之阻，是故兵欲短；守国之人寡，食饮饱，行地不远，且不涉山林之阻，是故兵欲长。凡兵，句兵欲无弹[2]，刺[3]兵欲无蜎[4]，是故句兵椑，刺[5]兵抟。殳兵同强，举围欲细，细则校。刺兵同强，举围欲重，重欲傅人，傅人则密，是故侵之。凡为殳，五分其长，以其一为之被，而围之。叁分其围，去一以为晋围。五分其晋围，去一以为首围。凡为酋矛，叁分其长，二在前，一在后，而围之。五分其围，去一以为晋围。叁分其晋围，去一以为刺围。凡试庐事，置而摇之，以眂其蜎也；灸^[6]诸墙，以眂其桡之均也；横而摇之，以眂其劲也。六建既备，车不反覆，谓之国工。

【注释】

[１] 柲：原作"秘"，据故宫八行本、《四部备要》《十三经注疏》等本改。

[２] 弹：郑玄注："故书弹或作但。"《说文·人部》云："僤，疾也，从人单声。"《周礼》曰："句兵欲无僤。"阮元《周礼注疏校勘记》以为"故书作但，今书作僤。……当据《说文》正之。"然郑众注："但读为弹丸之弹，弹，谓掉也。""弹"当从故书为"但"。

[３][５] 刺：原作剌，故宫八行本、《四部备要》本同，据《十三经注疏》本改。

[４] 蜎（yuān）：郑玄注："故书……蜎或作绢。"郑众注："绢读为悁邑之悁，悁，谓挠也。"

[６] 灸：原作"炙"，据故宫八行本、唐石经、《四部备要》《十三经注疏》等本改。

【今译】

庐人制作庐器。戈柄长六尺六寸，殳长一寻四尺，车戟长一常，酋矛长一常四尺，夷矛长三寻。所有的兵器长度均不宜超过身高的三倍，超过身高的三倍，就不能使用，不仅如此，还会危害执持兵器的人。所以，进攻的一方，兵器要短；防守的一方，兵器要长。攻方的人员较多，行军的路程较远，饮食缺乏，还要跋涉山林险阻，所以兵器要短。守方的人员较少，饮食饱足，行军的路程不远，而且不需跋涉山林险阻，所以兵器要长。凡兵器，钩杀用的兵器，要没有易转动的弊病；刺杀用的兵器，要没有桡曲的弊病；所以钩杀用的兵器之柄的截面是椭圆形的，刺杀用的兵器之柄

的截面是圆形的。击杀用的兵器之柄，各部分要同样坚劲刚强，手持之处
要稍细；若手持之处稍细，就灵活快疾。刺杀用的兵器之柄，各部分要同
样坚劲刚强，手持之处要略为粗重；略为粗重，可以坚牢持之，逼近敌人，
从而准确命中，因而重创敌人。凡制作殳，手握持之处离末端为全长的五
分之一，该处截面为圆形，以其周长的三分之二作为末端铜鐏的周长，以
末端铜鐏周长的五分之四作为殳首的周长。制作酋矛，人所握持之处离末
端为全长的三分之一，该处截面为圆形，以其周长的五分之四作为末端铜
鐏的周长，以末端铜鐏周长的三分之二作为柄刃相接之处的周长。凡检验
长兵器柄的质量，树立于地摇动，看它的桡曲程度；撑在两墙之间，看它
的桡曲是否均匀；横握中部摇动，看它的强劲程度。车上的五兵与旌旗都
装置妥善，车行时不倾动，称为国家一流的工匠。

二九、匠　人

匠人建国。水地以县，置槷^[1]以县，眡以景。为规，识日出
之景与日入之景。昼参诸日中之景，夜考之极星，以正朝夕。

【注释】

[1] 槷（niè）：原作"槷"，故宫八行本、《四部备要》本同，据唐石经、
　　《十三经注疏》本改。

【今译】

　　匠人建立都邑。应用悬绳，以水平法定地平，树立表杆，以悬绳校直，
观察日影，画圆，分别识记日出与日落时的杆影。白天参验日中时的杆影，
夜里考察北极星的方位，用以确定东西［南北］的方向。

　　匠人营国。方九里，旁三门。国中九经九纬，经涂九轨。左祖
右社，面朝后市，市朝一夫。夏后氏世室，堂修二七，广四修一。
五室，三四步，四三尺^[1]。九阶。四旁、两夹，窗，白盛。门堂三
之二，室三之一。殷人重屋，堂修七寻，堂崇三尺，四阿重屋。周

人明堂，度九尺之筵，东西九筵，南北七筵，堂崇一筵。五室，凡室二筵。室中度以几，堂上度以筵，宫中度以寻，野度以步，涂度以轨。

【注释】

[1] 四三尺："四三"原倒作"三四"，据故宫八行本、《四部备要》《十三经注疏》本乙正。

【今译】

匠人营建王城。全城九里见方，每一面开设三个城门。王城中主要的道路，南北干道三条，每条三涂；东西干道三条，每条三涂。经纬涂道的宽度等于九轨。王宫的布局，左面是祖庙，右面是社庙，前面是朝廷，后面是市集，市集和外朝的面积各一百步见方。夏后氏的世室，正堂的南北进深二个七步，堂宽是进深的四倍。五室布局，可以概括为三个四步，四个三尺。台阶共九座。四个"旁"室、两个"夹"室也均有窗户，以白灰 [粉刷墙壁] 饰成 [宫室]。门堂的进深占世室的三分之二，室的进深占世室的三分之一。殷人的重屋，堂南北进深七寻，堂基高三尺，重檐庑殿顶。周人的明堂，以长九尺的筵为度量单位，东西宽九筵，南北进深七筵，堂基高一筵。五室，每室长宽各二筵。室内以几为度，堂上以筵为度，宫中以寻为度，野地以步为度，道路以轨为度。

庙门容大扃七个，闱门容小扃叁个，路门不容乘车之五个，应门二彻叁个。内有九室，九嫔居之；外有九室，九卿朝焉。九分其国，以为九分，九卿治之。王宫门阿之制五雉，宫隅之制七雉，城隅之制九雉。经涂九轨，环涂七轨，野涂五轨。门阿之制，以为都城之制；宫隅之制，以为诸侯之城制。环涂以为诸侯经涂，野涂以为都经涂。

匠人为沟洫。耜广五寸，二耜为耦。一耦之伐，广尺、深尺，谓之甽。田首倍之，广二尺，深二尺，谓之遂。九夫为井，井间广四尺、深四尺，谓之沟。方十里为成，成间广八尺、深八尺，谓之洫。方百里为同，同间广二寻、深二仞，谓之浍。专达于川[1]，各载其名。凡天下之地埶，两山之间，必有川焉；大川之上，必有涂焉。凡沟逆地防，谓之不行。水属不理孙，谓之不行。梢沟三十里而广倍。凡行奠水，磬折以叁伍。欲为渊，则句于矩。凡沟必因水埶，防必因地埶。善沟者，水漱之；善防者，水淫之。

凡为防，广与崇方，其𥶶叁分去一，大防外𥶶。凡沟防，必一日先深之以为式，里为式，然后可以傅众力。凡任索约，大汲其版，谓之无任。葺屋三分，瓦屋四分，囷、窌、仓、城，逆墙六分。堂涂十有二分。窦，其崇三尺。墙厚三尺，崇三之。

【注释】

[1] 川：原作"用"，据故宫八行本、《四部备要》《十三经注疏》本等改。

【今译】

庙门之宽等于七个大扃，闱门之宽等于三个小扃，路门稍狭于五辆乘车并行的宽度，应门相当于三辆车并行的宽度。路门之内有九室，供九嫔居住。路门之外有九室，供九卿处理政事。宫城占王城的九分之一，把国中的职事分为九种，分别使九卿来治理。王宫门阿的规制高度等于五雉，宫隅的规制高度等于七雉，城隅的规制高度等于九雉。经纬涂的道宽九轨，环城之道宽七轨，城郭外的道路宽五轨。王子弟、卿大夫采邑城的城隅高度，取王宫的门阿高度（五雉）；诸侯城的城隅高度，取王宫的宫隅高度（七雉）。诸侯的经涂，取环城之道的规制（七轨），王子弟、卿大夫采邑的经涂，取城郭外的道路的规制（五轨）。

匠人修筑沟洫。耜，宽五寸，二耜为耦。用耦掘土作沟，宽一尺，深一尺，称为𤰝。亩田起首端的水沟加倍，宽二尺，深二尺，称为遂。九夫的田为一井，井与井之间的水沟，宽四尺，深四尺，称为沟。十里见方为一成，成与成之间的水沟，宽八尺，深八尺，称为洫。百里见方为一同，同与同之间的水沟，宽二寻，深二仞，称为浍。转流入川，水名分别记识。

天下的地势，两山之间，必定有川；大川之旁，必定有路。若造沟渠违逆地的脉理，水不能畅流；水的注集不顺其理，水不能畅流。梢沟每隔三十里，下游宽度比上游增加一倍。凡导泄停水，泄水建筑物截面的顶角取磬折形，角的两边之比为三比五。要修跌水入蓄水池，则句曲如直角。凡修筑沟渠一定要顺水势，修筑堤防一定要顺地势。开沟能手开挖的水沟，会借助于水流冲刷杂物而保持通畅；筑堤能手修筑的堤防，会靠水中堤前沉积的淤泥而增加坚厚。

凡修筑堤防，上顶的宽度与堤防的高度相等，上顶宽度与下基宽度之比为二比三。较高大的堤防下基须加厚［，坡度还要平缓］。凡修筑沟渠堤防，一定要先以匠人一天修筑的进度作为参照标准，又以完成一里工程所需的匠人及日数来估算整个工程所需的人工，然后才可以调配人力［实施工程计划］。版筑［墙壁与堤防］时，用绳索校直、绑扎筑版和木桩；如绑扎筑版过紧或受力不匀，致使模型板变形或受损，就不能胜任支撑承压的功能。茅屋屋架高度为进深的三分之一，瓦屋屋架高度为进深的四分之一。圆仓、地窖、方仓和城墙，顶部宽度收杀高度的六分之一，筑成逆墙。堂下阶前之路，以路中央至路边的宽度的十二分之一，作为路中央高出路边的高度。宫中水道，截面高三尺。宫墙厚三尺，高度为墙厚的三倍。

三十、车 人

车人之事。半矩谓之宣，一宣有半谓之欘，一欘有半谓之柯，一柯有半谓之磬折。

车人为耒。庛[1]长尺有一寸，中直者三尺有三寸，上句者二尺有二寸。自其庛，缘其外，以至于首，以弦其内，六尺有六寸[2]，与步相中也。坚地欲直庛，柔地欲句庛，直庛则利推，句庛则利发。倨句磬折，谓之中地。

【注释】

［1］庛（cì）：原作"庛"，据故宫八行本、《四部备要》《十三经注疏》本等

改。下同。

[2] 以弦其内，六尺有六寸：此处似错简，原文应为："六尺有六寸，以弦
　　其内。"

【今译】

　　车人的工作。半矩叫作宣，一宣半叫作欘，一欘半叫作柯，一柯半叫
作磬折。

　　车人制耒，庛长一尺一寸，中间直的部分长三尺三寸，上端句曲的部
分长二尺二寸。从下面的庛端，循曲折的耒木，到达上端的句首，共长六
尺六寸；从庛端到句首的直线距离为六尺，恰好等于一步之数。坚硬的土
地要用挺直的庛，柔软的土地要用句曲的庛。直庛的好处是容易推进入土，
句庛的好处是便于挖掘泥土。若庛与中间直木的夹角在一磬折左右，那就
软硬皆宜，适宜于任何土地了。

　　车人为车。柯长三尺，博三寸，厚一寸有半。五分其长，以其
一为之首。毂长半柯，其围一柯有半。辐长一柯有半，其博三寸，
厚三之一。渠三柯者三[1]。行泽者欲短毂，行山者欲长毂。短毂则
利，长毂则安。行泽者反輮，行山者仄輮；反輮则易，仄輮则完。
六分其轮崇，以其一为之牙围。柏车毂长一柯，其围二柯，其辐一
柯，其渠二柯者三。五分其轮崇，以其一为之牙围。大车崇三柯，
绠寸，牝服二柯有叁分柯之二，羊车二柯有叁分柯之一，柏车二
柯。凡为辕，三其轮崇。参分其长，二在前，一在后，以凿其钩。
彻广六尺[2]，鬲长六尺。

【注释】

　　[1] 毂长半柯……渠三柯者三：此29字疑为错简，当下移38字，插入
"仄輮则完"和"六分其轮崇"之间。

　　[2] 六尺：江永《周礼疑义举要》卷七云："大车之轮，必出于箱外，
其间又须有空处容轮转，彻广安能与鬲长同数。……彻广'六尺'，当是

'八尺'之误。"戴震、郑珍、孙诒让等亦定此彻广"六尺"为"八尺"之讹，详见《周礼正义》卷八十六。

【今译】

车人制车，[以柯长为长度的标准，]柯长三尺，宽三寸，厚一寸半。以柯长的五分之一作为斧刃的长度。[大车]毂长半柯，它的周长等于一柯半。辐条长一柯半，其宽三寸，厚一寸。轮牙用三条长三柯的木条揉合而成。行驶于泽地的车，要用短毂；行驶于山地的车，要用长毂。短毂转动利索，长毂比较安稳。行驶于泽地的车子，轮牙要反輮；行驶于山地的车子，轮牙要侧輮。反輮的轮圈比较细腻、光滑，侧輮的轮圈较为坚韧、耐磨。[大车]以轮高的六分之一作为轮牙截面的周长。柏车毂长一柯，毂的周长等于二柯，辐条长一柯，轮牙用三条长二柯的木条揉合而成，以轮高的五分之一作为轮牙截面的周长。大车轮高三柯，轮缍为一寸，[可驾母牛的]牝服[轮高]二又三分之二柯，羊车[轮高]二又三分之一柯，柏车[轮高]二柯。制作车辕，辕长为轮高的三倍，将辕长分为三份，二份在前，一份在后，前后交界处凿衔轴的钩。两轮之间的距离为八尺，车轸长六尺。

三一、弓 人

弓人为弓。取六材必以其时，六材既聚，巧者和之。干也者，以为远也；角也者，以为疾也；筋也者，以为深也；胶也者，以为和也；丝也者，以为固也；漆也者，以为受霜露也。凡取干之道七：柘为上，檍次之，檿桑次之，橘次之，木瓜次之，荆次之，竹为下。凡相干，欲赤黑而阳声，赤黑则乡心，阳声则远根。凡析干，射远者用埶，射深者用直。居干之道，菑栗不迤，则弓不发。凡相角，秋闭者厚，春闭者薄。稚牛之角直而泽，老牛之角紾而昔，疢疾险中，瘠牛之角无泽。角欲青白而丰末。夫角之本，蹙于剐而休于气，是故柔。柔故欲其埶也，白也者，埶之征也。夫角之中，恒当弓之畏，畏也者必桡。桡故欲其坚也，青也者，坚之征也。夫角之末，远于剖而不休于气，是故脆。脆故欲其柔也，丰末也者，柔之征也。角长二尺有五寸，三色不失理，谓之牛戴牛。凡相胶，欲朱色而昔。昔也者，深瑕而泽，紾而抟廉。鹿胶青白，马胶赤白，牛胶火赤，鼠胶黑，鱼胶饵，犀胶黄。凡昵之类不能方。凡相筋，欲小简而长，大结而泽。小简而长，大结而泽，则其为兽必剽，以为弓，则岂异于其兽。筋欲敝之敝，漆欲测，丝欲沉。得此六材之全，然后可以为良。

凡为弓，冬析干而春液角，夏治筋，秋合三材，寒奠体，冰析灂。冬析干则易，春液角则合，夏治筋则不烦，秋合三材则合，寒奠体则张不流，冰析灂则审环，春被弦则一年之事。析干必伦，析角无邪，斵目必荼。斵目不荼，则及其大修也，筋代之受病。夫目也者必强，强者在内而摩其筋，夫筋之所由幨[1]，恒由[2]此作，故角三液而干再液。厚其帤则木坚，薄其帤则需，是故厚其液而节其帤。约之，不皆约，疏数必侔。斫挚必中，胶之必均。斫挚不中，胶之不均，则及其大修也，角代之受病。夫怀胶于内而摩其角，夫角之所由挫，恒由此作。凡居角，长者以次需。恒角而短，是谓逆桡，引之则纵，释之则不校。恒角而达，辟如终绁，非弓之利也。今夫茭解中有变焉，故校；于挺臂中有柎焉，故剽。恒角而达，引如终绁，非弓之利。挢干欲孰于火而无赢，挢角欲孰于火而无燂，引筋欲尽而无伤其力，鬻[3]胶欲孰而水火相得，然则居旱亦不动，居湿亦不动。苟有贱工，必因角干之湿以为之柔，善者在外，动者在内。虽善于外，必动于内，虽善亦弗可以为良矣。

【注释】

[1] 幨（chān）：“幨”下原有“也”字，是衍文，今删。

[2] 由：“由”字据故宫八行本、唐石经、《十三经注疏》《四部备要》本补。

［3］鬻：原作"鬻"，据《释文》、故宫八行本、唐石经、《士礼居丛书》本
　　等改。

【今译】

弓人制弓。采用六种原材料都须适时。六种原材料都已具备，以精巧的技艺来配合制造。弓干，用以使箭射得远；角，用以使箭行进快速；筋，用以使箭射得深；胶，用来作黏合剂；丝，用来缠固弓身；漆，用来抵御霜露。采用干材的来源有七种，最好用柘木，其次用檍木，其次用檿桑，其次用橘木，其次用木瓜，其次用荆木，竹为最下等的材料。凡选择干材，要颜色赤黑，敲击时发出清阳之声，颜色赤黑必近于树心，发声清阳必远于树根。凡剖析干材，用作射远的弓，要反顺木的曲势而弯；用作射深的弓，干材要厚直。处理干材的要领：剖分干材不邪行损伤木理，那发弓时就不至于枉曲。凡选择角，秋天宰杀的牛，角厚实；春天宰杀的牛，角单薄。幼牛的角，直而润泽；老牛的角，扭曲粗糙，干燥无泽。牛若久病，角中污陷而不实。瘦瘠的牛，它的角没有光润之气。角的颜色要青白色，角尖要丰满。角的根部，近于脑，受到脑气的温润，所以较为柔软。因为柔软，所以要有曲势［，以便反以为弓］。颜色白，就是曲势的征验。角的中段，常附贴于弓隈，弓隈一定是桡曲的。因为桡曲，所以要坚韧。颜色青，就是坚韧的征验。角的尖端，离脑远，没有受到脑气的温润，所以较脆。因为偏脆，所以要柔韧。角尖丰满，就是柔韧的征验。角长二尺五寸，根部色白，中段色青，尖端丰满，符合这样的标准，可以说牛头上长着一对价值与整条牛相等的牛角。凡选择胶，要颜色朱红而交错纠结。交错纠结的，裂痕深，带有光泽，棱纹成束纠错。鹿［角］胶青白色，马胶赤白色，牛胶火赤色，鼠胶黑色，鱼［鳔］胶白而微黄，犀胶黄色。其他的黏合物不能与它们相比。凡选择筋，筋之小者，要求成条而长；筋之大者，要求抟结而色有润泽。筋之小者成条而长；筋之大者抟结而色有润泽，那么这种兽一定行动剽疾，用它的筋来制弓，难道会跟剽疾的兽不同吗？治筋要充分劳散，无复伸弛，漆要清，丝的颜色要像在水中一样。这六种优良的原材料俱备，然后才可制成优质的弓。

凡制弓，冬天剖析弓干，春天醳治角，夏天治筋，秋天用丝、胶、漆合干、角、筋，寒冬时［把弓体置于弓匣之内，以］定体形。严冬极寒时［张弛弓体］，分析弓漆。冬天剖析弓干，木理自然平滑致密；春天醳治角，自然和柔；夏天治筋，自然不会纠结；秋天合拢三材，自然坚密；寒冬定弓体，张弓时就不会变形走样；严冬极寒时分析弓漆，就可审察漆痕是否形成环形。春天装上弓弦，这样大约一年时间，所制的弓就可用了。剖析弓干，一定要顺木理；剖析牛角，不要歪斜；削除弓干节目，必须舒缓［齐平］。若削除节目时不舒缓［齐平］，那弓使用日久了，筋就要替它承受不良的后果。节目一定比较坚硬，坚硬的节目在里面摩擦筋，筋理绝起裂坼，常常就是这个原因引起的。所以角要醳治三次，而弓干要醳治两次。弓干正中的帤太厚，弓干过于坚硬；帤太薄，弓干就过于软弱。所以要多加醳治，帤的厚薄也要调节适度。弓干与帤相附之处，以丝胶相次横缠环束，其他地方不必都如此缠绕，但缠绕须疏密均匀。削治弓干要精致、周到、均匀，用胶一定要均匀，如果削治弓干不精致、周到、均匀，用胶不均匀，那弓使用日久了，角就要替它承受不良的后果。干、胶在里面摩擦角，角被断折，常常就是这个原因引起的。凡处置角，角长的放在弓隈处，若角的长度不足，就会反桡，开弓一定缓而无力，放箭就不会疾飞。若角太长到达箫头，犹如始终把弓系在弓匣里一般，［引弦送矢都不利，无从发挥它的威力，］对弓是没有好处的。弓箫与弓隈之角相接处有形变和弹力，所以射出的箭快疾；直臂中有柎，所以射出的箭剽疾。若角太长到达箫头，引弓时犹如始终把弓系在弓匣里一般，［引弦送矢都不利，］对弓是没有好处的。用火矫干要恰到好处，不要太熟；用火矫角要恰到好处，不要烤烂；治筋要引尽筋力，无复伸弛，而不损伤它的弹力；加水煮胶要熟，掌握火候要恰到好处；这样制成的弓，不管是在干燥的地方，还是在潮湿的地方，弓体永不变形。有些马虎草率的贱工，在角和干材尚未干燥的时候，就把它们用火煣曲，外表看上去挺好，内部却存在不安定的因素。外表虽好，里面一定变动桡减，就是再好看也不可能成为良弓了。

　　凡为弓，方其峻而高其柎[1]，长其畏而薄其敝，宛之无已应。下柎之弓，末应将兴。为柎而发，必动于糸勺，弓而羽[2]糸勺，末应将发。弓有六材焉，维干强之，张如流水。维体防之，引之中叁。维角定之，欲宛而无负弦；引之如环，释之无失体，如环。材美，工巧，为之时，谓之叁均。角不胜干，干不胜筋，谓之叁均。量其力，有三均。均者三，谓之九和。九和之弓，角与干权，筋三侔，胶三锊，丝三邸，漆三斞。上工以有余，下工以不足。为天子之弓，合九而成规；为诸侯之弓，合七而成规；大夫之弓，合五而成规；士之弓，合三而成规。弓长六尺有六寸，谓之上制，上士服之。弓长六尺有三寸，谓之中制，中士服之。弓长六尺，谓之下制，下士服之。

【注释】

[1] 柎：原作"拊"，《四部备要》本同，据故宫八行本、《十三经注疏》《士礼居丛书》本改。

[2] 羽：《说文·彡部》："弱，桡也。上象桡曲，彡象毛氂。""羽""弱"的古体形近，"羽"字疑是"弱"字之误。

【今译】

　　凡制弓，弓两端架弦的峻要方，弓中的柎要高，隈角要长，敝角要薄，这样，虽然多次引弓，[弓势与弓弦]必定缓急相应[，不至于疲软无力]。柎太低下的弓，[柎力弱，]箫若应弦，柎将伤动。若柎枉曲，引弓时隈与柎相接之处必会伤动，隈与柎的接缝松动，弓力不能相贯，箫若应弦，角与弓干都会枉曲。弓有六材，唯以干为坚强者，[弓干良好的话，]张弓顺如流水。[平时放在弓匣里，]以防止弓体变形；引弓满弦的时候，弦中点至弓把恰好三尺。用角撑距增加力量，旨在引弓时角与弦不斜背；所以开弓拉满时如环形，释弦时，也不会使弓体变形，仍如环形。材料优良，技艺精巧，制作适时，称为叁均。角与干相称，干与筋相称，称为叁均。垂重测试弓力，又有三均。三个三均，称为九和。九和的弓，角与弓干大致等重，用筋三侔，用胶三锾，用丝三邸，用漆三斞，上等工匠稍有剩余，下等工匠略嫌不够。制作天子的弓，九只弓恰好围成一个正圆形，即每张弓的弧度是一个圆周的九分之一。制作诸侯的弓，七只弓恰好围成一个正圆形，即每张弓的弧度是一个圆周的七分之一。大夫的弓，五只弓恰好围成一个正圆形，即每张弓的弧度是一个圆周的五分之一。士的弓，三只弓恰好围成一个正圆形，即每张弓的弧度是一个圆周的三分之一。弓长六尺六寸，称为上制，由上士备用；弓长六尺三寸，称为中制，由中士备用；弓长六尺，称为下制，由下士备用。

凡为弓，各因其君之躬志虑血气。丰肉而短，宽缓以荼，若是者为之危弓，危弓为之安矢。骨直以立，忿埶以奔，若是者为之安弓，安弓为之危矢。其人安，其弓安，其矢安，则莫能以速中，且不深。其人危，其弓危，其矢危，则莫能以愿中。往体多，来体寡，谓之夹臾之属，利射侯与弋。往体寡，来体多，谓之王弓之属，利射革与质[1]。往体、来体若一，谓之唐弓之属，利射深。大和无灂，其次筋角皆有灂而深，其次有灂而疏[2]，其次角无灂。合灂若背手文。角环灂，牛筋蕡灂，麋筋斥蠖灂。和弓毄摩。覆之而角至，谓之句弓。覆之而干至，谓之侯弓。覆之而筋至，谓之深弓。

【注释】

[1] 往体多，来体寡，谓之夹臾之属，利射侯与弋。往体寡，来体多，谓之王弓之属，利射革与质：早年《考工记·弓人》发生过错简，应将"谓之夹臾之属，利射侯与弋"和"谓之王弓之属，利射革与质"互易，校正为"往体多，来体寡，谓之王弓之属，利射革与质。往体寡，来体多，谓之夹臾之属，利射侯与弋。往体、来体若一，谓之唐弓之属，利射深"。详情参见闻人军《〈考工记·弓人〉"往体""来体"句错简校读》,《自然科学史研究》2020年第1期。

[2]有瀷而疏：诸本作"有瀷而疏"，唐石经作"角有瀷而疏"。

【今译】

　　凡制弓，各依所用的人的形态、意志、血性气质而异：若长得矮胖，意念宽缓，行动舒迟，像这样的人要为他制作强劲急疾的弓，并制柔缓的箭配合强劲急疾的弓。若刚毅果敢，火气大，行动急疾，像这样的人要替他制作柔软的弓，并制急疾的箭配合柔软的弓。人若宽缓舒迟，再用柔软的弓、柔缓的箭，箭行的速度就快不了，自然不易命中目标，即使射中了也无力深入。人若强毅果敢，性情急躁，再使强劲急疾的弓，剽疾的箭，[箭的蛇行距离过长，]自然不能稳稳中的。弓体（弛弦时）外桡的多，（张弦时）内向的少，称为王弓之类，适宜于射盾、甲和木靶。弓体（弛弦时）外桡的少，（张弦时）内向的多，称为夹弓、臾弓之类，适宜于射侯和弋射。①弓体（弛弦时）外桡与（张弦时）内向相等的，称为唐弓之类，适宜于射深。最优良的弓没有漆痕，其次筋角中央有漆痕而两边无，其次筋角有漆痕而稀疏，其次[仅]角之中即隈里没有漆痕。弓的表里漆痕相合，如人手背过渡到手心的纹理。角上的漆痕呈环形，牛筋上的漆痕如麻子文，麋筋上的漆痕如尺蠖形。[用弓前，]要拂去灰尘，抚摩弓体，察看它有无裂痕，调试弓体的形状和强弱，察看它是否适宜。经过仔细的审察，弓的角制作优良的，叫作句弓；角和干均制作优良的，叫作侯弓；角、干和筋都制作优良的，叫作深弓。

---

① 此处原文存在重要错简，按惯例原文保留原有次序，今译改为校改后的文意。

附录一　新考工记图目录

引　言

古者图、书并重，故有"图书"之称。对《考工记》这样的古籍，以图辅说尤属必要。

《考工记》图始于《礼》图，如祭器、舆服、礼乐、明堂之图等，多与《考工记》有关。东汉时已见以图辅说。自郑玄、阮谌以降，至五代以前，出现了好几本《礼》图，内容大同小异。五代、北宋之交，聂崇义参诸六家旧图，考订成《三礼图集注》，虽踵谬沿讹在所难免，而递相祖述终有典型。其后有北宋陈祥道《礼书》，间以绘画，订补聂崇义之图。陈祥道《考工记解》早已失传，南宋林希逸《考工记解》是现存最早配图的单解《考工记》之书，有所发明，然对古器制度亦未能详核。

清代乾嘉考据之学大盛，戴震《考工记图》凡59幅，学者赞为"奇书"，卓越前代，独领风骚逾200年。近几十年来，拜考古学黄金时代之赐，与《考工记》有关的各种形象资料陆续面世，使我们大开眼界。《考工记导读》1988年版指出："从《三礼图》到《考工记图》，已经过时。本书重新为《考工记》配图，以反映当代考古学成果与《考工记》研究的水平。毫无疑义，若干年后，将会有更好更新的材料来修订和充实本书之图。"可喜的是，后续有许多学者做出了可贵的努力。迄今已涌现多种研究《考工记》的图说、图释、图证类专著，各有可观之处。

按理《考工记》的图例以《考工记》时代的实物资料为佳，但是《记》文资料来源不一，本身时代跨度甚大；即使聚焦于先秦资料，一一对应仍有困难；而且有时为了反映名物的来龙去脉，也不必拘泥于此；故"新考工记图"仍兼容并蓄。好在新的考古材料和研究成果源源不断，今后一定会有更好更新的材料来修订和充实本书之图。兹将本书配图列表于下。

目　　录

图　号	名　　称	资　料　来　源
2-8	春秋铜斧	中国社科院考古研究所《新中国的考古发现和研究》
2-9	战国早期四虎纹镜	马承源《中国古代青铜器》
2-10	春秋早期鸟虎纹阳燧	李建伟、牛瑞红《中国青铜器图录（下）》
2-11	战国文具	中国科学院考古研究所《新中国的考古收获》
2-12	戈	《考古学报》1972年第1期 湖北省博物馆《随县曾侯乙墓》
2-13	戟	中国科学院考古研究所《辉县发掘报告》 马承源主编《中国青铜器》
2-14	水陆攻战铜鉴中层纹饰摹绘	郭宝钧《山彪镇与琉璃阁》
2-15	楚国庐器	《考古学报》1972年第1期
2-16	古弓	《考古学报》1982年第1期 《文物》1973年第9期 钟广言注释《天工开物》
2-17	张弓图	黄明兰《洛阳西汉画像空心砖》
2-18	19世纪整弓箭图	黄时鉴、〔美〕沙进《十九世纪中国市井风情——三百六十行》
2-19	19世纪中叶传统复合弓	谢肃方 Chinese Archery
2-20	曾侯乙墓皮甲胄复原示意图	《考古》1984年第12期
2-21	铜钟舞部陶模	宿白主编《中华人民共和国重大考古发现：1949—1999》
2-22	甬钟	湖北省博物馆提供
2-23	曾侯乙编钟	湖北省博物馆提供
2-24	磬	《考古》1972年第3期
2-25	编磬	谭维四《曾侯乙墓》（2003）
2-26	木雕鼓车（复原品）	淮安市博物馆《淮安运河村战国墓木雕鼓车保护与修复报告》
2-27	虎座鸟架鼓	中国社科院考古研究所《新中国的考古发现和研究》
2-28	六瑞玉	《考古》1983年第5期

续　表

图　号	名　　　称	资　料　来　源
2-29	圭	山东省文物考古研究所等《曲阜鲁国故城》
2-30	夏至致日图	《钦定书经图说》
2-31	鲁国玉璧1	山东省文物考古研究所等《曲阜鲁国故城》
2-32	鲁国玉璧2	山东省文物考古研究所等《曲阜鲁国故城》
2-33	弋射	王明发《画像砖》
2-34	东周青铜器上侯的图像	《文物集刊》第2集，1980年 《考古学报》1988年第2期
2-35	周代射侯复原图	
2-36	射侯图	《文物》1976年第3期
2-37	《人物龙凤帛画》	《上海文博论丛》2005年第2期
2-38	《人物御龙帛画》	《上海文博论丛》2005年第2期
2-39	曾侯乙墓钟虡铜人	湖北省博物馆《随县曾侯乙墓》
2-40	曾侯乙墓磬虡羽兽	谭维四《曾侯乙墓》
3-1	以槷的日影测定方向示意图	
3-2	春秋中期邿国铜祖槷	《考古》2014年第8期
3-3	王城基本规划结构示意图	贺业钜《〈考工记〉营国制度研究》
3-4	宫城规划设想图	贺业钜《〈考工记〉营国制度研究》
3-5	偃师二里头遗址主体殿堂复原图	杨鸿勋《建筑考古学论文集》
3-6	殷墟乙二十仿殷大殿	河南文物网
3-7	东周漆器残纹上的明堂复原图	《考古学报》1977年第1期
3-8	版筑图	（旧题）郭璞撰《尔雅音图》
3-9	战国刻纹椭栖上的瓦屋图像	杨宽《战国史》
3-10	陶囷明器	中国社科院考古研究所《新中国的考古发现和研究》
3-11	商周铜耜	马承源《中国古代青铜器》

图 号	名　　称	资 料 来 源
3-12	神农氏	中国画像石编辑委员会《中国画像石全集》1
3-13	井田沟洫水利示意图	
3-14	"磬折以参伍"式的折线型剖面堰	《中国训诂学报》第五辑，2022年
3-15	跌水示意图	《中国训诂学报》第五辑，2022年
3-16	战国陶甗	宜城市博物馆编《楚风汉韵——宜城地区出土楚汉文物陈列》
3-17	陶甑	《云梦睡虎地秦墓》编写组《云梦睡虎地秦墓》
3-18	陶盆	《考古》1983年第3期
3-19	陶鬲	宿白主编《中华人民共和国重大考古发现：1949—1999》
3-20	西周原始瓷簋	中国硅酸盐学会《中国陶瓷史》
3-21	西周折盘原始瓷豆	湖北省博物馆等《随州叶家山西周早期曾国墓地》
3-22	橘与枳	
3-23	貉	
3-24	矩、宣、欘、柯、磬折示意图	
3-25	戴震所拟耒图	戴震《考工记图》
3-26	《考工记》嘉量内容形式图	吴承洛《中国度量衡史》 闻人军《英译考工记》
3-27	齐国、邾国陶量	《临淄齐故城》 《考古》2018年第3期
3-28	新莽嘉量原器图	台北故宫博物院数位典藏知识库
3-29	曾侯乙墓漆箱盖二十八宿图像（摹本）	闻人军《考工记导读》
3-30	青铜器上车与旗的图像	杨泓《中国古兵器论丛》 《考古学报》1988年第2期
3-31	宴席之坐席	王明发《画像砖》
3-32	曾侯乙墓漆几（复制品）	湖北省博物馆《随县曾侯乙墓》

续　表

图　号	名　　称	资　料　来　源
3-33	汉代牛车模型	闻人军《考工司南》
3-34	羊车画像石	《中国音乐文物大系》总编辑部《中国音乐文物大系·山东卷》
3-35	玉琮	湖北省博物馆等《随州叶家山西周早期曾国墓地》
4-1	齐国临淄故城探测平面图	杨宽《战国史》
4-2	曾侯乙墓的矛和殳	湖北省博物馆《随县曾侯乙墓》
4-3	楚国漆木龙首曲辕明器	《考古学报》1982年第1期
4-4	燕削	《考古》1966年第5期
4-5	越王州句剑	《文物》1973年第9期
4-6	青铜执璋跪坐人像	陈德安《三星堆：古蜀王国的胜地》
4-7	璋	《考古》1983年第3期
4-8	战国玉瓒	《中原文物》2005年第1期
4-9	齐国"乐堂"铭文黑石磬	《管子学刊》1988年第3期
4-10	箭	中国科学院考古研究所《新中国的考古收获》，湖北省博物馆《随县曾侯乙墓》
4-11	郑玄画像	闻人军《考工记译注》（1993）
4-12	唐石经	闻人军《考工记导读》（1988）
4-13	戴震画像	赵玉新点校《戴震文集》
4-14	伏兔	戴震《考工记图》
4-15	爵	戴震《考工记图》 宿白主编《中华人民共和国重大考古发现：1949—1999》
4-16	戴震所拟车制	戴震《考工记图》
4-17	河南辉县出土大型车复原模型	中国科学院考古研究所《新中国的考古收获》
4-18	《考工记》之车复原模型	中国建筑网
4-19	伏兔实测图	淮安市博物馆《淮安运河村战国墓木雕鼓车保护与修复报告》
4-20	郭沫若所拟戟图	郭沫若《殷周青铜器铭文研究》

续　表

图　号	名　　称	资　料　来　源
4-21	战国饰羽车戟	湖北省荆沙铁路考古队《包山楚墓》
5-1	日本《考工记管籥》宝历二年（1752）刻本	闻人军《考工记译注》（1993）
5-2	法文《周礼》	
5-3	日文《周礼》	
5-4	英文《考工记》	
5-5	德文《考工记》	
6-1	十二章	《钦定书经图说》
6-2	试弓定力图	宋应星《天工开物》
6-3	错金银犀形插座	李建伟、牛瑞红《中国青铜器图录（下）》
6-4	战国云龙纹漆盾	中国科学院考古研究所《新中国的考古收获》
6-5	盖弓与盖杠	《文物》1985年第8期
6-6	战国早期漆木豆	《随县曾侯乙墓》
6-7	战国早期错金盖铜豆	李建伟、牛瑞红《中国青铜器图录（下）》
6-8	带勺铜觯	湖北省博物馆等《随州叶家山西周早期曾国墓地》
6-9	父乙铜瓿	湖北省博物馆等《随州叶家山西周早期曾国墓地》

附录二 《考工记》研究论著简目（1900—2021）

一、《考工记》研究专著（大致以出版时间排序）

书　　名	作　　者	出　版　社	出版时间
考工记辨证三卷 考工记补疏一卷	陈衍	石遗室丛书	清光绪刻本
周礼正义	（清）孙诒让	铅印本（乙巳本）	1905
考工记论文二卷，卷首一卷	（清）章震福	铅印本	1908
Jade: Study in Chinese Archaeology and Religion	Berthold Laufer	Chicago: Field Museum of Natural History	1912
考工记管籥	上野义刚（海门）著	日本经济丛书刊行会	1915
三礼名物（中国大学讲义）	吴承仕	北平聚魁堂书局（线装）	1930
周礼正义	（清）孙诒让	湖北篷湖精舍	1931
考工创物小记	（清）程瑶田	上海：安徽丛书编印处	1933
考工记	（题）唐杜牧注	关中丛书，陕西通志馆	1934
考工记图	（清）戴震	上海商务印书馆	1935
周官新义附考工记解	（宋）王安石	上海商务印书馆	1935
考工记图二卷	（清）戴震	安徽丛书，影印阅微草堂本	1936
考工记图	（清）戴震	上海商务印书馆	1939
Le Tcheou-li ou Rites des Tcheou	E. C. Biot	北平文典阁影印	1939
考工记图	（清）戴震	上海商务印书馆	1955
殷周青铜器と玉	水野清一	日本经济新闻社	1959
Bronze Casting and Bronze Alloys in Ancient China	Noel Barnard	Monumenta Serica Monograph XIV (Tokyo)	1961
周礼今注今译	林尹	台北商务印书馆	1972

书　名	作　者	出　版　社	出版时间
中国科学技术史论集	吉田光邦	日本放送出版协会	1972
中国殷周时代の武器	林巳奈夫	京都大学人文科学研究所	1972
三礼名物	吴承仕	艺文出版社	1974
Le Tcheou-li ou Rites des Tcheou	E. C. Biot	台北成文出版社影印	1975
周礼通释（下）	本田二郎	株式会社秀英出版	1979
《周礼》书中有关农业条文的解释	夏纬瑛	农业出版社	1979
中国古兵器论丛	杨泓	文物出版社	1980
古玉鉴裁	那志良	台北国泰美术馆	1980
考工记解	（明）徐光启	徐光启著译集，上海古籍出版社	1983
鬳斋考工记解	（宋）林希逸	台北商务印书馆	1983
周礼今注今译	林尹	书目文献出版社	1985
中国古兵器论丛（增订本）	杨泓	文物出版社	1985
考工记营国制度研究	贺业钜	中国建筑工业出版社	1985
周官新义附考工记解	（宋）王安石	中华书局	1985
批点考工记	（宋）张大亨	中华书局	1985
周礼疑义举要	（清）江永	中华书局	1985
战车与车战	杨英杰	东北师范大学出版社	1986
考工记解	（宋）林希逸	上海古籍出版社	1987
三礼名物通释	钱玄	江苏古籍出版社	1987
周礼正义	（清）孙诒让著，王文锦、陈玉霞点校	中华书局	1987
考工记导读	闻人军	巴蜀书社	1988
考工记解	（宋）林希逸	台北世界书局	1988
春秋战国时代青铜器の研究	林巳奈夫	吉川弘文馆	1989
考工记图	（清）戴震	上海古籍出版社	1990

续 表

书 名	作 者	出 版 社	出版时间
考工记导读图译	闻人军	台北明文书局	1990
批点考工记	（元）吴澄考注，（明）周梦旸批评	中华书局	1991
中国古玉の研究	林巳奈夫	吉川弘文馆	1991
三礼辞典	钱玄	江苏古籍出版社	1993
考工记译注	闻人军	上海古籍出版社	1993
中国古舆服论丛	孙机	文物出版社	1993
考工记图	（清）戴震	黄山书社	1994
考工创物小记	（清）程瑶田	上海古籍出版社	1995
中国上古金属技术	苏荣誉、华觉明、李克敏、卢本册	山东科学技术出版社	1995
戴震全书	张岱年主编	黄山书社	1995
中国古兵器论丛	杨泓	文物出版社	1995
考工记导读	闻人军	巴蜀书社	1996
考工记鸟兽虫鱼释	（清）陈宗起	上海古籍出版社	1996
周官析疑·考工记析疑	（清）方苞	上海古籍出版社	1996
考工记考	（清）吕调阳	上海古籍出版社	1996
考工记车制图解	（清）阮元	上海古籍出版社	1996
考工记考辨	（清）王宗涑	上海古籍出版社	1996
中国古代乐器概论	方建军	陕西人民出版社	1996
中国上古出土乐器综论	李纯一	文物出版社	1996
Early Chinese Work in Natural Science	程贞一	Hong Kong University Press	1996
考工记纂注	（明）程明哲	齐鲁书社	1997
周礼古本订注·考工记	（明）郭良翰	齐鲁书社	1997
考工记	（明）郭正域批点	齐鲁书社	1997
注释古周礼·考工记	（明）郎兆玉	齐鲁书社	1997
考工记通	（明）徐昭庆	齐鲁书社	1997

续　表

书　名	作　者	出　版　社	出版时间
周官析疑·考工记析疑	（清）方苞	齐鲁书社	1997
齐国科技史	张秉伦、戴吾三主编	齐文化丛书15，齐鲁书社	1997
中国科技典籍研究——第一届中国科技典籍国际会议论文集	华觉明主编	大象出版社	1998
中国古玉器总说	林巳奈夫	吉川弘文馆	1999
中国殷周时代の武器	林巳奈夫	朋友书店	1999
周礼注疏	郑玄注，贾公彦疏，赵伯雄整理	北京大学出版社简体字本	1999
周礼注疏	郑玄注，贾公彦疏，赵伯雄整理	北京大学出版社繁体字本	2000
Chinese Archery	Stephen Selby	香港大学出版社	2000
中国古舆服论丛（增订本）	孙机	文物出版社	2001
周礼	钱玄、钱兴奇、王华宝、谢秉洪注译	岳麓书社	2001
陈石遗集·考工记辨证 陈石遗集·考工记补疏	陈衍著，陈步编	福建人民出版社	2001
匠学七说	张良皋	中国建筑工业出版社	2002
齐文化发展史	宣兆琦	兰州大学出版社	2002
考工记图说	戴吾三	山东画报出版社	2003
考工记注译	张道一	陕西人民美术出版社	2004
周礼译注	杨天宇	上海古籍出版社	2004
周礼译注	吕友仁	中州古籍出版社	2004
周礼注疏	郑玄注，贾公彦疏，彭林整理	山东画报出版社	2004
中国古车舆名物考辨	汪少华	商务印书馆	2005
考工记解	（宋）林希逸	礼经会元、考工记解，吉林出版集团	2005

续 表

书　　名	作　者	出　版　社	出版时间
考工记导读	闻人军	中国国际广播出版社（国学大讲堂）	2008
考工记译注	闻人军	上海古籍出版社	2008
程瑶田全集	（清）程瑶田	黄山书社	2008
A Comparison on the Development of Metrology in China and the West	Konrad Herrmann	Bremerhaven: Wirtschaftsverlag NW	2009
戴震全书	杨应芹、诸伟奇主编	黄山书社	2010
The Ceremonial Usages of The Chinese, B.C. 1121. As Prescribed in The "Institutes of The Chow Dynasty Strung as Pearls"	Hoo Peih Seang, William R. Gingell	Whitefish: Kessinger Publishing	2010
周礼注疏	郑玄注，贾公彦疏，彭林整理	上海古籍出版社	2010
考工记解	（明）徐光启著，朱维铮、李天纲主编	徐光启全集，上海古籍出版社	2010
考工记解	（明）徐光启	测量法义：外九种，上海古籍出版社	2011
考工记导读	闻人军	中国国际广播出版社（国学经典导读）	2011
图证《考工记》	刘道广、许旸、卿尚东	东南大学出版社	2012
Ancient Encyclopedia of Technology—Translation and annotation of the Kaogong ji (the Artificers' Record)	Jun Wenren	London & New York: Routledge	2013
中国古舆服论丛（增订本）	孙机	上海古籍出版社	2013
考工记翻译与评注	关增建、赫尔曼	上海交通大学出版社	2014

书　　名	作　者	出　版　社	出版时间
周礼	徐正英、常佩雨译注	中华书局	2014
《考工记图》校注	陈殿	湖南科学技术出版社	2014
中国科学技术典籍通汇·技术卷	华觉明主编	大象出版社	2015
《考工记》研究文献辑刊	赵嫄、代坤选编	国家图书馆出版社	2015
周礼正义	（清）孙诒让著，汪少华整理	中华书局	2015
巧工创物《考工记》白话图解	张青松	岳麓书社	2017
中国古代设计思想研究——以先秦独辀马车设计为例	胡伟峰	中国轻工业出版社	2017
《周礼正义》点校考订	颜春峰、汪少华	中华书局	2017
考工司南	闻人军	上海古籍出版社	2017
考工记：中英对照版	徐峙立编著，王敬群译	山东画报出版社	2018
成器思论	谢玮	中国书籍出版社	2018
中国古代车马研究	林巳奈夫著，冈村秀典编	临川书店	2018
Le Tcheou-li ou Rites des Tcheou	E. C. Biot	London: Forgotten Books	2018
考工记名物图解	李亚明	中国广播影视出版社	2019
《考工记》名物汇证	汪少华	上海教育出版社	2019
考工记：孙诒让《周礼正义》本	孙诒让撰，邹其昌整理	人民出版社	2020
考工记图说	戴吾三	山东画报出版社	2020
考工记译注（修订本）	闻人军	上海古籍出版社	2021
考工记译注（中国古代名著全本译注丛书）	闻人军	上海古籍出版社	2021

二、《考工记》研究文章（大致以刊发时间为序）

篇　名	作　者	刊　名	时　间	卷　期
读《考工记》	曹佐熙	船山学报	1915.11	1：4
东洋古铜器的化学研究	近重真澄	史林	1918	3：2
东洋古代文化之化学观	近重真澄	史林	1919	4：2
东洋古代文化之化学观	近重真澄著，陈象岩译	科学	1919.3	5：3
中国古代金属原质之化学	王琎	科学	1919.6	5：6
The Composition of Ancient Eastern Bronze	近重真澄	Journal of the Chemical Society, London	1920	Vol.117
中国用锌的起源	章鸿钊	科学	1923	8：3
周代合金成分考	梁津	科学	1925.3	9：10
模制考工记车制记	罗庸	历史博物馆丛刊	1926.12	1：1
L'analyse chimique des bronzes anciens de la Chine	梅原末治	Artibus Asiae	1927	2：4
模制考工记车制述略	罗庸	考古学论丛	1928	1
《考工记》磬制的研究	瓠芦	音乐杂志	1928	1：6
支那古代的车制	矢岛恭介	考古学杂志	1928	18：5、7、8
模制考工记车制记	罗庸	中山大学语言历史学研究所周刊	1928.9	4：48
The technique of bronze casting in ancient China	W. Perceval Yetts	OZ NF	1929	5
戈戟之研究	马衡	燕京学报	1929.6	5
戈戟之研究	马衡	［日］考古论丛	1930	2
支那古代の铜利器に就いて	梅原末治	东方学报，京都	1931	2
玉璧考	水野清一	东方学报，京都	1931	2
说戟	郭沫若	《殷周青铜器铭文研究》手稿影印	1931	

篇　名	作　者	刊　名	时　间	卷　期
Techniques of Bronze Casting	W. Perceval Yetts	Eumorfopoulos Catalogue, London	1932	
东洋古代金属器的化学的研究（第一报）	道野鹤松	日本化学会志	1932	53：7
东洋古代金属器的化学的研究（第二报）	道野鹤松	日本化学会志	1932	53：7
戟辨	胡肇春	考古学杂志，黄花考古学院	1932	
支那古铜器の化学的研究に就て	梅原末治	东方学报，京都	1933	3
支那古铜容器の一考察	水野清一	东方学报，京都	1933	4
On the Copper Age in Ancient China	道野鹤松	日本化学会简报	1934	9：3
东洋古代金属器的化学的研究（第四报）	道野鹤松	日本化学会志	1934	55：1
考工记辨证	陈衍	国学论衡	1934.6	3
考工记辨证（续）	陈衍	国学论衡	1934.11	4上
戈戟余论	郭宝钧	历史语言研究所集刊	1935.12	5：3
周官考工记の考古学的检讨	原田淑人	东方学报，东京	1936.2	6
东洋古代金属器的化学的研究（第七报）	道野鹤松	日本化学会志	1936	57：1
释车上——三礼名物之一	吴承仕	国学论衡	1936.4	7
东洋古代金属器的化学的研究（第八报）	道野鹤松	日本化学会志	1937	58：2
东洋古代金属器的化学的研究（第九报）	道野鹤松	日本化学会志	1937	58：2
周官考工记の设色之工に就て	米泽嘉国	国华	1937.9	第47编9册
编钟编磬说	许敬参	河南博物馆馆刊	1937	9集
说车器（辉县发掘报告之一）	郭豫才	河南博物馆馆刊	1937.8	11集

篇　名	作　者	刊　名	时　间	卷　期
东洋古代金属器的化学的研究（第十报）	道野鹤松	日本化学会志	1938	59：12
程瑶田"桃氏为剑"考补正（附图）	商承祚	金陵学报	1938.11	8：1，2
钟撺钟隧考	冯水	古学丛刊	1939.3	第1期
支那铜利器の成分に关する考古学の考察	梅原末治	东方学报，京都	1940	11
桃氏的青铜剑	水野清一	考古学杂志	1940	30：1—5
戈戟考	驹井和爱	东方学报，东京	1940	11：2
支那战国时代の兵器	驹井和爱	东方学报，东京	1941	12：1
释磬	朱锦江	斯文	1941.4	1：13
教育部交管长沙古物之检讨	郭宝钧	高等教育季刊	1942.6	2：2
古玉兵杂考	蒋大沂	中国文化研究汇刊	1942.9	2
论戈戟之形式	蒋大沂	中国文化研究汇刊	1943.9	3
说剑	许同莘	东方杂志	1945.2	41：4
考工记的年代与国别	郭沫若	开明书店二十周年纪念文集，开明书店	1947	
考工记的年代与国别	郭沫若	天地玄黄，大孚出版公司	1947	
古玉新诠	郭宝钧	历史语言研究所集刊	1949	第20本下册
考工记的年代与国别	郭沫若	天地玄黄，群益出版社	1950	
"侯"与"射侯"	陈槃	历史语言研究所集刊	1950	第22本
中国古铜的化学成分（英文）	梁树权、张赣南	中国化学会会志	1950.1	17卷
成都弓箭制作调查报告	谭旦冏	历史语言研究所集刊	1951.12	第23本上册
我国古代关于"金"的化学	俞崇智	化学通报	1953	2

篇　名	作　者	刊　名	时　间	卷　期
弓和弩	吉田光邦	东洋史研究	1953.3	12：3
镇圭桓圭信圭与躬圭	那志良	大陆杂志	1953.5	6：9
四圭有邸与两圭有邸	那志良	大陆杂志	1953.6	6：12
我国古代人民的炼铜技术	袁翰青	化学通报	1954.2	2
中国古代金属原质之化学	王琎	中国古代金属化学及金丹术，中国科学图书仪器公司	1955	
戴震的考工记图——科学思想史的考察	近藤光男	东方学	1955	11
试论中国古代冶金史的几个问题	周则岳	中南矿冶学院学报	1956	1
我国古代的炼铜技术	袁翰青	中国化学史论文集，三联书店	1956	
Wheels and Gear-Wheels in Ancient China	李约瑟	第九届国际科学史会议论文集，Barcelona（巴塞罗那）	1958	
考工记的"轮人"	侯过	理论与实践	1958	7
六齐别解	张子高	清华大学学报	1958	4：2
"考工记"及其中的力学知识	王燮山	物理通报	1959	5
"考工记"中的声学知识	王燮山	物理通报	1959	5
从《考工记》看我国古代的物理学	王燮山	物理教学	1959	2
The Wheelwright's Art in Ancient China	鲁桂珍、R. Salaman、李约瑟	Physis	1959	1
周礼と考工记について：「规矩」の发达过程の研究（1）	高田克己	日本建筑学会研究报告	1959	46
世室明堂の意匠について	高田克己	日本建筑学会论文报告集	1959	63
中国先秦时代の马车	林巳奈夫	东方学报，京都	1959	29
中国古代の金属技术	吉田光邦	东方学报，京都	1959	29

续 表

篇 名	作 者	刊 名	时 间	卷 期
以五介彰施于五色说	王国维	观堂别集卷一，观堂集林，中华书局	1959	
周礼考工记の车制	林巳奈夫	东方学报，京都	1959	30
周礼考工记の一考察	吉田光邦	东方学报，京都	1959	30
关于戟之演变	郭宝钧	殷周青铜器铭文研究"附录二"，科学出版社	1961	
说戟	郭沫若	殷周青铜器铭文研究，科学出版社	1961	
「规矩」と玉型（「考工记」にあらわれた造型形式の研究）	高田克己	日本建筑学会论文报告集	1961	69
漫话"考工记"	彭祖钤	光明日报	1961.8.5	
考工记的年代与国别	郭沫若	郭沫若文集第16卷，人民文学出版社	1962	
《考工记》《梓人为笱虡》条所见雕刻装饰理论	刘敦愿	山东大学学报（史）	1962.6	s2
古籍述闻	陈直	文史	1963	3
周礼考工记玉人新注	那志良	大陆杂志	1964.7	29：1
《考工记》中的力学和声学知识	杜正国	物理通报	1965	6
中国古代瑞圭的研究	凌纯声	"中研院"民族学研究所集刊	1965	第2册
史海片帆（二）周官考工记の性格とその制作年代とについて	原田淑人	［日］圣心女子大学论丛	1967.12	30
战国时代の重量单位	林巳奈夫	史林	1968	51：2
中国古代的祭玉·瑞玉	林巳奈夫	东方学报，京都	1969	40
规矩考——"周礼考工记"的考察	高田克己	大手前女子大学论集	1969.11	3
周礼考工记について	大久保庄太郎	羽衣学园短期大学纪要	1969.12	6

篇　名	作　者	刊　名	时　间	卷　期
规矩考——"周礼考工记"的考察（续）	高田克己	大手前女子大学论集	1970.11	4
规矩考——"周礼考工记"的考察（续完）	高田克己	大手前女子大学论集	1971.11	5
考工记之成书年代考	史景成	书目季刊	1971	5：3
湖北江陵发现的楚国彩绘石编磬及其相关问题	湖北省博物馆	考古	1972	3
规矩考（补遗）——"周礼考工记"的考察	高田克己	大手前女子大学论集	1973.11	7
考工记	薮内清	世界大百科事典，平凡社	1974	第10册
《考工记·匠人》与儒法斗争	山东省建委理论小组等	建筑学报	1975	2
戈戟之研究	马衡	凡将斋金石丛稿，中华书局	1977	
从《考工记》谈先秦时期的建筑测量	王全太	建筑技术	1978	10
周礼考工记匠人释稿（1）	三上顺	たまゆら	1978	8
周礼考工记匠人释稿（2）	三上顺	たまゆら	1978	9
《考工记》六齐成分的研究	周始民	化学通报	1978	3
我国古代在光测高温技术上的光辉成就	朱泰生	北京邮电大学学报	1979	1
说伏兔与画輎	张长寿、张孝光	考古	1980	4
试论周代两次城市建设高潮	贺业钜	建筑历史与理论，江苏人民出版社	1980	第一辑
关于"钟氏"一文的初步探讨	罗瑞林	中国纺织科技史资料	1980	第2集
先秦时代宫室建筑序说	田中淡	东方学报，京都	1980	52
殷周的耒耜	陈振中	文物	1980	12
从胸式系驾法到鞍套式系驾法——我国古代车制略说	孙机	考古	1980	5

篇 名	作 者	刊 名	时 间	卷 期
先秦编钟设计制作的探讨——兼论《考工记》"遂"的部位与作用	华觉明、贾云福	自然辩证法通讯	1981	5
对曾侯乙墓编钟的结构探讨	林瑞、王玉柱、华觉明	江汉考古	1981	s1
成都制弓箭调查报告	谭旦冏	东吴大学中国艺术史集刊	1981	11卷
《考工记》研究	闻人军	杭州大学硕士论文	1981	
关于春秋战国城的探讨	马世之	考古与文物	1981	4
《考工记》磬制倨句考	闻人军	浙江省历史学会会刊	1981.8	第1辑
《考工记》的成书年代及其若干内容的科学解释	王锦光、闻人军	第十六届国际科学史会议论文集，布加勒斯特	1981.9	
《考工记》中声学知识的数理诠释	闻人军	杭州大学学报（自然科学版）	1982	4
考工记	王锦光、闻人军	文史知识	1982	4
Form and Function in the Evolution of the Wooden Wheel	史四维	李国豪等主编，中国科技史探索，上海古籍出版社	1982	
钱宝琮诗词六首	钱宝琮	中国科技史料	1982	2
我国古代测定的固体比重及其量测方法	王燮山	物理通报	1983	6
兕试释	雷焕章	中国文字，艺文印书馆	1983	新第8期
谈古官司空之职——兼说《考工记》的内容及作成年代	沈长云	中华文史论丛	1983	3
先秦编钟设计制作的探讨	华觉明、贾云福	自然科学史研究	1983	1
始皇陵二号铜车马对车制研究的新启示	孙机	文物	1983	7

篇　名	作　者	刊　名	时　间	卷　期
Bronze casting in China：A short technical history	William T. Chase	G. Kuwayama 编 The Great Bronze Age of China, a symposium, Los Angeles County Museum of Art	1983	
中国陶瓷史研究中若干问题的探索	汪庆正	上海博物馆集刊——建馆三十周年特辑，上海古籍出版社	1983	
《考工记》"齐尺"考辨	闻人军	考古	1983	1
商代玉器的分类、定名和用途	夏鼐	考古	1983	5
《考工记》不是齐国官书	刘洪涛	自然科学史研究	1984	4
《梦溪笔谈》"弓有六善"考	闻人军	杭州大学学报（哲社版）	1984	4
《考工记》中的流体力学知识	闻人军	自然科学史研究	1984	1
中国古代马车的系驾法	孙机	自然科学史研究	1984	2
先秦战车形制考述	杨英杰	辽宁师范大学学报（社会科学版）	1984	2
说"耦"及其演变	党明德	中国农史	1984	2
《周礼》二十八星辨	王健民	中国天文学史文集（三），科学出版社	1984	
《考工记》成书年代新考	闻人军	文史	1984	第23辑
试论东周时代皮甲胄的制作技术	中国社会科学院考古研究所技术室	考古	1984	12
戈戟之再辨	郭德维	考古	1984	12
中国编钟的过去和现在的研究	戴念祖	中国科技史料	1984	1
商周青铜容器合金成份的考察——兼论钟鼎之齐的形成	李仲达、华觉明、张宏礼	西北大学学报（自然科学版）	1984	2
战国曾侯乙编磬的复原及相关问题的研究	冯光生、徐雪仙	文物	1984	5
中国古独辀马车的结构	孙机	文物	1985	8

续　表

篇　名	作　者	刊　名	时　间	卷　期
《周礼·考工记》中的质量管理	邹依仁	上海社会科学院学术季刊	1985	2
略论《考工记》车的制造及工艺	李民、王星光	河南师范大学学报（哲社版）	1985	2
从现代实验剖析中国古代青铜铸造的科学成就	田长浒	科技史文集（十三）金属史专辑，上海科学技术出版社	1985	
《考工记·梓人为筍虡》篇今译及所见雕塑装饰艺术理论	刘敦愿	美术研究	1985	2
筍虡之饰与青铜器兽面纹的审美观	刘道广	学术月刊	1985	5
编钟的钟攠钟隧新考	李京华、华觉明	科技史文集（十三）金属史专辑，上海科学技术出版社	1985	
《梦溪笔谈》"弓有六善"续考	闻人军	杭州大学学报（哲社版）	1985	3
说火候	闻人军	香港《大公报》"中华文化"	1985.9.26	第廿九期
钟攠钟隧新考	李京华	文物研究	1985.12	总第1期
考工记的年代与国别	郭沫若	开明书店二十周年纪念文集，中华书局	1985	
瓒之形制与称名考	王慎行	考古与文物	1986	3
木轮形式和作用的演变	史四维	中国科技史探索，李国豪等主编，上海古籍出版社	1986	
编钟の设计と构造	冈村秀典	泉屋博古馆纪要	1986	3
"磬折"的起源与演变	闻人军	杭州大学学报（自然科学版）	1986	2
最优化设计（《考工记》中的六齐·兵车·弓箭与最优化设计）	闻人军	中国科技报	1986.4.21	

篇　名	作　者	刊　名	时　间	卷　期
"六齐"、商周青铜器化学成分及其演变的研究	吴来明	文物	1986	11
关于"六齐"合金配比解释的勘误	裘锡圭、吴来明	文物	1987	7
略论《考工记》车的制造规范	李民、王星光	河南师范大学学报（哲社版）	1987	1
《考工记》的工艺规范和人体工学的有关原理	石平	浙江工艺美术	1987	3
中国古代造型设计中的功能因素及其理论——《考工记》阅读手记	李双	装饰	1987	2
中国古代战车考——《周礼》考工记の战车と秦の战车	申英秀	史观	1987	117
我国古代早就有了关于力和变形成正比关系的记载	老亮	力学与实践	1987	1
中国古代的弓力测量与胡克定律	老亮	自然信息	1987	2
《考工记》中的兵器学	闻人军	锦州师范学院学报	1987	2
《周礼·冬官考工记·画缋》琐谈古代色彩学的萌芽	范志民	新美术	1988	2
中国古代的玉器、琮について	林巳奈夫	东方学报，京都	1988	60
《考工记营国制度研究》简介	晓雅	城市规划	1988	6
《考工记》中的强度知识	老亮	力学与实践	1988	1
试论"橘逾淮而北为枳"之"枳"	徐建国	中国农史	1989	1
虚实相应与审美联觉——《考工记》中一个杰出的音乐审美观	温增源	人民音乐	1989	5
西周磬与《考工记·磬氏》磬制	方建军	乐器	1989	2
《考工记》对中国古代都城中轴线发展过程的影响	沈加锋	新建筑	1989	2

续　表

篇　名	作　者	刊　名	时　间	卷　期
《考工记》与我国古代造车技术	周世德	中国历史博物馆馆刊	1989	总第12期
"六齐"之管窥	何堂坤	科技史文集（十五）化学史，上海科技出版社	1989	
《考工记》与科学思想	贺圣迪	上海大学学报（社会科学版）	1989	1
商周青铜合金配制和"六齐"论释	华觉明、王玉柱、朱迎善	第三届国际中国科学史讨论会论文集，科学出版社	1990	
启迪和引路	张锦波	读书	1990	2
用现代科学方法研究《考工记》的有益探索——闻人军《考工记导读》评介	王娅丽、张子文	物理学史	1990	2
功致为上——《考工记》研究笔记	磬年	装饰	1990	4
《考工记》与《天工开物》的造物思想	潘鲁生	美术史论	1990	4
《考工记》的现实教育意义	王希明	山东教育学院学报	1990	2
中国古代弓箭的制造及弹性定律的发现	李平、戴念祖	中国科学技术史国际学术讨论会论文，北京	1990.8	
《考工记》及其研究	刘道广	装饰	1990	4
《考工记》殳与晋殳新探	邱德修	汉学研究	1991	1
《周礼·考工记》齐语拾补——《考工记》为齐人所作再证	汪启明	古汉语研究	1992	4
太原金胜车马坑与东周车制散论	渠川福	文物季刊	1992	2
中国古车类型与制造	史建玲	中国科技史料	1992	3
编钟的设计与尺寸以及三分损益法	平势隆郎	曾侯乙编钟研究，湖北人民出版社	1992	

篇　名	作　者	刊　名	时　间	卷　期
《考工记》的国别、成书年代及其主要价值	张光兴、宣兆琦	齐文化纵论，华龄出版社	1993	
论清人的《考工记》研究——以《轮人》为例	彭林	台大中文学报	1993.6	20期
《考工记》的国别和成书年代	宣兆琦	自然科学史研究	1993	4
《考工记》的技术理论	董英哲、魏建忠、牛有萍、杨丙雨	西北工程建筑学院学报（自然科学版）	1994	2
再谈郑玄最早记载弹性定律：兼与朱华满和陶学文先生商榷	老亮	力学与实践	1994	4
郑玄是否发现了胡克定律	朱华满，陶学文	力学与实践	1994	4
略谈中国历史上的弓体弹力测试	关增建	自然辩证法通讯	1994	6
"土圭"仪器非土制	徐传武	文献	1994	4
《考工记》"匠人建国"略议	戴吾三	齐鲁学刊	1994	4
对于"六齐"成分诸见解的思考	张颖	阜阳师范学院学报（自然科学版）	1994	1
《考工记·梓人为筍虡》散论梓人·梓庆	徐勤	上海工艺美术	1994	4
《考工记》独辀马车主要元件之机械设计	贺陈弘、陈星嘉	清华学报	1994	24：4
朴斋笔谈（六）	钱玄	文教资料	1994	4
《周礼·考工记·玉人》分别等级用真假玉的地质考古学研究	闻广	地质学史论丛（3）	1995	
"射侯"考略	崔乐泉	成都体育学院学报	1995	2
鎏金刻纹铜鉴与周代的射侯	郭贤坤	体育文化导刊	1995	4
试探《考工记》中"耒"的形制	李崇州	农业考古	1995	3

篇 名	作 者	刊 名	时 间	卷 期
从钟鼎之齐方差分析看"考工记"六齐之成份	梁镇海、张业、李和平、魏毅强、孟乃昌	太原工业大学学报	1995	3
古车部件名称疏要	王作新	文献	1995	3
楚文物与《考工记》的对照研究	后德俊	中国科技史料	1996	1
"梓人为筍虡"——《考工记》工艺思想拾零	徐勤	装饰	1996	2
汉长安城的考古发现及相关问题研究——纪念汉长安城考古工作四十年	刘庆柱	考古	1996	10
先秦时期质量管理思想措施与法规	丘光明	考古与文物	1996	3
从《考工记》看《汉语大字典》的义项漏略	汪少华	古汉语研究	1996	2
从《考工记》再看《汉语大字典》的义项漏略	汪少华	南昌大学学报（社会科学版）	1996	4
《考工记》的技术思想	戴吾三、邓明立	自然辩证法通讯	1996	1
论汉代车轮	李强	自然科学史研究	1996	4
齐国科技史研究	戴吾三	中国科学技术大学博士论文	1996	
论《考工记》的生产技术管理	戴吾三	大自然探索	1996	1
《考工记》与儒学——兼论李约瑟之得失	李志超	管子学刊	1996	4
《考工记》与科技训诂	李志超	文献	1997	3
从《考工记》看《汉语大字典》的释义失误	汪少华	传统文化与现代化	1997	3
《考工记》的文化内涵	戴吾三、高宣	清华大学学报（哲社版）	1997	2
先秦车轮制造技术与抗磨损设计	刘克明、杨叔子	华中科技大学学报（社会科学版）	1997	1

篇　名	作　者	刊　名	时　间	卷　期
考工记の尺度について	新井宏	计量史研究	1997	19：1
试论元大都城的规划设计	侯仁之	城市规划	1997	3
虎座鸟架鼓辨正	武家璧	考古与文物	1998	6
《考工记·匠人》成书年代析	宋烜	南方文物	1998	2
《考工记》"磬折"考辨	戴吾三	科学史通讯	1998	17
《周礼·考工记·匠人营国》的撰著渊源	史念海	传统文化与现代化	1998	3
《考工记》力学综论	王燮山	华北电力大学学报（社会科学版）	1998	1
《考工记》的两处断句	汪少华	古籍研究	1998	1
《考工记》的造物思想	潘鲁生	民艺学论纲，北京工艺美术出版社	1998	
从车轮看考工记的成书时代	刘广定	汉学研究	1999	1
"六齐"新探	路迪民	文博	1999	2
《考工记》成书时期管窥	李锋	郑州大学学报	1999	2
说"登轼"新解及其它	朱维德	衡阳师范学院学报（社会科学版）	1999	4
《考工记·玉人》的考古学研究	孙庆伟	考古学研究（四），科学出版社	2000	
《考工记》角度概念刍议	关增建	自然辩证法通讯	2000	2
《考工记》评介	王贻樑	林德宏主编，中国典籍精华丛书——科技巨著，中国青年出版社	2000	
《考工记》六齐配方的相图理论研究	申永良	冶金丛刊	2000	2
《考工记》轮之检验新探	戴吾三	中国科技史料	2001	2
汉长安城与《考工记》	周长山	文物春秋	2001	4
河南省出土石磬初探	高蕾	中原文物	2001	5

篇　　名	作　者	刊　名	时　间	卷　期
《周礼·考工记》与元大都规划	黄建军、于希贤	文博	2002	3
"俾輗"考——《考工记》名物考证之一	汪少华	语言研究	2002	4
面势考——《考工记》训诂一例	李志超	国学薪火，中国科学技术大学出版社	2002	
《周礼》《考工记》《荀子》	李志超	国学薪火，中国科学技术大学出版社	2002	
《考工记》成文时代探议	陈正俊	装饰	2002	11
伏兔、当兔与古代车的减震	朱思红、宋远茹	考古与文物	2002	3
《考工记》设计思想中的"势"	陈正俊	设计艺术	2002	2
从钟鼎到鉴燧——六齐与《考工记》有关问题试探	刘广定	中国科学史论集，台大出版中心	2002	
从车轮看考工记的成书时代	刘广定	中国科学史论集，台大出版中心	2002	
《考工记·攻木之工》之探讨	刘道广	台湾工艺季刊	2002	13
《周礼·考工记·画缋》释读	张乾元	宿州教育学院学报	2002	3
《考工记》新释	梁江	美术观察	2002	2
中国古代关于弓弩力学性能的认识	仪德刚	全国中青年学者科技史学术研讨会	2003	
《考工记》的篇章结构分析	戴吾三	中国科技典籍研究——第二届中国科技典籍国际会议论文集，大象出版社	2003	
《考工记》里的角度体系	关增建、王胜利	中国科技典籍研究——第二届中国科技典籍国际会议论文集，大象出版社	2003	
郑玄《周礼注》对字际关系的沟通	李玉平	北京师范大学硕士论文	2003	

篇 名	作 者	刊 名	时 间	卷 期
中国计量史上的瑰宝——新莽嘉量	关增建	中国计量	2003	1
《考工记》美学思想解读——兼论中国古代城邑建筑的"中和"之美	李媛	四川师范大学硕士论文	2003	
20世纪《考工记》研究综述	李秋芳	中国史研究动态	2004	5
中西古典理想城市的形态比较	张延生	郑州大学硕士论文	2004	
图说《考工记》	戴吾三	北京日报	2004.3.29	
《考工记》——我国现存最早的科技档案汇编	陈荣红	浙江档案	2004	5
两周独辀马车构造技术的探索	黄富成	郑州大学硕士论文	2004	
中国传统箭矢制作及使用中的力学知识	仪德刚	第十届国际中国科学史会议	2004	
中国传统弓箭制作工艺调查研究及相关力学知识分析	仪德刚	中国科学技术大学博士论文	2004	
《考工记》用漆状况刍议	张健、陈真	装饰	2004	4
《考工记》中的齐国乐器制造业	高美进	管子学刊	2004	3
说"耦"	周昕	中国农史	2004	3
中国古车舆名物考辨	汪少华	华东师范大学博士论文	2004	
从艺术学角度看《考工记》	刘宗超	南阳师范学院学报	2005	1
听大师讲析——评张道一先生《考工记注译》	刘岩	美术之友	2005	4
古车舆"輢""较"考	汪少华	华东师范大学学报（哲社版）	2005	3
《考工记》的工艺思想	范琪	史学月刊	2005	10
"匠人营国"的基本精神与形成背景初探	武廷海、戴吾三	城市规划	2005	2

续 表

篇 名	作 者	刊 名	时 间	卷 期
《考工记》：一部很难读便决心把它读通的书——关于张道一教授新著《考工记注译》	王玲娟、龙红	设计艺术	2005	4
周代裸礼的新证据——介绍震旦艺术博物馆新藏的两件战国玉瓒	孙庆伟	中原文物	2005	1
再研《考工记》	刘广定	广西民族学院学报（自然科学版）	2005	3
《考工记》的工艺美学思想	张越	山东社会科学	2005	6
《考工记》设计思想研究	肖屏	湖北美术学院学报	2005	4
《考工记·玉人》名物训诂与孙疏补证	唐忠海	杭州师范学院硕士论文	2005	
先秦之声——文献与图像的初步观察	沈冬	吕钰秀编，2005国际民族音乐学术论坛——音乐的声响诠释与变迁论文集，宜兰：国立传统艺术中心	2005	
试析郑玄《周礼注》中的"古文"与"故书"	李玉平	古籍整理研究学刊	2005	5
《考工记》工艺美学思想研究	李艳	郑州大学硕士论文	2005	
弓体的力学性能及"郑玄弹性定律"再探	仪德刚、赵新力、齐中英	自然科学史研究	2005	3
中国古代计量弓力的方法及相关经验认识	仪德刚	力学与实践	2005	2
《考工记》的工艺美学思想	张越	山东社会科学	2005	6
汉至清代《考工记》研究和注释史述论稿	张言梦	南京师范大学博士论文	2005	
听大师讲析：评张道一先生《考工记注译》	刘岩	美术之友	2005	4
《考工记》的科技史料价值新探	周书灿	殷都学刊	2005	2

篇　名	作　者	刊　名	时　间	卷　期
《周礼·考工记》先秦手工业专科词语词汇系统研究	李亚明	北京师范大学博士论文	2006	
再谈郑玄最早发现线弹性定律——兼与仪德刚同志商榷	李银山	力学与实践	2006	4
亚里士多德"四因说"与《考工记》造物原则比较	陈见东	装饰	2006	12
《考工记》《营造法式》《工程作法》——城市建筑科学技术的发展与进步	王兆祥	中国房地产	2006	4
从《考工记》的色彩观看"五色审美观"	陈仲先	美与时代	2006	12
对《考工记》工效学意涵的文化解读	王冬梅	苏州大学硕士论文	2006	
《考工记》设计管理思想探究	王方良	电影评介	2006	16
《考工记》弓矢名物考	林卓萍	杭州师范学院硕士论文	2006	
《考工记》与中国建筑艺术的"正"、"奇"之美	卢静	青海社会科学	2006	5
《考工记》美学研究定位	李艳	中国石油大学学报（社会科学版）	2006	5
先秦时期青铜戈戟研究	井中伟	吉林大学博士论文	2006	
论中国古代车辆设计思想	麦秀好、沈法	包装工程	2006	3
论《考工记》的编纂特色	于元元	档案学通讯	2006	5
略论戴震《考工记图》的编绘及其影响	张言梦	新美术	2006	6
《考工记·磬氏》验证	孙琛	中国艺术研究院硕士论文	2007	
《考工记》服饰染色工艺研究——试论"锺氏染羽"	刘明玉	武汉理工大学学报（社会科学版）	2007	1
《考工记》服饰工艺理论研究	刘明玉	武汉理工大学硕士论文	2007	

篇 名	作 者	刊 名	时 间	卷 期
《考工记》车的设计思想研究	钟正基	武汉理工大学硕士论文	2007	
郑玄与胡克定律——兼与仪德刚博士商榷	刘树勇、李银山	自然科学史研究	2007	2
《考工记》职业教育史料价值初考	刘晓、周明星	职教论坛	2007	23
《考工记》五行思想与传统工艺美术	湛群	安徽农业大学学报（社会科学版）	2007	5
"桔逾淮而北为枳"辩	陈之潭	中国南方果树	2007	2
中国古代弓箭制作文献解析	仪德刚	内蒙古师范大学学报（自然科学版）	2007	6
《考工记》玉器设计思想研究——试论"天子圭中必"	王梦周	武汉理工大学学报（社会科学版）	2007	1
《考工记》玉器设计思想研究	王梦周	武汉理工大学硕士论文	2007	
《考工记》中的和谐设计思想与现代产品设计	王琦	科技咨询导报	2007	16
《考工记》建筑设计理论研究——匠人建国、营国的设计思想	杨恒、章倩励	美与时代	2007	9
《考工记》的"材美""工巧"设计思想及其现实意义	段大龙	东北师范大学硕士论文	2007	
《考工记》模式与希波丹姆斯模式中的方格网之比较	贺从容	建筑学报	2007	2
智者创物，巧者述之，守之世？——《考工记》造物思想初探	邹其昌、孙洪伟	节能环保 和谐发展——2007中国科协年会论文集（二）	2007	
《考工记》车的象征意义解析	钟正基	武汉理工大学学报（社会科学版）	2007	1
中国最早的度量衡标准器——《考工记》·栗氏量	邱隆	中国计量	2007	5
中国最早的度量衡标准器——《考工记》·栗氏量（续）	邱隆	中国计量	2007	6

篇　名	作　者	刊　名	时　间	卷　期
从《周礼·考工记》看《汉语大字典》和《汉语大词典》的释义	李亚明	语言研究集刊	2007	第四辑
从炉火纯青谈六齐	刘广定	科学月刊	2008	2
考工记非齐国官书之证	刘广定	第八届科学史研讨会汇刊，"中研院"科学史委员会，台北	2008	
也说"耦"与"耦耕"	刘亚中	中国农史	2008	1
《考工记》"舆人"篇的设计思想及其启示	傅小龙、王国文	科技信息	2008	24
《考工记》营国制度与中原地区古代都城布局规划的演变	孙丽娟、李书谦	中原文物	2008	6
从理念到实践：论元大都的城市规划与《周礼·考工记》之间的关联	马樱滨	复旦大学硕士论文	2008	
《考工记》中车制问题的两点商榷	史晓雷	广西民族大学学报（自然科学版）	2008	4
《周礼·考工记》乐钟部件系统	李亚明	文资学报	2008	4
先秦马车设计技巧研究	吴相均	湖南大学硕士论文	2008	
《考工记》设计思想研究	孙洪伟	武汉理工大学硕士论文	2008	
从《周礼·考工记》沟洫关系看我国古代农田水利系统	李亚明	黄河水利职业技术学院学报	2008	2
《考工记》名辨	李亚明	文史杂志	2008	2
"人化的自然"——《考工记》中设计理念的现代性思考	李宪锋	南京艺术学院学报（美术与设计）	2008	3
轮：古代木车的核心	戴吾三	装饰	2008	4
《考工记》营国制度新解——与规划模数相关的内容	张蓉	建筑师	2008	5
戴震《考工记图注》的名物训诂研究	钱慧真	淮北煤炭师范学院学报（哲社版）	2008	2

篇　名	作　者	刊　名	时　间	卷　期
论《周礼·考工记》手工业职官系统的特征	李亚明	中国石油大学学报	2008	1
《考工记》设计思想中的造物与象外之物	王伟	艺术探索	2008	2
《考工记》点校商榷	汪少华	汉语史学报	2008	第7辑
材美工巧造物思想研究	乔凯	山东大学硕士论文	2008	
《考工记》服饰工艺蕴含的"天人合一"思想	刘明玉	艺术与设计（理论）	2009	9
《考工记·画缋》设计思想释读	宋玉立	济南职业学院学报	2009	1
《考工记》的年代、作者与价值	贺双非	湖南城市学院学报	2009	4
从两周石磬的博谈《考工记》的国别和年代	孙琛	乐府新声（沈阳音乐学院学报）	2009	4
浅析《考工记》传统设计思想对现代设计的影响	尹屾	数位时尚（新视觉艺术）	2009	1
浅谈《考工记》中的设计思想与现代设计	陈学军	国画家	2009	5
《考工记》设色规范研究	肖世孟	装饰	2009	5
东周齐国乐器考古发现与研究	米永盈	山东大学博士论文	2009	
东周青铜器标准化现象研究	韩炳华	山西大学博士论文	2009	
从《考工记》看中国传统设计技术观	徐碧珺	青年文学家	2009	9
上古车舆名物考辨	汪少华	中国训诂学报	2009	1
论《考工记》的美学思想	朱志荣、田军	西北大学学报（哲社版）	2009	5
中国古代制器质量观："审曲面埶"	高怀瑾	上海计量测试	2009	4
《考工记》中所体现的传统造物之美	张辉、戴端	艺术与设计（理论）	2009	3

篇　名	作　者	刊　名	时　间	卷　期
浅析《考工记》对现代设计的影响	王之润	才智	2009	18
试析先秦宫城规划制度	张蓉	华中建筑	2009	1
《考工记》中四要素在楚国造型艺术中的体现	王浩军、王坤茜、王芳	郑州轻工业学院学报（社会科学版）	2009	4
从《考工记》中探寻古代设计思想——造物与象外之物	王伟	设计艺术（山东工艺美术学院学报）	2009	1
从出土文物看《考工记》中"准之"内涵	周鹏	魅力中国	2009	36
"侯"形制考	刘道广	考古与文物	2009	3
郑玄《周礼注》从历时角度对字际关系的沟通	李玉平	古汉语研究	2009	3
古殳形制考究	陈超	郑州铁路职业技术学院学报	2009	4
《考工记》设计理念中的天人思想	陈丽萍、黄伯璋	文艺争鸣	2010	6
说"珽"之形制	顾莉丹、汪少华	南方文物	2010	3
《考工记》空间认知图景初探——以认知心理学、文字语言学为视角	沈伊瓦	建筑师	2010	4
知者创物，巧者和之——散论《考工记》的机械设计美学思想	张洪亮	广东工业大学学报（社会科学版）	2010	6
设色之工，画缋之事——散论《考工记》的机械设计美学思想	刘春霞、张洪亮	装饰	2010	6
审曲面执，虚实相生——散论《考工记》的机械设计美学思想（二）	张洪亮、刘春霞	艺术教育	2010	8
天时地气材美工巧——散论《考工记》的机械设计美学思想	张洪亮	广东工业大学学报（社会科学版）	2010	2

篇　　名	作　者	刊　　名	时　间	卷　期
《考工记》，归去来兮	萧玥	建筑文化研究	2010	1
中国古代制器质量监督管理（系列连载六）:《考工记》的真实性	高怀瑾	上海计量测试	2010	2
从《考工记》物件词看传统造物的思维方式	罗军	南京艺术学院学报（美术与设计）	2010	5
《考工记》"戈体已倨已句二病"新探	姚智辉、范云峰	中原文物	2010	2
《周礼·考工记》度量衡比例关系考	李亚明	古籍整理研究学刊	2010	1
中国计量史的瑰宝——新莽铜嘉量	关增建	计量史话，中国计量出版社	2010	
试论《考工记》科技思想的人文关怀情结	吴点明	北京科技大学学报（社会科学版）	2010	2
"材美工巧":《周礼·冬官·考工记》的设计思想	李砚祖	南京艺术学院学报（美术与设计）	2010	5
"羊车"考	彭卫	文物	2010	10
《考工记》数尚六现象初探	彭林	中国科技典籍研究——第三届中国科技典籍国际会议论文集，大象出版社	2010	
简析《考工记》《墨子》分列的先秦工艺差异	陈筱娇	大众文艺	2010	15
宋代《考工记》研究述论	李秋芳	巢湖学院学报	2010	2
《考工记》与工艺美术的发展	史宏云	新美术	2011	3
"尚质尚用"——《墨经》和《考工记》中的功能主义思想研究	马华	昆明理工大学硕士论文	2011	
林希逸《鬳斋考工记解》及其价值	李秋芳	河南师范大学学报（哲社版）	2011	2
关于耦耕问题的探讨	王星光、符奎	农业考古	2011	1

篇　名	作　者	刊　名	时　间	卷　期
徐光启《考工记解》探析	王星光、符奎	复旦学报 （社会科学版）	2011	4
《考工记》工艺美学思想探析	森文	云南艺术学院学报	2011	2
浅论《考工记》的美术思想	朱建武	凯里学院学报	2011	2
景德镇御窑厂祭祀与《考工记》造物原则	覃福勇、崔鹏	美术大观	2011	2
郑珍对《考工记》车舆形制的考订	曾秀芳	贵州文史丛刊	2011	2
"方色"论析——由《考工记·画缋》之"五色"与"六色"并提谈起	杜军虎	创意与设计	2011	4
从《考工记》再看《汉语大词典》	李亚明	励耘学刊（语言卷）	2011	辑刊
从柏林东亚艺术馆藏中国古代铜镜成分看《考工记》的流传	孙飞鹏	中国国家博物馆馆刊	2011	5
材美工巧——《考工记》造物思想的现代启示	许晓燕	艺术教育	2011	7
齐科技文化的意义及其科学发展意蕴——从《考工记》《管子》和《齐民要术》三部名著谈起	肖德武	齐鲁师范学院学报	2011	2
论考工记的"和合"思想	罗军	大家	2011	7
考工记与当代职业教育——《考工记》中的造型与色彩	王晓玮、黄瑞	中国科教创新导刊	2011	7
《周礼·考工记·凫氏》两种解读方式之比较	隋郁	中国音乐	2011	1
从《考工记》到《鲁班经》：中国人的设计观——《建筑与家具》连载（一）	方海、景楠	家具与室内装饰	2011	7
한·중·일 도성계획에서『周礼·考工记』의 해석과 적용에 관한 연구(韩国, 中国和日本古代都城规划中《周礼·考工记》的解读与应用研究)	韩卿浩	暻园大学博士论文	2011	

篇 名	作 者	刊 名	时 间	卷 期
从《考工记》看齐国乐器制造业	李红云	民族艺术	2011	3
《考工记》兵器疏证	顾莉丹	复旦大学博士论文	2011	
《考工记》之制车标准化研究	侯维亚、吴晓淳	标准科学	2011	9
三礼图籍考	李小成	唐都学刊	2012	1
周"礼制"与《考工记·匠人营国》对早期都城形态的影响	焦泽阳	城市规划学刊	2012	1
《考工记》"锺氏染羽"新解	赵翰生、李劲松	广西民族大学学报（自然科学版）	2012	3
枫石徐有榘和《周礼·考工记》	曹苍录	东方汉文学	2012	51
《考工记·轮人》中的设计思想探究	赵辰剑	设计	2012	10
郑珍《轮舆私笺》征引略论	曾秀芳	贵州民族大学学报（哲学社会科学版）	2012	5
《考工记》与临淄齐国都城的相关探讨	王星光	中国农史与环境史研究，大象出版社	2012	
西方科技对明末清初传统"考工"学研究的影响——以戴震的《考工记图》为中心	张庆伟	东岳论丛	2012	8
浅析春秋时期《考工记》工艺设计教育思想的特征	吴志坚	安徽文学	2012	5
《考工记》艺术思想的文化生态论	王冬梅	求索	2012	2
《考工记》工效思想的礼序观考述	王冬梅	作家	2012	8
礼制禁限下的技术知识——《考工记》工艺传承的固化趋向	徐东树	创意与设计	2012	1
《考工记》对我国科技发展的意义浅析	武鹏	南昌教育学院学报	2012	3

篇　名	作　者	刊　名	时　间	卷　期
《考工记》中的制车手工业标准化及对秦代的影响	邓学忠、姚明万、邓红潮	南阳师范学院学报	2012	4
郑玄的弓和胡克的弹簧	武际可	力学与实践	2012	5
"法和一体"——《考工记》设计思想刍议	孙洪伟	设计艺术（山东工艺美术学院学报）	2012	4
浅析《考工记》中的生物学知识	李凯学	金田（励志）	2012	
《考工记》"物联性"思想研究与实践	范芸	陕西科技大学硕士论文	2013	
《考工记》的技术美学思想	侯祥晴	四川师范大学硕士论文	2013	
《考工记》制弓技术中的"成规"法与弹性势能问题	武家璧、夏晓燕	第三届中国技术史论坛（合肥）	2013	
郑珍《考工记》车制之"綆"的考释	曾秀芳	黔南民族师范学院学报	2013	4
由《考工记》引出对视觉传达中触觉感的塑造——触觉增强信息传达的效果	韩蓉	数位时尚（新视觉艺术）	2013	5
"羊车"补说	罗小华	四川文物	2013	5
简论《考工记》的科学文化哲学思想	吴点明	甘肃社会科学	2013	4
《周礼》「考工记」匠人营国条考	布野修司	Traverse：Kyoto University architectural journal	2013	14
《考工记》中设计评价体系研究	周爱民、苏建宁、阎树田	中国包装工业	2013	2
《考工记》与城市形态演变	马骏华、高幸	建筑与文化	2013	2
古代中国建筑技术的文本情境——以《考工记》、《营造法式》为例	沈伊瓦	南方建筑	2013	2
论郑玄《周礼注》从泛时角度对字际关系的沟通	李玉平	励耘语言学刊	2013	2

篇　名	作　者	刊　名	时　间	卷　期
古殳校考	张洪安	中原文物	2013	3
《考工记·画缋》之"白"色探析	崔雯璐	美与时代（上旬）	2014	6
《考工记·匠人营国》与周代的城市规划	牛世山	中原文物	2014	6
《周礼·考工记》与秦汉都城规划制度的联系探究	刘洁	黑龙江史志	2014	13
以甗为例探析《考工记》中以用为本的设计思想	贺美艳	艺术教育	2014	3
《考工记》车舆名物研究	刘敏	苏州大学硕士论文	2014	
郑珍对《考工记》车舆系统的图形述说	曾秀芳	广西师范学院学报（哲学社会科学版）	2014	6
《考工记》音乐词名源研究	李明雯	江西师范大学硕士论文	2014	
《考工记》技术美学思想探析	翁婉	才智	2014	33
《周礼》车马类名物词汇考	安甲甲	西北师范大学硕士论文	2014	
《考工记》中的"三材"的材质的选择与现代制车工业的对比	张悦	艺术科技	2014	12
《考工记》中"车"的设计艺术研究	王姝喆	湖南工业大学硕士论文	2014	
文献·科学·美学——试论《考工记》研究的三种途径	高爱香、韦宾	陕西师范大学学报（哲社版）	2014	1
《周礼·考工记·玉人》所载"命圭"的考古学试析	石荣传	湖南大学学报（社会科学版）	2014	2
先王之制——以"周公营洛"为例论先秦城市规划思想	余霄	城市规划	2014	8
释"轩"与"轵"	瞿林江	学行堂语言文字论丛	2014	第4辑

篇　名	作　者	刊　名	时　间	卷　期
朱载堉の乐律论における『周礼』考工记·嘉量の制——后期の数学书及び乐律书を中心に	田中有纪	立正大学经济学季报	2014.3	63：4
《考工记》里的弓箭是什么样的?	陈士银	文汇报（文汇学人版）	2015.1.30	
《考工记·匠人为沟洫》——中国最早的农田水利技术标准规范	邓学忠、姚明万、邓红潮	黄河.黄土.黄种人	2015	10
《考工记》——中国最早应用优先数的技术标准文献	邓学忠、姚明万、邓红潮	南阳理工学院学报	2015	5
轮人之歌：以物理之钥解《伐檀》之争	丁光涛	安徽师大学报（人文社会科学版）	2015	1
《考工记》与传统手工艺的观念	徐艺乙	西北民族研究	2015	2
新论"六齐"之"齐"	杨欢	文博	2015	1
《考工记》金工名物研究	李尤	苏州大学硕士论文	2015	
《考工记》之"成规法"辨析	仪德刚	内蒙古师范大学学报（自然科学汉文版）	2015	1
《考工记》及其技术传承方式分析	刘建豪、陈明昆	职教论坛	2015	19
《考工记》功能主义思想研究	陈以欣	武汉理工大学硕士论文	2015	
《考工记》工艺美学思想与包豪斯精神	赵晓涵	管子学刊	2015	2
中国古代角度概念与角度计量的建立	关增建	上海交通大学学报（哲学社会科学版）	2015	3
同纹琐思	王望峰、苏明静	设计艺术（山东工艺美术学院学报）	2015	3
《考工记》与中国古代手工业	戴吾三	江晓原主编，中国科学技术通史（I源远流长），上海交通大学出版社	2015	

篇　名	作　者	刊　名	时　间	卷　期
儒学经典中的数学知识初探——以贾公彦对《周礼·考工记》"栗氏为量"的注疏为例	朱一文	自然科学史研究	2015	2
《周礼·冬官·考工记》导读并注释	连冕	郑巨欣主编，设计学经典文献导读，浙江大学出版社	2015	
《考工记》中初见端倪的原始角度计量技术	陈睿锋	中国计量	2015	6
设计哲学视阈中的传统造物审美探赜——从先秦典籍《考工记》谈起	孔德明	创意与设计	2015	4
《考工记》"梓人为筍虡"节的设计思想	魏辉	西北美术	2016	2
从《考工记》到《伐檀》——科技史与古代文学的交叉研究一例	丁光涛	安徽师大学报（自然科学版）	2016	5
浅析《考工记》的古代建筑特色	张彤阳	语文建设	2016	30
巧者创物　物为人用——《考工记》以人为本造物思想研究	郑晓杨	齐鲁工业大学硕士论文	2016	
柳僖의 度数之学에 대한 인식과『考工记图补注补说』	구 만 옥（Koo, Mhan-ock）	한국실학연구（韩国研究）	2016	no.32
《考工记·设色之工》工艺动词语义分析	田飞、王玲娟	长江师范学院学报	2016	5
《考工记》与中华工匠文化体系之建构——中华工匠文化体系研究系列之三	邹其昌	武汉理工大学学报（社会科学版）	2016	5
浅析《考工记》中的数理关系	曾晨薇、黄彦可	绿色包装	2016	4
先秦设计美学思想研究	姚丹	武汉大学博士论文	2016	
《考工记》——中国最早的技术文献	戴吾三	文史知识	2016	1

篇　名	作　者	刊　名	时　间	卷　期
汉长安城布局的形成与《考工记·匠人营国》的写定	徐龙国、徐建委	文物	2017	10
《考工记》"车"的技术标准研究	高飞	上海师范大学硕士论文	2017	
《周礼·冬官·考工记》设计伦理分疏的研究价值	谢玮	设计	2017	7
论语言能力在传统造物思维方式中的隐现——以《周礼·考工记》为例	罗军	艺术评论	2017	2
《考工记》视域下角弓制作工艺初探	彭林	江苏建筑职业技术学院学报	2017	2
《考工记》工艺动词研究	田飞	重庆师范大学硕士论文	2017	
《考工记》工艺传承研究——以文献、实证为考察线索	赵健	南京艺术学院硕士论文	2017	
和合成器——《考工记》中"和合"美学思想的理论阐释	杜莉	西北大学硕士论文	2017	
论"大国工匠"与"工匠精神"——基于中国传统"考工记"之形制	彭兆荣	民族艺术	2017	1
对《考工记》中"工匠精神"的解读	单日	开封教育学院学报	2017	1
合"礼"性技术:《考工记》与齐尔塞尔论题	潘天波	艺术设计研究	2017	2
《考工记》:以伦理和科技为中心的物质与"非物质"论辩	连冕	北方工业大学学报	2017	3
论"斤""尺"及其他	黎良军	河池学院学报	2017	6
《考工记》"设色之工"研究的回顾与思考	赵翰生	服饰导刊	2017	3
论《考工记》对紫禁城营建的影响	周乾	白城师范学院学报	2017	7
工程伦理思想在《考工记》中的体现	杨司阳	科技经济导刊	2017	14

续 表

篇 名	作 者	刊 名	时 间	卷 期
由《考工记》谈古代城市规划与建筑礼制	钱丹	语文建设	2017	11
《周礼·考工记》集释及其"金工"初步研究	曹婷婷	贵州师范大学硕士论文	2017	
新书介绍：《考工司南：中国古代科技名物论集》	常佩雨	自然科学史研究	2017	4
《考工记·桃氏》中未记载剑格之原因初探	付裕	长江丛刊	2017	26
《考工记》的造物思想研究	王敏敏	湖北师范大学硕士论文	2018	
浅谈《考工记》之陶类——甗与鬲	姚佳玲	景德镇陶瓷	2018	2
成器刍议——《成器思论——〈考工记〉设计思想寻微》自序	谢玮	艺术生活—福州大学厦门工艺美术学院学报	2018	2
《考工记》：由善而美三步曲	马鸿奎	美育学刊	2018	2
浅谈《考工记》中的制车思想	于格	漯河职业技术学院学报	2018	1
从《考工记》到《天工开物》：艺术比较视域下的中国传统造物思想之承变	吴新林	艺术设计研究	2018	3
《考工记》与中华工匠精神的核心基因	潘天波	民族艺术	2018	4
《考工记》中的适存设计思想研究	薛晗、薛生健	美术大观	2018	5
《考工记》造物思想与图案学关系研究	李倍雷	东南大学学报（哲社版）	2018	5
《考工记·匠人》"匠人营国"的实践性问题	臧公秀	古籍整理研究学刊	2018	6

篇　名	作　者	刊　名	时　间	卷　期
中国古代都城规划的理论基础——《考工记·匠人》文本性质及内容考辨	陈筱、韩博雅	中国城墙（辑刊）	2018	
中国近古新建都城的形态与规划——从元明中都的考古复原和对比分析出发	陈筱、孙华	城市规划	2018	8
"圭璧以祀"三证《周礼》成书于汉初	唐启翠、公维军	上海交通大学学报（哲学社会科学版）	2018	1
论《考工记·画缋》与《周易》的联系	梁先慧	世界家苑（学术版）	2018	4
基于文本类型理论的《考工记》翻译实践报告	吴文秀	燕山大学硕士论文	2018	
反思"郑玄弹性定律"之辩——兼答刘树勇先生	仪德刚	中国科技史杂志	2019	1
弓檠与弓䪐考辨	彭林	考古	2019	1
传统制车技艺调查研究	李兵	中国科学院大学博士论文	2019	
浅述《考工记》与《建筑十书》中城市空间布局观的异同	周泅帆	福建质量管理	2019	2
城市规划视角下《考工记》的国别问题——《匠人营国》与《管子》的比较研究	臧公秀	古籍整理研究学刊	2019	6
《考工记》造物色彩学论纲发凡	邓水兰	艺苑	2019	6
徐光启《考工记解》成书年代和跋批作者考	闻人军	咸阳师范学院学报	2019	6
从"考工记"到"考工学"：中华考工学理论体系的建构	潘天波	学术探索	2019	10
中国古代都城规划的理论基础——《考工记·匠人》文本性质及内容考辨	陈筱、韩博雅	中国城墙	2019	辑刊
《考工记纂注》评述	许倩华	长江丛刊	2019	2

篇　名	作　者	刊　名	时　间	卷　期
古代手工业术语英译探究——以《考工记》为例	许明武、罗鹏	中国翻译	2019	3
《梦溪笔谈》"弓有六善"再考	仪德刚	自然辩证法通讯	2019	12
商周都城营建中的定位方法刍议——以《周礼·考工记》为中心的考察	易德生	中国古都研究	2019	第38辑
先秦车辆制造技术研究——以商周独辕双轮马车为例	张万辉	中国科学院大学博士论文	2020	
《考工记·弓人》"往体""来体"句错简校读	闻人军	自然科学史研究	2020	1
《考工记》与晚清工艺书写文体	刘春现	中山大学学报（社会科学版）	2020	3
《考工记》里的印染术	肖燕	文史杂志	2020	2
《〈考工记〉名物汇证》	汪少华	复旦学报（社会科学版）	2020	5
喜读《〈考工记〉名物汇证》	闻人军	中华读书报	2020.10.28	
《考工记》：一个知识考古学文本	潘天波	民族艺术研究	2020	4
《论语》"绘事后素"与《考工记》"后素功"考释	蔡鑫泉	衡阳师范学院学报	2020	4
《周礼·考工记》丝帛湅染工艺解析	王玲娟；龙红	山东工艺美术学院学报	2020	5
《考工记》"夏后氏世室"中"堂"字释疑——兼论夏商周"堂"字释义	孟玉、林源	建筑师	2020	6
《齐国六种量制之演变——兼论〈隋书·律历志〉"古斛之制"》	闻人军	中国科技史杂志	2021	1
《梦溪笔谈》"弓有六善"补证——兼揭王琚《射经》之衍变	闻人军	广西民族大学学报（自然科学版）	2021	2

篇　名	作　者	刊　名	时　间	卷　期
周代射侯形制新考	闻人军	咸阳师范学院学报	2021	2
《考工记》"钟氏""凫氏"错简论考	闻人军	经学文献研究集刊	2021	第25辑
《考工记·车人》"牝服"考释	闻人军	文献语言学	2021	第13辑
《考工记·匠人营国》著作年代考	邱海文	中国典籍与文化	2021	2
阮元《考工记车制图解》研究	刘佳怡	南京师范大学硕士论文	2021	
《考工记》的造物艺术学取向研究	邓水兰	北京交通大学硕士论文	2021	
《〈考工记〉名物汇证》读后	张甲林	中国经学	2021	第28辑
论《考工记》的造物美学观	刘一峰	文化艺术研究	2021	3
论《考工记》文章学经典的生成	张珊	文学遗产	2021	5
工人の記録としての『周礼』考工记：江永の乐律と车制の考証をめぐって	田中有纪	中国：社会と文化	2021	N36（7）
《考工记·匠人》"磬折以叁伍"和"句于矩"新论	闻人军	中国训诂学报	2022	第5辑
蜀石经所见《周礼·考工记》文本管窥	虞万里	岭南学报	2023	第17辑

说明：最后二文发表于2021年之后，已为本书正文所引用，顺序附于表末。

1988年第1版后记

本书承上海图书馆馆长顾廷龙先生题写书名，中国科学院学部委员、前中国科学技术大学副校长钱临照先生扉页图字，书画家陆履俊同志序言题名，王锦光、徐规师审阅指教，锦光师作序，朱新天、王雅增同志协助绘图，解荣建同志协助誊稿。作者在撰写过程中，还得到杭州大学图书馆、杭州大学历史系资料室、浙江省图书馆、北京大学图书馆、上海市图书馆、浙江省博物馆、上海市博物馆、山东省博物馆等单位同志们的大力支持，谨致谢忱。

一九八六年四月二十五日
闻人军于杭州大学

增订本后记

　　1988年，处女作《考工记导读》出版，一晃三十五年矣。初版时锦光师赐序，嘱我继续努力，为科学史、物理学史大厦添砖加瓦，并与我共勉。2008年恩师归于道山，师范长存。2019年9月《自然科学史研究》"史家访谈"（韩玉芬、闻人军：《锦光师范长存　闻人考工司南——闻人军先生访谈录》）记之颇详，其中有与写作本书有关的背景材料。偶见内蒙古师范大学《科学技术史博士研究生文献阅读主要书目和期刊目录》，拙著忝列必读书目，期望继之而来的增订本不负学界的关注。

　　值此增订本付印之际，笔者衷心感谢众多师友们的长期支持与帮助，上海古籍出版社多年来的大力支持，Stanford大学东亚图书馆、San Jose公共图书馆、中国哲学书电子化计划、国学大师网等提供的便利和服务。顾莉丹博士连任拙著《考工司南》和本书的责任编辑，合作融洽。原稿校注和今译分作两篇，顾博士建议并代劳合并成《注译篇》，使之紧凑易用，谨致谢忱。校样经我校订，若有不妥之处，我负所有责任。最后由衷感谢妻子王雅增和家人一贯的理解和支持，助我继续为科学史、物理学史大厦添砖加瓦。不知老之将至，信可乐也。

二〇二三年十一月四日
闻人军于美国加州阳光谷